人工智能技术

陶永明　编著

苏州大学出版社

图书在版编目(CIP)数据

人工智能技术 / 陶永明编著. --苏州：苏州大学
出版社，2024.3
ISBN 978-7-5672-4695-9

Ⅰ.①人… Ⅱ.①陶… Ⅲ.①人工智能 Ⅳ.
①TP18

中国国家版本馆 CIP 数据核字(2024)第 027465 号

书 名：人工智能技术
RENGONG ZHINENG JISHU

编 著 者：陶永明
责任编辑：肖 荣
封面设计：吴 钰

出版发行：苏州大学出版社(Soochow University Press)
社 址：苏州市十梓街 1 号 邮编：215006
印 装：苏州市深广印刷有限公司
网 址：www.sudapress.com
邮 箱：sdcbs@suda.edu.cn
邮购热线：0512-67480030
销售热线：0512-67481020

开 本：787 mm×1 092 mm 1/16 印张：18.25 字数：389 千
版 次：2024 年 3 月第 1 版
印 次：2024 年 3 月第 1 次印刷
书 号：ISBN 978-7-5672-4695-9
定 价：89.00 元

了解人工智能，也是尝试了解我们人类自己。

缘起——这本书因何而来？

凡事都喜欢弄明白为什么的我，很早就对 AI 产生了兴趣，只不过由于所学专业的原因，加上总觉得这是件朦胧而遥远的事，所以一直把这个兴趣藏在心底。

直到多年前，发现小区门口的道闸机可以"看得懂"车牌号，才意识到原来人工智能技术已经来到我们的身边。于是就产生了一种强烈的愿望，想要弄明白它的原理。

后来，妻子辗转在上海、湖州和南京等地工作，我不时去与她团聚，正好从学校图书馆借上一些 AI 方面的书带在身边看。也从网上下载相关的论文和代码加以研究。几年下来，看了不少书，读了不少论文，运行了不少代码，也写了一些读书笔记和心得。

随着对人工智能原理和技术的了解，我越来越认为新时代的大学生，即使是非 AI 专业的大学生，也应该了解这方面的知识，本科教学计划里应该有这方面的基础课，至少学校应该尽量提供 AI 的选修课。

去年我第一次尝试给能源与动力工程专业的学生开了 AI 选修课，提前两年多就开始物色教材。虽然图书馆里有关书籍很多，但是有些主要讲高深的理论，不怎么讲编程实现；有些主要讲编程，原理则一带而过；也有些讲的技术已经有点过时。虽然大多可以用作很好的参考书，但是要通过一个学期的课程让学生既掌握 AI 的原理，又能够动手编程做一些 AI 的项目，总觉得比较困难，于是索性自己编了一份讲义，进而产生了写一本 AI 教材的想法。

由于多年的积累，写书的过程还是比较顺利的。重要的是，能站在目标读者的角度，设计好架构，规划好内容，把自己对 AI 的理解和体会写出来，循序渐进，结合代码，尽量把道理讲明白。

当然，写作过程中也发生了一些意外。就在去年选修课还没结束前，ChatGPT 出现了。由于之前的 GPT 表现平平，算力门槛又特别高，一开始并没有规划写这一块内容，也没有准备相关的素材。这下子新的挑战来了。当然，结果很好，本书增加了最后一章——大语言模型。虽然本书的出版因此有所推迟，但是跟上了 AI 的最新潮流。

2023 年 5 月 12 日

如何充分利用本书？

为了能够充分发挥本书的价值,希望读者在阅读前了解以下信息:

● 读者应了解数学中有关函数求导、求偏导数、向量、矩阵等方面的知识,了解线性代数、概率论和统计学的相关概念。

● 读者应至少学过一种计算机编程语言,最好学的是 Python 语言,因为本书中的例子就是用 Python 编写的。到目前为止,Python 也是最适合学习人工智能的编程语言。Python 简单易学,如果学过其他语言,那么稍微学习一下 Python 后,看懂本书中的代码应该也是比较容易的。

● 如果读者对书中部分知识缺乏了解,顺着本书的节奏查漏补缺,也是一个很好的学习方法。

● 书中的代码只是片段,要更好地理解这些代码,请看完整的源代码。作者强烈建议读者运行这些源代码。本书所有例子的完整源代码请到下面的网址之一下载。

1. 百度网盘:https://pan. baidu. com/s/1RpukdPm3BoDt9KYchR9pHg,提取码:suda。或扫描以下二维码:

2. 苏大教育:http://www. sudajy. com。

● 书中提到的部分网上资源没有列明具体网址,读者可以在代码下载页面中查看这些资源的网址,也可以看到作者的联系方式。

致 谢

感谢学校图书馆,为我提供了方便的读书机会。

感谢互联网,让我能读到 AI 方面最优秀的论文,也为我解答了许多疑问。

感谢我拜读过的所有图书、论文和博文的作者,以及各个开源社区、软件和数据集的贡献者,没有他们的辛勤工作就没有今天的人工智能,也就没有这本书。

衷心感谢王健翔老师,主动给我提供了算力,而且任何时候王博士都乐意伸出援手。

特别感谢上海科源电子科技有限公司,为本书的出版提供了资助。

最后,感谢所有关心和支持我的同事和朋友。

中 级 篇

高级篇

人工智能技术
Artificial Intelligence Technology

基 础 篇

绪 论

 人工智能、机器学习和深度学习

一、人工智能的发展过程

从人类使用石器开始,到发明各种工具、机器,再到计算机的发明和普及,社会生产力不断提高,物质文明不断丰富,人民生活水平不断改善。如果能进一步让机器跟人一样具有智能,并且又听人的指挥,为人类服务,那又将给人类社会带来多大的福利呢?虽然人们很早就有了这样的愿望,但由于科技水平的局限,这个愿望只是人类的一个梦想,最多出现在文艺作品中。人们也没有认真地去思考诸如什么是智能,怎样才能让机器具有智能,机器的智能又能达到什么样的水平这样的问题。直到 1950 年,"计算机科学之父"图灵发表了一篇题为《机器能思考吗?》的著名论文,提出了机器思维的概念,并提出图灵测试。图灵测试是指,如果一台机器能够通过电传设备与人类展开对话而能不被辨别出其机器身份,那么便称这台机器具有智能。既然能让机器(计算机)具有计算能力,那么是不是也能让它具有思维能力呢?这大概也只有像图灵这样的天才才能在机器刚刚能够计算的时候就提出这样的想法吧。1956 年,一众专家在美国的达特茅斯开会,首次提出了 Artificial Intelligence,即人工智能的概念,计算机科学从此多了一个叫作 AI 的分支。

学科有了,目标也有了,但是,要想让机器具有人的智能,也就是要让机器具有智能识别、智能决策和智能思维等能力,谈何容易!

以智能识别为例,给机器一幅马的图片,要让它识别出图片代表的是马,而不是牛,这对人来说非常简单,但对机器来说曾经非常难。

为了让机器能够识别马的图片,一种很容易想到的方法是把有关马的各种图片都输入计算机中,把要识别的图片与这些图片一一比对,如果图片一致,机器就判断是马。显然这种方法工作量巨大,而且很难穷尽马的所有图片。另一种不太容易想到的方法则是让机器自己学习,给机器一堆图片,让机器学习到识别马的能力。当遇到一幅新的图片时,机器就能根据学习到的能力判断该图片代表的是不是马。

关键是,如何让机器学习到识别马的能力?从数学上讲,就是要找到一个函数 f,让 $f(马的图片) = 马$,$f(不是马的图片) \neq 马$。显然,这个问题也可以表述为让 $f(马的图片) = 1$,$f(不是马的图片) = 0$。这样的问题称为数据的模式识别,也叫作数据的分类。那么,现在的问题是如何找到这个函数 f。

自从 1959 年阿瑟·萨缪尔(Arthur Samuel)提出机器学习的概念以来,科学家们提出了许多机器学习的模型和算法。传统的机器学习算法,包括逻辑回归、隐马尔可夫、支持向量机、K 近邻、(浅层)人工神经网络、Adaboost、贝叶斯及决策树等,除了可实现分类功能之外,还可以实现聚类、回归、关联、协同过滤和特征降维等功能,在自然语言处理、语音识别、图像识别、信息检索和生物信息等许多计算机领域获得了广泛应用。但传统的机器学习有一个致命的缺点,就是它对学习用的原材料即数据的要求高。以识别马的图片为例,如果我们直接将马的图片的像素数据作为输入,模型根本无法识别。我们必须输入马的面部颜色、面部位置和面部轮廓等特征(Feature)数据才行。定义并提供这些特征数据叫作特征工程(Feature Engineering)。而特征工程必须由人来完成,这不仅需要耗费大量的时间和精力,而且定义和得到合理的特征数据并不是一件容易的事,严重依赖特征工程的质量使传统的机器学习在很多情况下无法达到令人满意的结果。

那么,能不能让机器自行来完成特征工程呢?换句话说,就是让机器能够像人脑一样自行发掘数据的特征呢?作为机器学习的一个分支,一些科学家早就开始了模拟人脑工作的研究。1957 年,弗兰克·罗森布拉特(Frank Rosenblatt)发明感知器,这是机器学习人工神经网络理论中神经元的最早模型。当时由于人工神经网络理论取得突破,人工智能领域受到极大的关注,美国政府机构投入大笔资金建立了许多相关项目。1960 年,霍夫·维德罗(Hoff Widrow)首次将 Delta 学习规则用于感知器的训练步骤。这种方法后来被称为最小二乘方法。两者的结合创造了一个良好的线性分类器。

1969 年,第一位获得图灵奖的人工智能学者马文·明斯基(Marvin Minsky)出版了《感知器》一书,书中指出了人工神经网络的局限。由于明斯基当时在人工智能领域的重要地位,同时由于人工智能研究领域出现了瓶颈,人工智能项目的研究者无法兑现之前的承诺,人们对于人工智能的乐观期望遭到了严重打击,许多项目的研究经费被停止或转移到其他项目,人工智能的研究,尤其是人工神经网络方向的研究一度陷入低谷。

1982 年,约翰·霍普菲尔德(John Hopfield)提出一种后来被称为 Hopfield 网络的新型神经网络,这使计算机能用一种全新的方式学习和处理信息。也是在 80 年代,一些学者提出多层感知器网络并将反向传播算法用于这种神经网络的训练,这种算法在今天仍然是人工神经网络理论的基础。沉寂多年的人工神经网络方向的研究重新取得进展。

2006 年,多伦多大学的杰弗里·辛顿(Geoffrey Hinton)等人提出了深度置信网络,深度学习技术开始兴起。随着深度学习的出现,在图像识别和语音识别等领域,机器学习已经可以凭借自身的能力直接从原始的输入数据中挖掘特征值,不再需要人来做特征工程。

在 2012 年的 Imagenet 大规模视觉识别挑战赛(Imagenet Large Scale Visual Recognition Challenge,ILSVRC)上,由辛顿教授和他的同事合作开发的深度学习算法远远超越了其他竞争者采用的传统机器学习算法。

同年,谷歌宣布使用自己的深度学习算法,采用 YouTube 视频作为学习数据,机器可以自动识别出视频中的猫(图 1-1)。需要强调的是,这些视频都是未打标签的视频,也就是说通过深度学习,机器自动获取了猫的概念,虽然它并不知道我们人将它称作什么。这就好比一个小孩,在大人没有教他之前,他可能不知道天上飞的叫鸟,但他脑子里有鸟的概念,只不过他获得这个概念的能力是先天遗传的,而机器里猫的概念是通过学习得来的。从数学上讲,有一个函数能够表示猫,我们不妨把它称为猫函数。当然一旦学习到了这个猫函数,以硬件或者软件的方式把它放到机器里,相当于机器也能够通过"先天遗传"获得猫的概念了。

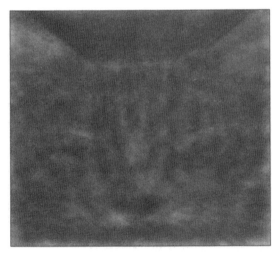

图 1-1　机器学习到的猫

2014 年,伊恩·古德费罗(Ian Goodfellow)提出生成对抗网络(可以理解为让两个深度神经网络相互较劲),人工智能从此具有了创作图画的能力。

2016 年,谷歌的"阿尔法狗"战胜当时的世界围棋冠军韩国名将李世石,震惊了世人。人们发现机器已经不仅能识别物体,能画画,而且还能与人斗智斗勇。在技术上,这是深度学习和强化学习的结合使机器智能决策取得了突破。

2022—2023 年,OpenAI 先后推出 ChatGPT、GPT-4 和 GPT-4 Turbo,它们不仅能真正像人类一样聊天交流,甚至还能完成撰写邮件、视频脚本、文案、论文,以及翻译、编写代码等任务,在各种专业和学术的标准测试中表现出人类水平的性能。人工智能的发展速度太快了,以至于特斯拉创始人埃隆·马斯克(Elon Musk)、苹果公司联合创始人史蒂夫·沃兹尼亚克(Stephen Wozniak)及大量人工智能方面的专家,共计上千人发布联名信,呼吁暂停开发比 GPT-4 更强大的人工智能 6 个月。而 GPT 的技术核心,仍然是深度学习。

2024 年 2 月,OpenAI 公司又推出了文生视频大模型 Sora。从功能上看,人类能够通过指令让 AI 生成视频;从智能上看,AI 已经具备了一定的(动态)画面想象能力,深度学习技术使 AI 离人类智能又近了一步。

那么深度学习为什么如此厉害呢?它有什么特别高明之处吗?其实,深度学习的基础也是人工神经网络,只不过传统机器学习中人工神经网络的层数少,最多三层,又称为浅层神经网络,而深度学习采用的是层数超过三层的深度神经网络,多的可以达到几百层。随着网络层数和神经元数量大大增加,从数学上讲,函数的参数个数大幅增加后,函数的表达能力就大大增强了。之前没有采用深度神经网络是因为层数的增加给学习带来了困难。辛顿等人提出深度置信网络,通过逐层预训练,第一次解决了深度神经网络训练中的梯度消失问题。此后,越来越多的网络模型和算法被开发出来,促进了人工智能技术的飞速发展。

当然,深度学习能取得如此巨大的成功离不开互联网时代带来的海量数据和计算机计算能力的提升。就好比一个厨师,不管有多么好的厨艺,没有好的食材和厨具,也做不出美味佳肴。

实际上,前面提到的谷歌对猫的识别学习就用到了 1 000 万张图片,动用了16 000台计算机,训练了 3 天。ChatGPT 曾经训练一次的成本大约为 170 万美元。至于其训练数据集到底有多大,有人问了 ChatGPT,它的回答是"大量的文本数据,其大小不可告人"。看来开展深度学习确实需要具备大规模数据处理能力的机器和海量数据。当然,您也不要被这些例子吓倒,因为随着计算机硬件技术的日益发展,获得大规模处理能力正变得越来越容易(比如可以购买云服务)。而且,随着对本书的学习,您将了解到深度学习能解决的问题非常多,很多问题的处理并不需要太多的算力,相关数据的收集也并不是特别难的事情。利用您手头现有的资源(如办公电脑)也能做很多有意思的 AI 项目。

二、人工智能各种技术之间的关系

实际上,机器学习并不是人工智能的全部,人们曾经尝试过各种基于规则和知识库的人工智能专家系统,但由于其应用有限,且经常在常识性问题上出错,因此只是昙花一现。通过上面的介绍可知,深度学习是机器学习的一个子领域,而且还是从传统机器学习的一个分支发展而来的。因此,可以使用图 1-2 来概括人工智能各种技术之间的关系。

需要指出的是,虽然与深度学习相比,传统机器学习的能力不足,但也不是完全没用。事实上,对于大量问题,传统机器学习仍非常有效,当训练数据量不大时,学习效果不比深度学习差多少。

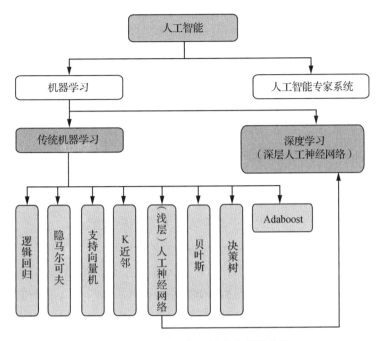

图 1-2 人工智能各种技术之间的关系

话又说回来,深度学习毕竟是人工智能领域的核心技术,不仅能力超强,而且几乎所有之前使用传统机器学习解决的问题都可以利用深度学习来求解,并且可以预期解决得更好。因此,本书将聚焦深度学习技术,读者如果对各种传统的机器学习方法感兴趣,可以自行通过各种途径加以了解。

不过,有一个例外,那就是传统机器学习中的浅层人工神经网络,由于深度学习是从它发展而来的,而且深度学习的主要理论基础都来源于它,因此下一章从浅层人工神经网络出发,介绍深度学习技术的理论和实践。

第二节 编程环境

既然人工智能是计算机科学的一个分支,那就离不开计算机编程。人工智能的模型和算法最终都以计算机代码的形式体现出来。也只有通过编程实践,才能更好地理解和掌握人工智能的理论知识并加以应用。由于 Python 在数据处理和教学演示方面具有超强的能力和优势,本书将采用 Python 编程语言。本节将介绍有关 Python 编程环境的搭建和使用方面的基本知识。没有 Python 编程经验的读者,除了可以阅读一些介绍 Python 编程的书籍外,runoob 网站也是一个很好的入门途径。您可以在其首页的"数据分析"板块中点击"学习 Python"进入其教程。由于 Python 3. x 支持所有主要的相关深度学习、机器学习和其他有用的软件包,而且 Python2. x 已经不再受 Python 官方支持,因此,只需要了解 Python3. x 就可以了。

一、Anaconda 的安装

Anaconda 是一个专注于数据分析的开源 Python 发行版,包含了 Conda、Python 等 190 多个科学包及其依赖项。conda 是开源包(Package)和虚拟环境(Environment)的管理系统。Anaconda 还提供了一些编程工具,如 Jupyter Notebook 和 Spyder IDE。为了方便起见,建议安装 Anaconda。

Anaconda 的安装文件可以从其官网下载。如果从官网下载的速度慢,或者需要下载其历史版本,可以从镜像地址下载。下面是清华大学的镜像地址:

https://mirrors. tuna. tsinghua. edu. cn/anaconda/archive/。

以 64 位的 Windows 操作系统为例,笔者在清华大学镜像网站上选择 Anaconda3-2022.05-Windows-x86_64. exe并下载,运行该文件,选择"just me",安装文件夹设为 G: \tym\anaconda3。Anaconda 的安装界面如图 1-3 所示。

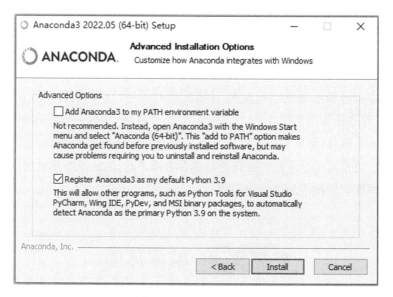

图 1-3　Anaconda 的安装界面

图 1-3 中的两个选项可以都勾选。注意,如果您安装其他版本的 Anaconda,安装过程以及下面的使用情况可能有所不同。

二、使用 Anaconda Navigator

安装完成后,单击"开始"→"Anaconda3(64-bit)"→"Anaconda Navigator(anaconda3)",如图 1-4 所示。

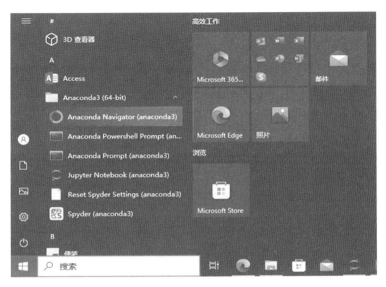

图 1-4　打开 Anaconda

加载完成后，Anaconda Navigator 将显示主界面，如图 1-5 所示。

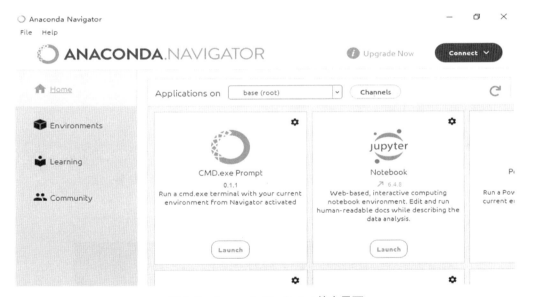

图 1-5　Anaconda Navigator 的主界面

Home 页面上列出了当前环境中的应用，其中已经安装好的应用可以直接单击"launch"运行。Environments 页面上列出了全部可用环境。base（root）是自带的基础环境。用户可以根据项目的需要创建或导入不同 Python 版本的新环境，也可以删除已创建或导入的环境。当可用环境不止一个时，可以选择其中的一个作为当前环境。展开当前环境可以运行 Terminal、Python、IPython、Jupyter Notebook 等已经安装好的应用。Environments 页面的右侧展示的是当前环境中已经安装或未安装的包，并可以进行安装或卸载。但在这里安装包的缺点是网络连接受限时可能会无限等待，也不方便更换下载源。

三、使用 Anaconda Prompt

Anaconda Navigator 提供图形界面,而 Conda 是命令行形式。单击"开始"→"Anaconda3(64-bit)"→"Anaconda Prompt(anaconda3)",出现 Anaconda Prompt 命令行窗口,如图1-6 所示。

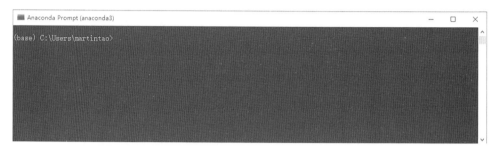

图1-6　Anaconda Prompt 命令行窗口

如图1-7 所示,在窗口中输入命令 python 将进入 python 环境,在 python 环境中运行 quit( )将退回到 Anaconda Prompt 命令行。在窗口中输入命令 conda list 可以查看已经安装的包。输入命令 conda list 包名,可以查看是否已经安装了相应的包。在 Python 环境下,使用 import 语句来导入包、模块和函数,比如:

import numpy as np

from PIL import Image

from sklearn. model_selection import train_test_split

如果运行结果提示"ModuleNotFoundError:No module named ′XXX′",则表示"XXX"包尚未安装好。此时,可以通过命令"pip install 包名==版本号"进行安装。如:

pip install gym==0. 25. 0

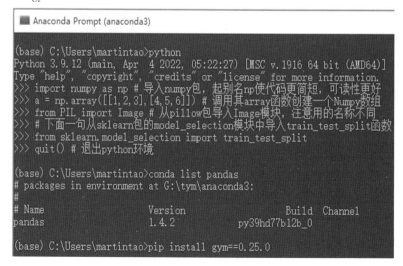

图1-7　Anaconda Prompt 使用举例

代码下载页面中提供了笔者所用的 Python 环境中的包及其版本号的清单文件,读者在运行本书的代码时如果发现需要安装某个包,请采用该清单文件中的版本号,以免出现版本冲突问题。

如果通过 Anaconda Navigator 的 Environments 页面中 base(root)里的 Open Terminal 打开命令行窗口,虽然显示的窗口名称不一样,但实现的功能是一样的。

四、使用 Jupyter Notebook

要编写代码和开发模型,可选择 Spyder,或者进入 Python 或 IPython 环境,或选择称为 Jupyter Notebook 的基于 Web 的记事本 IDE。对于所有与数据科学相关的实验,包括 AI,强烈建议使用 Jupyter Notebook,以利用其在探索性分析和再现性方面的便利。本书中所有实验都将使用 Jupyter Notebook。

Jupyter Notebook 可以通过以下方法启动:

(1)在 Anaconda Navigator 的 Home 页面中单击"launch"按钮,或在 Environments 页面中打开。

(2)在 Anaconda Prompt 命令行窗口中输入命令 jupyter notebook。

(3)单击"开始"→"Anaconda3(64-bit)"→"Jupyter Notebook(anaconda3)"。

笔者习惯采用第三种方法。为了便于项目文件的管理,建议通过以下 5 个步骤修改 Jupyter Notebook 的默认工作路径:

第 1 步:打开 Anaconda Prompt,输入命令 jupyter notebook --generate-config,根据屏幕提示找到文件 jupyter_notebook_config. py 的路径并打开此文件。

第 2 步:找到 c. NotebookApp. notebook_dir 这个变量,将所希望的路径赋值给这个变量。注意:

(1)路径用\\转义,或者在路径字符串前用 r 标识。

(2)路径用英文状态下的单引号括起来。

(3)路径一定是已经存在的,否则会闪退。

(4)这一行代码前不能有空格。

第 3 步:删除"#",取消这一行的注释模式。

第 4 步:保存文件。

第 5 步:单击"开始"→"Anaconda3(64-bit)"找到"Jupyter Notebook(anaconda3)"并右击,单击"更多"→"打开文件位置",找到快捷方式并右击。单击"属性",将"目标"最后面的"％USERPROFILE％"删除。

修改后,退出 Jupyter Notebook,然后重启即可。Jupyter 在浏览器中运行的主界面如图 1-8 所示。

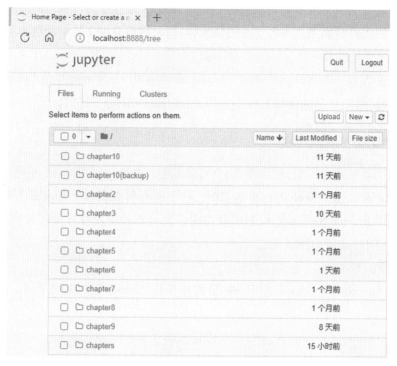

图 1-8　Jupyter 在浏览器中运行的主界面

单击图 1-8 最右侧的"New"按钮,从下拉菜单中选择"Python3(ipykernel)",Jupyter 将打开新项目,界面如图 1-9 所示。

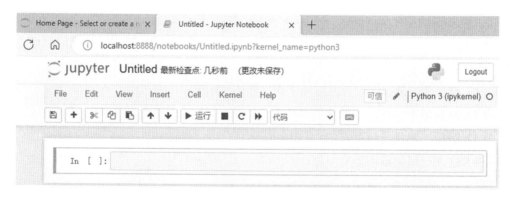

图 1-9　Jupyter 的新项目界面

屏幕上光标所在的带绿色边框的单元格是用于编写代码的位置,单元格的下方是代码运行结果的输出区。在本书中,代码区被加上了灰色底纹,而输出区没有底纹。按"Ctrl"+"Enter"组合键将执行选定的单元格,按"Shift"+"Enter"组合键将执行选定的单元格并跳到下一个单元格。利用工具栏和菜单可以完成单元格操作、代码运行和文件管理等许多功能。如果读者是第一次使用 Jupyter Notebook,建议您试一下各个工具命令和菜单项。

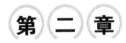

人工神经网络基础

人工神经网络,顾名思义,是一种人为模仿动物脑神经而构建的网络。早在 19 世纪,研究神经的科学家就利用染色法观察到了神经纤维和神经细胞。在 20 世纪初,研究人员借助显微镜观察到了神经系统中神经元之间的联系。图 2-1 展示了神经元结构。

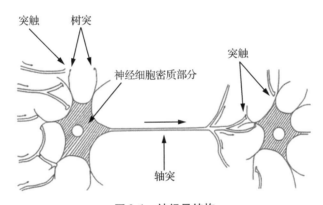

图 2-1　神经元结构

研究人员发现,一个神经元通过另一个神经元连接到网络中,从突触接收电信号的刺激。当电位超过某个阈值时,神经元就被激活,将电刺激传送给网络中连接的下一个神经元。神经网络依据电刺激是如何传递的来对外界进行判定。

受神经元之间相互联系的启发,计算机科学家开发了人工神经网络,从最初的感知器,到后来的前馈神经网络、卷积神经网络、循环神经网络、Transformer 等,人工神经网络已经发展为人工智能最成功的模型。

第一节　感知器

1957 年，弗兰克·罗森布拉特发表了论文"The Perceptron: A Perceiving and Recognizing Automaton"，感知器成为首个公开的神经网络算法。

感知器算法是神经网络算法中结构最简单的模型，可以对两种类型的数据进行线性分类，它以最简单的方式模拟了人类的神经元。我们可以把它看成神经网络的原型。图 2-2 展示了感知器模型的结构。

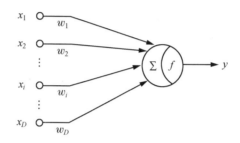

图 2-2　感知器

图 2-2 中，x_i 表示第 i 个输入信号，即样本 $\boldsymbol{x}$ 的第 i 个特征值；w_i 表示第 i 个输入信号对应的权重（weight）；y 表示输出信号；$\sum$ 表示对所有输入数据按权重求和；f 是函数，在神经网络中称为激活函数（神经细胞可以被激活，也可以不被激活）。设

$$f(a) = \begin{cases} +1, & a \geq 0 \\ -1, & a < 0 \end{cases} \tag{2-1}$$

这样的激活函数 f 称为阶跃函数。a 是激活函数的输入，简称激活输入。

这样感知器就可以用下面的函数式表示：

$$y(\boldsymbol{x}) = f(\boldsymbol{w}^{\mathrm{T}}\boldsymbol{x}) \tag{2-2}$$

式中，$\boldsymbol{x}$ 和 $\boldsymbol{w}$ 分别是输入和参数的列向量表示，即 $\boldsymbol{x} = \begin{pmatrix} x_1 \\ x_2 \\ \vdots \\ x_i \\ \vdots \\ x_D \end{pmatrix}$，$\boldsymbol{w} = \begin{pmatrix} w_1 \\ w_2 \\ \vdots \\ w_i \\ \vdots \\ w_D \end{pmatrix}$，T 表示转置。也就

是说，感知器最终的输出是将每个特征值乘对应的权重后求和，再将求得的和作为阶跃函数的激活输入得到的激活输出，该输出就是感知器的判断结果。现在如果有一批样本数

据,让感知器去学习其分类,那么所要做的事其实非常简单:采用上面的公式由 $\boldsymbol{x}$ 求出 y,将 y 与 $\boldsymbol{x}$ 的正确分类(标记或类标)进行比较,得出误差,根据误差修改参数 $\boldsymbol{w}$ 的值……这个学习过程称为"训练"。虽然从输入 $\boldsymbol{x}$ 到激活输入 $\boldsymbol{w}^{\mathrm{T}}\boldsymbol{x}$ 是线性运算,但经过激活函数的非线性映射后,模型能处理的问题理论上就不再局限于线性问题了。

如果用 t 表示数据的标记,那么对于采用阶跃函数作为激活函数的感知器来说,t 要么是 1,要么是 -1,即

$$t \in \{-1, 1\} \tag{2-3}$$

显然,这正好可以解决二分类问题。不妨设 $t=1$ 表示数据属于类别 1,$t=-1$ 表示数据属于类别 2。某一个样本数据 $\boldsymbol{x}_n$($\boldsymbol{x}_n$ 是一个列向量,即 $\boldsymbol{x}_n = (x_{n1}, x_{n2}, \cdots, x_{ni}, \cdots, x_{nD})^{\mathrm{T}}$),其标记为 t_n,如果 $\boldsymbol{x}_n$ 可以被正确地分类,那么

$$\begin{cases} \boldsymbol{w}^{\mathrm{T}}\boldsymbol{x}_n \geq 0, \ t_n = 1 & \boldsymbol{x}_n \in \text{类别 1} \\ \boldsymbol{w}^{\mathrm{T}}\boldsymbol{x}_n < 0, \ t_n = -1 & \boldsymbol{x}_n \in \text{类别 2} \end{cases} \tag{2-4}$$

即对于每个可以正确分类的数据 $\boldsymbol{x}_n$,都满足下面的式子:

$$\boldsymbol{w}^{\mathrm{T}}\boldsymbol{x}_n t_n \geq 0 \tag{2-5}$$

显然,若分类错误,则有

$$\boldsymbol{w}^{\mathrm{T}}\boldsymbol{x}_n t_n \leq 0 \tag{2-6}$$

我们把训练中所有被错误分类的数据放到集合 M 中,对集合 M 中数据的激活输入与标记的乘积求和,用 E 表示,则

$$E = \sum_{n \in M} \boldsymbol{w}^{\mathrm{T}}\boldsymbol{x}_n t_n \tag{2-7}$$

不难理解,如果所有样本数据都能被感知器正确分类,那么 M 就是空集,此时 $E=0$。感知器的分类性能越差,E 的值只会越小(负值越大)。因此,训练的目标就是使 E 最大化。

数学上,习惯求最小值,因此对式(2-7)取负,即

$$L = -E = -\sum_{n \in M} \boldsymbol{w}^{\mathrm{T}}\boldsymbol{x}_n t_n \tag{2-8}$$

显然,L 是参数 $\boldsymbol{w}$ 的函数,最小化 L 是通过不断地修改参数 $\boldsymbol{w}$ 来实现的。为此,我们将式(2-8)写为

$$L(\boldsymbol{w}) = -\sum_{n \in M} \boldsymbol{w}^{\mathrm{T}}\boldsymbol{x}_n t_n \tag{2-9}$$

$L(\boldsymbol{w})$ 称为损失函数(也称为目标函数或优化评分函数)。现在需要做的就是如何通过调整参数 $\boldsymbol{w}$ 来最小化损失 L,从而提高感知器的分类准确性。

接下来考虑如何通过调整权重分量 w_i 来最小化损失 L。为了方便起见,假设损失 L 与权重分量 w_i 之间的关系可以表示为图 2-3 中的曲线。虽然我们人一眼就能看出损失函数的最小值和相应的权重分量在什么位置,但机器却不能。在训练开始前,由于机器并不知道最优的 w_i 值是多少,我们先给出一个 w_i 值,即初始化 w_i。假设我们对 w_i 进行随机

初始化。如果 w_i 的初始值在最优值的左侧［图 2-3（a）］，此侧 L 对 w_i 的导数为负值，即 $\dfrac{\partial L}{\partial w_i} < 0$，需要增大 w_i，即应该朝着 $\left(-\dfrac{\partial L}{\partial w_i} \right)$ 的方向正向调整；如果 w_i 的初始值在最优值的右侧［图 2-3（b）］，此侧 L 对 w_i 的导数为正值，即 $\dfrac{\partial L}{\partial w_i} > 0$，需要减小 w_i，即应该朝着 $\left(-\dfrac{\partial L}{\partial w_i} \right)$ 的方向反向调整。综合来看，不管 w_i 的初始值在哪一侧，都应该朝着 $\left(-\dfrac{\partial L}{\partial w_i} \right)$ 的方向调整，即朝着梯度下降的方向调整，因此这种优化算法叫作梯度下降法。

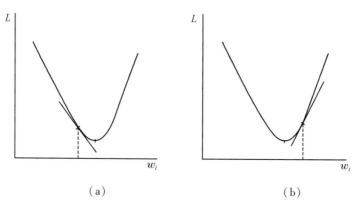

图 2-3　梯度下降法的基本思想

调整的方向确定了，接下来还要确定调整的步伐，即每次调整多大。我们可以用参数 lr 来控制。这样，每一步优化都可以写成

$$w_i - lr \frac{\partial L}{\partial w_i} \to w_i \tag{2-10}$$

直到训练出理想的效果，或者完成规定的训练次数为止。

将 w_i 推广到 $\boldsymbol{w}$，得到第 $k+1$ 步的参数更新公式如下：

$$\boldsymbol{w}^{(k+1)} = \boldsymbol{w}^{(k)} - lr \, \nabla L(\boldsymbol{w}) = \boldsymbol{w}^{(k)} + lr \sum \boldsymbol{x}_n t_n \tag{2-11}$$

参数 lr 是 learning rate 的缩写，即学习率。一般而言，学习率越小，调整的步伐就越小，算法就越容易收敛，但学习花费的时间也越长。如果学习率大，可能在最优点前后反复振荡，导致模型的参数无法收敛。因此，在实际操作中，可以一开始将学习率设置成一个比较大的值，在迭代过程中不断地调小。

顺便指出，学习率属于超参数（Hyperparameter），后面还会遇到更多的超参数。虽然超参数与模型参数一样也需要调整，但通常针对模型参数的调整叫作学习，而针对超参数的调整叫作选择。这种选择通常是根据经验做出的尝试，目的是帮助模型学习到最佳参数。当然，在采用传统机器学习方法解决一些不太复杂的问题时，我们也可以通过一些全局寻优的算法（比如遗传算法、粒子群算法等）对超参数进行优选，但对于解决复杂问题时采用的复杂模型，由于参数和超参数都比较多，这种优选方法费时费力，也难以获得很

好的效果。

最小化问题也称为优化问题。由于实际问题中损失 L 与权重分量 w_i 之间的关系可能比图 2-3 中的曲线要复杂得多,因此我们将在第五章中进一步讨论。

下面我们来学习感知器的 Python 实现,感知器的项目结构如图 2-4 所示。这是一个只包含两个文件的简单项目,其中 Perceptron. ipynb 是项目的主要代码所在的文件,也是整个项目的入口程序,ActivationFunction. py 则是定义了激活函数的库文件。

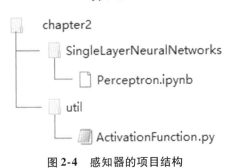

图 2-4　感知器的项目结构

在 Perceptron. ipynb 中,首先定义学习需要的常量和变量。

```
# 定义（准备）学习需要的常量和变量
train_N = 1000   # 训练数据的数量，即训练样本的大小
test_N = 200     # 测试数据的数量
nIn = 2          # 输入数据的维度，即每个输入数据的特征数量
# 用于训练的输入数据
train_X = [[[] for i in range(nIn)] for i in range(train_N)]
# 用于训练的数据的标记
train_T = [[] for i in range(train_N)]
# 用于测试的输入数据
test_X = [[[] for i in range(nIn)] for i in range(test_N)]
# 用于测试的数据的标记
test_T = [[] for i in range(test_N)]
# 模型预测的输出数据
predicted_T = [[] for i in range(test_N)]
```

接着生成样本数据集,用于模型的训练和测试,利用 random. gauss 函数得到高斯分布(也叫正态分布)的数值。两类数据分别满足如下分布:

类别 1 : $x_1 \sim N(-2.0, 1.0)$, $x_2 \sim N(+2.0, 1.0)$

类别 2 : $x_1 \sim N(+2.0, 1.0)$, $x_2 \sim N(-2.0, 1.0)$

```
random.seed(12345) # 使每次生成的随机数相同，保证实验的可重复性
# 属于类别1的数据集
for i in range(int(train_N/2)): # 500个属于类别1的训练数据
    train_X[i][0] = random.gauss(-2.0, 1.0)  # 第一维特征值
    train_X[i][1] = random.gauss(2.0, 1.0)   # 第二维特征值
    train_T[i] = 1 # 标记
```

```
for i in range(int(test_N/2)): # 100个属于类别1的测试数据
    test_X[i][0] = random.gauss(-2.0, 1.0)
    test_X[i][1] = random.gauss(2.0, 1.0)
    test_T[i] = 1
# 属于类别2的数据集
for i in range(int(train_N/2), train_N):
    train_X[i][0] = random.gauss(2.0, 1.0)
    train_X[i][1] = random.gauss(-2.0, 1.0)
    train_T[i] = -1
for i in range(int(test_N/2), test_N):
    test_X[i][0] = random.gauss(2.0, 1.0)
    test_X[i][1] = random.gauss(-2.0, 1.0)
    test_T[i] = -1
```

画出数据的点状图(图 2-5),将训练数据可视化。

```
# 可视化数据集
import matplotlib.pyplot as plt
# IPython命令,使绘图结果嵌入到notebook中
%matplotlib inline
plt.figure(figsize=(4,3))
s1,s2=[],[]
for i in range(int(train_N/2)):
    s1.append(train_X[i][0])
    s2.append(train_X[i][1])
plt.scatter(s2,s1,c='g',marker='*')
s1,s2=[],[]
for i in range(int(train_N/2), train_N):
    s1.append(train_X[i][0])
    s2.append(train_X[i][1])
plt.scatter(s2,s1,c='y',marker='.')
```

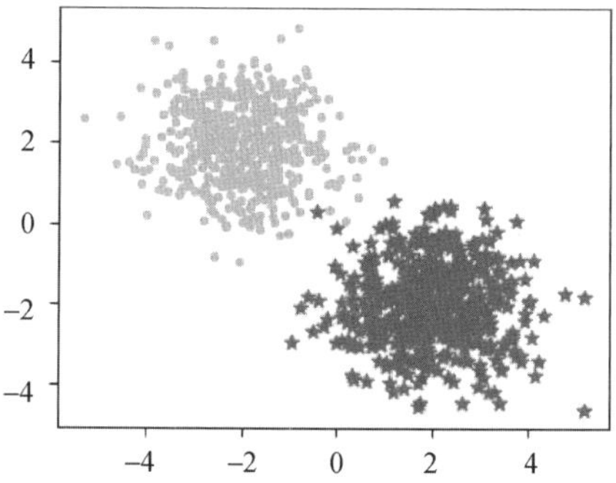

图 2-5 数据的点状图

从图 2-5 可见,总体上这些数据可以按照线性划分,有少量数据接近另一类而成为噪声。

接下来构建分类器模型。由于分类器模型封装在 Perceptron 类中,直接生成 Perceptron 类的对象即可。

```
# 实例化分类器模型
classifier = Perceptron(nIn)
```

下面我们看一下 Perceptron 类的构造函数。该构造函数非常简单,其变量只有网络的输入层单元数 nIn 和权重 w。

```
def __init__(self, nIn):
    self.nIn = nIn # 初始化输入层中的单元数,即数据的特征维度
    self.w = [0 for i in range(nIn)]    # 初始化权重,全部赋零
```

下面一步就是训练。训练迭代会一直持续下去,直到可以将所有训练数据正确分类或者达到预设的迭代次数为止。

```
epochs = 2000    # 最大训练(迭代)次数
epoch = 0  # 迭代次数
learningRate = 1.  # 学习率
# 训练分类器模型
while (True):
    classified_ = 0 #  正确分类次数
    # 对训练集中的样本逐个训练
    for i in range(train_N):
        classified_ += classifier.train(train_X[i], train_T[i], learningRate)

    # 如果所有数据都能正确分类,则训练结束
    if (classified_ == train_N):
        break
    epoch+=1; # 迭代次数加1
    # 如果达到预设的最大迭代次数,则训练结束
    if (epoch > epochs):
        break
```

最后来看看 Perceptron 类中训练函数是如何定义的。

```
# 训练模型
def train(self, x, t, learningRate):
    classified = 0  # 分类结果,默认为分类错误
    c = 0. # 初始化激活输入与标记的乘积
    for i in range(self.nIn): # 计算激活输入
        c += self.w[i] * x[i]
    c = c*t # 计算激活输入与标记的乘积

    #  检查数据是否得到正确分类
    if (c<0 or c==0):
        for i in range(self.nIn): # 根据梯度下降法更新参数w
            self.w[i] += learningRate * x[i] * t
    else:
        classified = 1  # 正确分类
    return classified    # 返回分类结果
```

在 train 函数中使用梯度下降算法对参数进行了更新。细心的读者可能已经发现,上述代码中没有对损失求和,而是见到一条数据,如果分类错误,就计算其梯度并更新权重参数 w。这种优化算法是一种极端的梯度下降法,称为随机梯度下降法(Stochastic Gradient Descent,SGD),也称为在线学习(Online Training)。SGD 算法的好处是可以逐条数据学习。比如,当开发一个根据历史交易数据预测股票涨跌的模型时,SGD 可以学习最新一天的行情数据,从而去预测第二天股票的涨跌。SGD 算法的缺点是只根据一条数据就修改参数,可靠性似乎比较差,特别是如果该条数据刚好质量比较差,带有噪声,那么根

据它算出的梯度可能正负都是错的,调整参数时可能出现方向性错误,也就是说学习了这条数据后分类器的性能反而变差了。

如果对数据集中所有样本数据的损失之和求梯度,则算出的梯度无疑是最可靠的(至少对该数据集来说),相当于每走一步都要环顾四周,能选择到最正确的方向,但每次都需要计算所有数据的损失,当数据集很大时,计算开销很大,速度会变得很慢,在面对海量数据时,计算开销可能难以承担。

一个比较好的做法是采取上述两种方法的折中方案,即每次计算梯度时,选择数据集中的一小批数据进行计算,至于这一小批数据到底取多少条,可以根据实际情况进行选择,这种优化算法称为小批量梯度下降法(Mini-Batch Gradient Descent)。事实上,我们以后看到的例子中基本都使用了这种方法。

训练完成后就可以进行测试了。我们可以使用训练好的模型检查测试数据属于哪一类。

```python
# 用模型预测
for i in range(test_N):
    predicted_T[i] = classifier.predict(test_X[i])
```

Perceptron 类中 predict 函数的定义如下:

```python
def predict (self, x):
    preActivation = 0. # 初始化激活输入
    for i in range(self.nIn): # 计算激活输入
        preActivation += self.w[i] * x[i]
    af = ActivationFunction()
    # 调用定义在ActivationFunction类中的阶跃函数,计算并返回激活输出
    return af.step(preActivation)
```

可以看出,predict 函数调用了网络的激活函数。其中阶跃函数定义在 ActivationFunction.py 文件中:

```python
def step(self, x):
    if (x >= 0):
        return 1
    else:
        return -1
```

测试的结果将反映感知器的性能水平。对于分类问题,我们通常使用下面的指标来度量一个模型的性能:

● 精度(Accuracy)

精度是正确分类数据与全部数据的比值,而错误分类数据与全部数据的比值称为错误率(Error Rate)。精度是最常用的度量指标。

● 查准率（Precision）

查准率是分类器预测结果为 1 的数据中预测正确的比率。

● 查全率（Recall）

查全率是全部真实类标为 1 的数据中分类器预测正确的比率。

为了计算查准率与查全率，以二分类问题为例，将分类器预测结果分为以下 4 种情况。

（1）真正例（True Positive，TP），分类器预测 1，真实类标为 1。

（2）假正例（False Positive，FP），分类器预测 1，真实类标为 -1。

（3）真反例（True Negative，TN），分类器预测 -1，真实类标为 -1。

（4）假反例（False Negative，FN），分类器预测 -1，真实类标为 1。

显然 TP + FP + TN + FN = 全部数据。

将分类结果列入表 2-1 中，即用两行两列来表示，称为混淆矩阵（Confusion Matrix）。

表 2-1 混淆矩阵

真实情况	预测结果	
	正例	反例
正例	TP(真正例)	FN(假反例)
反例	FP(假正例)	TN(真反例)

查准率（P）和查全率（R）可以分别用下面两式计算。

$$P = \frac{TP}{TP + FP} \tag{2-12}$$

$$R = \frac{TP}{TP + FN} \tag{2-13}$$

查准率与查全率是一对矛盾。一般来说，查准率高时，查全率往往偏低；而查全率高时，查准率往往偏低。例如，如果想要将某病毒阳性病例都检测出来，可以将所有病例都标记为阳性病例，那么查全率就可以等于 100% 了，但这样查准率就将完全取决于阳性病例的实际占比；如果希望检测阳性病例的查准率足够高，那么让分类器尽可能挑选最有把握的阳性病例，但这样往往会有大量的阳性病例不能被检出，此时查全率就会比较低。

必须指出的是，选用查准率还是查全率来评价分类器，取决于具体的任务场景，不同的任务场景可能需要采用不同的指标。比如，在超市会员系统中，需要刷脸识别用户的身份以确定用户是否为会员，然后对部分商品进行打折处理。此时，假设一个会员用户总是被错误识别，那么该用户就会很不高兴，超市很有可能因此失去一个老顾客。相反，如果将一个非会员顾客错误识别，其损失就没那么高，或许还有可能因此获得一个新会员。显然对于该任务来说，重要的是查全率，也就是尽量把所有会员都识别出来。但如果将刷脸识别系统应用在安全部门，用于识别员工的身份，此时重要的是查准率，机器应该在最有把握的情况下才允许员工通过。我们宁可对员工错误识别很多次,也不能放过一个非员工,这样的刷脸机器或许"非常不好用",但安全性得到了保障。可见,根据具体的任务场景选用合适的评价指标是非常重要的。

下面使用测试数据来评判该模型的分类性能。

```python
# 初始化混淆矩阵、精度、查准率、查全率
confusionMatrix = [[0 for i in range(2)] for i in range(2)]
accuracy = 0.
precision = 0.
recall = 0.
# 计算混淆矩阵
for i in range(test_N):
    if (predicted_T[i] > 0): # 预测为正例
        if (test_T[i] > 0): # 实际为正例
            accuracy += 1
            precision += 1
            recall += 1
            confusionMatrix[0][0] += 1
        else: # 实际为反例
            confusionMatrix[1][0] += 1
    else: # 预测为反例
        if (test_T[i] > 0): # 实际为正例
            confusionMatrix[0][1] += 1
        else: # 实际为反例
            accuracy += 1:
            confusionMatrix[1][1] += 1
# 计算精度、查准率、查全率
accuracy /= test_N
precision /= confusionMatrix[0][0] + confusionMatrix[1][0]
recall /= confusionMatrix[0][0] + confusionMatrix[0][1]
# 打印评估结果
print("Accuracy: {0:.1f}%".format(accuracy * 100))
print("Precision: {0:.1f}%".format(precision * 100))
print("Recall:    {0:.1f}%".format(recall * 100))
```

输出的结果如下:

```
Accuracy: 99.5%
Precision: 100.0%
Recall:    99.0%
```

上述结果显示该感知器的精度为99.5%,查准率为100.0%,查全率为99.0%。这一结果与生成随机数时采用的种子数有关。读者不妨试验一下,如果种子数不用12345,改用其他值,将得到不同的随机数据样本,最终的分类器性能可能会有所不同。但总的来说,您将发现三个指标都不低,甚至可能全部为100%。那么能获得这样的结果是不是说

明该感知器是非常棒的分类器呢？答案是：是也不是。您可能会对这个答案感到困惑。上面示例中的数据集是通过程序"假造"出来的，噪声数据很少，甚至可以很容易地造出没有噪声的数据，因此得到的精度、查准率和查全率都很高，数据能够很好地被分类。而且更重要的是，训练数据和测试数据都是用相同的方法生成的随机数（包括种子也一样，经测试，种子影响不大）。虽然看起来是把训练数据和测试数据分别运用于训练和测试环节，但事实上测试数据与训练数据没有本质的区别，测试数据相当于是已知的。在实际应用中，当用训练好的模型进行预测时，预测时的输入数据往往是未知的、有噪声的。如果预测数据与训练数据非常不一样，分类器的性能可能会受到很大的影响。另外，上面的例子只是说明感知器在线性可分数据上效果不错，但在非线性可分数据上的效果如何呢？我们针对图 2-6 左侧的数据进行训练并评估其分类性能，发现表现非常糟糕（图 2-6 右侧）。

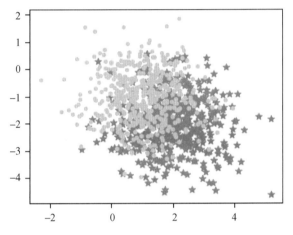

图 2-6　感知器在非线性可分数据上的分类性能

在上面的学习中，我们将数据做了标记，这样的数据叫作有标数据（Labeled Data）。对有标数据进行学习称为监督学习（Supervised Learning）。相反，使用未标记的数据进行的学习称为无监督学习（Unsupervised Learning）。在这种情况下，只需要提供输入数据即可，机器学习的是数据集中隐含和包括的模式与规则。还有一种情况是从未标记的数据中自动构建标记，称为自监督学习。我们将在第八章至第十一章中给出无监督学习和自监督学习的例子。

从概率的角度来看，无监督学习试图通过随机变量 x 去学习概率分布 $p(x)$ 或某些分布性质；监督学习试图使用随机变量 x 以及关联的 y，学习条件概率 $p(y|x)$，通过 x 去预测 y。

第二节 sigmoid 分类器

在感知器中,使用阶跃函数作为激活函数,在线性可分数据的二元分类中取得了不错的效果。但阶跃函数是分段函数,非连续可导,譬如在感知器的代码中只对满足式(2-6)而不是式(2-4)的数据求导,因此在许多场合下应用不便。本节我们用 sigmoid 函数替代阶跃函数来构建一个新的二元分类器。

sigmoid 函数的数学定义如下:

$$\sigma(x) = \frac{1}{1 + e^{-x}} \tag{2-14}$$

该函数的图形如图 2-7 所示。

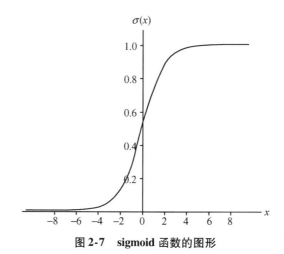

图 2-7 **sigmoid 函数的图形**

sigmoid 函数的导函数为

$$\sigma'(x) = \sigma(x)(1 - \sigma(x)) \tag{2-15}$$

sigmoid 函数可以将任意实数映射为 0 到 1 之间的某个值,而且 sigmoid 函数及其反函数都具有单调递增的性质,因此常被用作神经网络的阈值函数。可以将 sigmoid 函数理解为是对阶跃函数的一种泛化。

考虑到线性函数中有常数项或截距,为了遵照传统,如图 2-8(a)所示,在网络结构中加入偏置项 b。偏置项可以看成是在数据中增加了一个值等于常数 1、权重为 w_0 的特征分量[图 2-8(b)],然后可以被统一到权重参数中去。可见,其对模型没有实质性的影响。

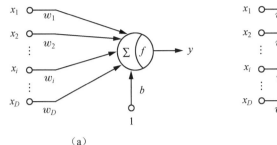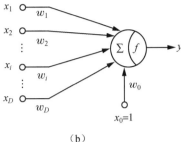

（a）   （b）

图 2-8　增加偏置项

数据的类别改用 0、1 标记，即 $t \in \{0,1\}$。这与感知器中用 -1、1 标记没有实质区别。

sigmoid 函数的值域 $y \in (0,1)$，概率值的范围为 $[0,1]$，因此可以把 sigmoid 函数与一个概率分布联系起来。我们可以将 sigmoid 函数的输出作为任何一个分类的后验概率（后验概率指给定特征向量 $\boldsymbol{x}$ 下的条件概率，对应地，先验概率指根据历史分类数据计算得到的概率）。不妨将 sigmoid 函数的输出作为数据 $\boldsymbol{x}$ 属于类别 1 的后验概率，即

$$p(C = 1 \,|\, \boldsymbol{x}) = y(\boldsymbol{x}) = \sigma(\boldsymbol{w}^{\mathrm{T}} \boldsymbol{x} + b) \tag{2-16}$$

数据 $\boldsymbol{x}$ 属于类别 0 的概率则为

$$p(C = 0 \,|\, \boldsymbol{x}) = 1 - p(C = 1 \,|\, \boldsymbol{x}) = 1 - y(\boldsymbol{x}) \tag{2-17}$$

这两个公式可以整合成一个公式：

$$p(C = t \,|\, \boldsymbol{x}) = y^{t}(1 - y)^{1-t} \tag{2-18}$$

假设数据集中的数据满足独立同分布（Independent and Identically Distributed，IID）条件，即假设数据与数据是独立的，但所有数据又都来自同一个概率分布函数。这就使得根据已知数据分析得到的概率分布模型，可以运用在未来的预测任务中。以体检为例，虽然每个人的体检数据都是独立的，但由于所有人的健康指标都遵循相同的统计规律，因此医生可以根据个体的体检数据判断其健康状况。

整个数据集的概率是 N 个数据的概率的连乘，即可以表示为

$$p(\boldsymbol{w}, b) = \prod_{n=1}^{N} y_n^{\,t_n}(1 - y_n)^{1-t_n} \tag{2-19}$$

其中，

$$y_n = p(C = 1 \,|\, \boldsymbol{x}_n) \tag{2-20}$$

$p(\boldsymbol{w}, b)$ 称为似然函数。从概率论上讲，在一次试验中小概率事件是几乎不可能发生的，如果某个事件发生了，就说明它的概率大。因此，$\boldsymbol{w}$ 和 b 应该使 $p(\boldsymbol{w}, b)$ 的值最大。换句话说，求解 $\boldsymbol{w}$ 和 b，就是要求解当 $p(\boldsymbol{w}, b)$ 最大时的 $\boldsymbol{w}$ 和 b。

当 N 的值很大时，连乘运算的计算开销太大，考虑到对数函数是单调递增的，且我们习惯于求最小值、平均值，可以用似然函数的负对数均值代替，得到损失函数的如下表达式：

$$L(\boldsymbol{w},b) = -\frac{1}{N}\ln p(\boldsymbol{w},b) = -\frac{1}{N}\sum_{n=1}^{N}\{t_n\ln y_n + (1-t_n)\ln(1-y_n)\} \tag{2-21}$$

这样,连乘转变为求和,现在的问题转变为最小化 $L(\boldsymbol{w},b)$。

这种类型的损失函数称为交叉熵误差函数。损失和误差叫法不同(也称为代价),本质上是一致的。不难理解,如果全部的分类都没有错误,那么误差是零,损失也为零。

与感知器类似,可以通过计算模型参数 $\boldsymbol{w}$ 和 b 的梯度对模型进行优化。不难推导,梯度可以通过如下公式描述:

$$\frac{\partial L(\boldsymbol{w},b)}{\partial \boldsymbol{w}} = -\frac{1}{N}\sum_{n=1}^{N}(t_n - y_n)\boldsymbol{x_n} \tag{2-22}$$

$$\frac{\partial L(\boldsymbol{w},b)}{\partial b} = -\frac{1}{N}\sum_{n=1}^{N}(t_n - y_n) \tag{2-23}$$

依据这些公式,可以更新模型参数:

$$\boldsymbol{w}^{(k+1)} = \boldsymbol{w}^{(k)} - lr\frac{\partial L(\boldsymbol{w},b)}{\partial \boldsymbol{w}} = \boldsymbol{w}^{(k)} + \frac{lr}{N}\sum_{n=1}^{N}(t_n - y_n)\boldsymbol{x_n} \tag{2-24}$$

$$b^{(k+1)} = b^{(k)} - lr\frac{\partial L(\boldsymbol{w},b)}{\partial b} = b^{(k)} + \frac{lr}{N}\sum_{n=1}^{N}(t_n - y_n) \tag{2-25}$$

如果采用小批量梯度下降法,那么只要将上面几个式子中的 N 换成批量大小即可。

sigmoid 分类器代码的实现框架与感知器相同,不同之处在于:① train 函数按照公式 (2-22) ~ (2-25) 进行编程;② ActivationFunction 中增加了 sigmoid 函数的实现。SigmoidClassifier.ipynb 是项目的主要代码所在,也是整个项目的入口程序。在线性可分和线性不可分数据上的表现则与感知器基本相同。

```python
def train(self, X, T, minibatchSize, learningRate):
    grad_W = [0 for i in range(self.nIn)]
    grad_b = 0
    dY = [0 for i in range(minibatchSize)]

    # 计算w和b的梯度
    for n in range(minibatchSize):
        predicted_Y_ = self.output(X[n])
        dY[n] = predicted_Y_ - T[n]
        for i in range(self.nIn):
            grad_W[i] += dY[n] * X[n][i]
        grad_b += dY[n]

    # 更新w和b
    for i in range(self.nIn):
        self.W[i] -= learningRate * grad_W[i] / minibatchSize
    self.b -= learningRate * grad_b / minibatchSize

    return dY
```

sigmoid 分类器有个高大上的学名叫作逻辑回归（Logistic Regression）。本节之所以迟迟未提它的学名，是怕读者被这个名字所误导。因为回归通常指的是对连续数字的预测，如预测学生的考试分数、商品的销售数量、区域的降雨量等，但逻辑回归是对离散数据的预测，是用来解决分类问题的。逻辑回归不是通常意义上所说的回归。

顺便提一下，sigmoid 函数除了用于二分类问题外，也可以用于图像生成，因为该函数的输出区间（0，1）可以方便地转化为（0，255）来表示像素。

softmax 多分类器

sigmoid 函数可以解决二分类问题，而使用 softmax 函数作为激活函数，则可以解决多分类问题。如图 2-9 所示，假设数据共分为 K 类。将公式的输出改成 K 类成员概率向量，可对多类数据进行划分。softmax 函数相当于 sigmoid 函数的多变量版本。每一类数据的后验概率可以用式（2-26）表示。

$$p(C = k \mid \boldsymbol{x}) = y_k(\boldsymbol{x}) = \frac{e^{z_k}}{\sum_{j=1}^{K} e^{z_j}} = \frac{\exp(\boldsymbol{w}_k^{\mathrm{T}}\boldsymbol{x} + b_k)}{\sum_{j=1}^{K} \exp(\boldsymbol{w}_j^{\mathrm{T}}\boldsymbol{x} + b_j)} \tag{2-26}$$

式中，下标 j 指某一类，$j \in [1, K]$。

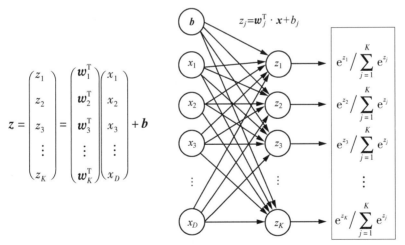

图 2-9　softmax 多分类器

softmax 函数的导函数为

$$\frac{\partial y_k}{\partial z_j} = \begin{cases} y_k(1 - y_k), & k = j \\ -y_k y_j, & k \neq j \end{cases} \tag{2-27}$$

通过 softmax 函数，可以像二类划分那样，得到对应的似然函数及损失函数，如式

(2-28)和式(2-29)所示。

$$p(\boldsymbol{w},\boldsymbol{b}) = \prod_{n=1}^{N}\prod_{k=1}^{K} y_{nk}^{t_{nk}} \tag{2-28}$$

$$L(\boldsymbol{w},\boldsymbol{b}) = -\frac{1}{N}\ln p(\boldsymbol{w},\boldsymbol{b}) = -\frac{1}{N}\sum_{n=1}^{N}\sum_{k=1}^{K} t_{nk}\ln y_{nk} \tag{2-29}$$

这里的 $\boldsymbol{w} = [\boldsymbol{w}_1, \cdots, \boldsymbol{w}_j, \cdots, \boldsymbol{w}_K]$，$\boldsymbol{b} = [b_1, \cdots, b_j, \cdots, b_K]$。$y_{nk} = y_k(\boldsymbol{x}_n)$，是在输入 $\boldsymbol{x}_n$ 下类别为 k 的概率。t_{nk} 是类标 $\boldsymbol{t}_n$ 的第 k 个元素，$\boldsymbol{t}_n$ 对应于第 n 个训练数据。$t_{nk} \in \{1,0\}$。如果输入数据属于类别 k，那么，t_{nk} 的值就为 1，否则其值就为 0。以 $K=3$ 为例，类别 1、2 和 3 的类标分别表示为 $[1,0,0]$，$[0,1,0]$ 和 $[0,0,1]$。这样的表示方法称为 one-hot encoding(独热编码，所有元素中只有一个 1，其他均为 0)。可见，如果输入数据不属于类别 k，则 y_{nk} 对 L 没有影响($\ln y_{nk}$ 乘以 0 等于 0)。

下面来看看损失函数关于权重和偏置等模型参数的梯度公式。

先只考虑单个数据 $\boldsymbol{x}_n$，并且考虑到求导时 $\sum_{k=1}^{K} t_{nk}\ln y_{nk}$ 相当于 $\ln y_{nk}$。

当 $j=k$ 时，$t_{nj}=1$，有

$$\frac{\partial L_n}{\partial \boldsymbol{w}_j} = \frac{\partial L_n}{\partial y_{nk}}\frac{\partial y_{nk}}{\partial z_{nj}}\frac{\partial z_{nj}}{\partial \boldsymbol{w}_j} = \frac{-1}{y_{nk}}y_{nk}(1-y_{nk})\boldsymbol{x}_n = -(t_{nj}-y_{nj})\boldsymbol{x}_n \tag{2-30}$$

当 $j \neq k$ 时，$t_{nj}=0$，有

$$\frac{\partial L_n}{\partial \boldsymbol{w}_j} = \frac{\partial L_n}{\partial y_{nk}}\frac{\partial y_{nk}}{\partial z_{nj}}\frac{\partial z_{nj}}{\partial \boldsymbol{w}_j} = \frac{-1}{y_{nk}}(-y_{nk}y_{nj})\boldsymbol{x}_n = -(-y_{nj})\boldsymbol{x}_n$$

$$= -(0-y_{nj})x_n = -(t_{nj}-y_{nj})\boldsymbol{x}_n \tag{2-31}$$

综上，并考虑所有数据，有

$$\frac{\partial L}{\partial \boldsymbol{w}_j} = -\frac{1}{N}\sum_{n=1}^{N}(t_{nj}-y_{nj})\boldsymbol{x}_n \tag{2-32}$$

同理可得

$$\frac{\partial L}{\partial b_j} = -\frac{1}{N}\sum_{n=1}^{N}(t_{nj}-y_{nj}) \tag{2-33}$$

softmax 多分类器也有一个高大上的学名，叫多类逻辑回归。

为了更好地理解这一理论，我们来看一下对应的源代码。项目的主要代码在文件 SoftmaxClassifier.ipynb 中，该文件也是项目的入口。

首先，与在感知器中一样，定义学习需要的常量和变量。

```
# 定义常量
patterns = 3   # 三分类
train_N = 400 * patterns # 训练数据的数量，即训练样本的大小
test_N = 60 * patterns # 测试数据的数量
nIn = 2  # 输入数据的维度，即每个输入数据的特征数量
nOut = patterns # 输出结果的维度，等于分类数量
```

```
# 定义用于训练和测试的输入数据和标记、模型的输出的变量
train_X = [[[] for i in range(nIn)] for i in range(train_N)]
train_T = [[[] for i in range(nOut)] for i in range(train_N)]
test_X = [[[] for i in range(nIn)] for i in range(test_N)]
test_T = [[[] for i in range(nOut)] for i in range(test_N)]
predicted_T = [[[] for i in range(nOut)] for i in range(test_N)]
```

接下来将生成三个类的样本数据。除了在感知器中使用的两类数据外，再引入第三类数据，其训练数据和测试数据遵循正态分布，均值为 0.0，方差为 1.0。换句话说，每一类数据都遵循正态分布，均值分别为 [$-2.0, 2.0$]，[$2.0, -2.0$] 及 [$0.0, 0.0$]，方差均为 1。每一个标记数据都定义为一个列表，列表的长度与类别数量相匹配。图 2-10 为训练数据分布图。

```
random.seed(12345) # 使每次生成的随机数相同，保证实验的可重复性
# 属于类别1的数据集
for i in range(int(train_N/patterns)):
    train_X[i][0] = random.gauss(-2.0, 1.0)
    train_X[i][1] = random.gauss(2.0, 1.0)
    train_T[i] = [1, 0, 0]

for i in range(int(test_N/patterns)):
    test_X[i][0] = random.gauss(-2.0, 1.0)
    test_X[i][1] = random.gauss(2.0, 1.0)
    test_T[i] = [1, 0, 0]


# 属于类别2的数据集
for i in range(int(train_N/patterns), int(train_N/patterns * 2)):
    train_X[i][0] = random.gauss(2.0, 1.0)
    train_X[i][1] = random.gauss(-2.0, 1.0)
    train_T[i] = [0, 1, 0]

for i in range(int(test_N/patterns), int(test_N/patterns * 2)):
    test_X[i][0] = random.gauss(2.0, 1.0)
    test_X[i][1] = random.gauss(-2.0, 1.0)
    test_T[i] =  [0, 1, 0]


# 属于类别3的数据集
for i in range(int(train_N/patterns * 2), train_N):
    train_X[i][0] = random.gauss(0.0, 1.0)
    train_X[i][1] = random.gauss(0.0, 1.0)
    train_T[i] = [0, 0, 1]

for i in range(int(test_N/patterns * 2), test_N):
    test_X[i][0] = random.gauss(0.0, 1.0)
    test_X[i][1] = random.gauss(0.0, 1.0)
    test_T[i] = [0, 0, 1]
```

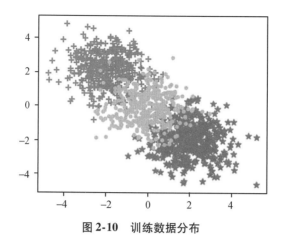

图 2-10　训练数据分布

由于采用小批量梯度下降法进行优化,所以接下来的工作是准备好与"小批量"相关的变量,将训练数据打乱后,存放到一个个"小批量"。

```
minibatchSize = 16  # 每个小批量中的数据数量
minibatch_N = train_N / minibatchSize  # 多少个小批量

# 准备将训练数据划分为一个个 "小批量"
train_X_minibatch = [[[[]for i in range(nIn)] for i in
        range(minibatchSize)] for i in range(int(minibatch_N))]
train_T_minibatch = [[[[]for i in range(nOut)] for i in
        range(minibatchSize)] for i in range(int(minibatch_N))]

minibatchIndex = [i for i in range(train_N)]
random.shuffle(minibatchIndex)   # 将训练数据的索引打乱

# 训练输入数据和标记按小批量存放
for i in range(int(minibatch_N)):
    for j in range(minibatchSize):
        train_X_minibatch[i][j] = train_X[minibatchIndex[i * minibatchSize + j]]
        train_T_minibatch[i][j] = train_T[minibatchIndex[i * minibatchSize + j]]
```

接下来看分类器的构造函数。softmax 分类器模型的参数是网络的权重和偏置。

```
def __init__(self, nIn, nOut):
    self.nIn = nIn  # 初始化输入层中的单元数,即数据的特征维度
    self.nOut = nOut # 初始化输出层单元数,即数据的类别数
    # 初始化权重
    self.W = [[0 for i in range(nIn)] for i in range(nOut)]
    # 初始化偏置项
    self.b = [0 for i in range(nOut)]
```

分类器中定义了训练函数,其主要作用是:① 使用"小批量"的数据计算权重和偏置的梯度;② 用梯度更新权重和偏置。

```
# 训练模型
def train(self, X, T, minibatchSize, learningRate):
    # 初始化权重梯度、偏置梯度和误差
    grad_W = [[0 for i in range(self.nIn)] for i in range(self.nOut)]
    grad_b = [0 for i in range(self.nOut)]
    dY = [[0 for i in range(self.nOut)] for i in range(minibatchSize)]

    # 计算W和b的梯度
    for n in range(minibatchSize):
        predicted_Y_ = self.output(X[n])   # 计算模型输出
        for j in range(self.nOut):
            dY[n][j] = predicted_Y_[j] - T[n][j]   # 计算每个类的误差
            for i in range(self.nIn):
                grad_W[j][i] += dY[n][j] * X[n][i]    # 计算W的梯度
            grad_b[j] += dY[n][j]   # 计算b的梯度

    # 更新参数
    for j in range(self.nOut):
        for i in range(self.nIn):
            self.W[j][i] -= learningRate * grad_W[j][i] / minibatchSize
        self.b[j] -= learningRate * grad_b[j] / minibatchSize
    return dY
```

train 函数最后返回 dY。dY 是预测数值和正确数值之间的误差值。对于 softmax 分类器这样的单层神经网络来说，返回 dY 并不是必要的；不过在多层神经网络中，因为需要将误差反向传播到前面的层，这是必要的。

有了数据和模型，接下来生成模型实例，并进行训练。

```
# 生成分类器模型实例
classifier = SoftmaxClassifier(nIn, nOut)
# 训练分类器模型
for epoch in range(epochs):
    # 对数据逐批训练
    for batch in range(int(minibatch_N)):
        classifier.train(train_X_minibatch[batch],
                train_T_minibatch[batch], minibatchSize, learningRate)
    # 逐渐调小学习率
    learningRate *= 0.95
```

每次迭代都是把所有的"小批量"数据训练一遍。若将 minibatchSize 设置为 1，即 minibatchSize =1，则训练转化为所谓的"在线训练"。

训练完成后就可以进行测试。与感知器的测试一样，也是调用训练好的模型的 predict 函数进行计算。

```
# 用模型测试
for i in range(int(test_N)):
    predicted_T[i] = classifier.predict(test_X[i])
```

predict 函数的定义如下：

```
# 预测
def predict(self, x):
    y = self.output(x) # 输出的是概率
    t = [0 for i in range(self.nOut)] # 初始化标记变量
    argmax = -1
    max = 0.
    # 找出最大概率值的位置
    for i in range(self.nOut):
        if (max < y[i]):
            max = y[i]
            argmax = i
    # 类标对应的标记位，置1
    for i in range(self.nOut):
        if (i == argmax):
            t[i] = 1
        else:
            t[i] = 0
    return t
```

上面的代码中，output 函数返回的是一个列表，该列表显示了当前样本属于每个类别的概率，因此，只需要找出列表中概率值最大的元素位置，该位置就代表了预测的类。

output 函数的定义如下：

```
def output(self, x):
    preActivation = [0 for i in range(self.nOut)]
    for j in range(self.nOut):
        for i in range(self.nIn):
            preActivation[j] += self.W[j][i] * x[i]
        preActivation[j] += self.b[j]
    af = ActivationFunction()
    return af.softmax(preActivation, self.nOut)
```

在 output 函数中首先计算激活输入，然后使用 softmax 函数计算激活输出。softmax 函数定义在 ActivationFunction. py 中。

```
def softmax(self, x, n):
    y =  [[] for i in range(n)]
    max = 0.
    sum = 0.
    for i in range(n):
            if (max < x[i]):
                    max = x[i]     # 防止溢出
    for i in range(n):
            y[i] = math.exp( x[i] - max )
            sum += y[i]
    for i in range(n):
            y[i] /= sum
    return y
```

最后,还需要对模型进行评估。同样,首先计算混淆矩阵,然后再计算各个指标。不同的是,对于多分类问题,需要计算每一个类的查准率和查全率。

```
# 评估模型
# 初始化混淆矩阵和精度
confusionMatrix=[[0 for i in range(patterns)]for i in range(patterns)]
accuracy = 0.
# 初始化每个类的查准率和查全率
precision = [0.0 for i in range(patterns)]
recall = [0.0 for i in range(patterns)]
# 计算混淆矩阵
for i in range(int(test_N)):
    predicted_ = predicted_T[i].index(1)
    actual_ = test_T[i].index(1)
    confusionMatrix[actual_][predicted_] += 1
# 计算精度、查准率和查全率
for i in range(patterns):
    col_, row_ = 0., 0.
    for j in range(patterns):
        if (i == j):
            accuracy += confusionMatrix[i][j]
            precision[i] += confusionMatrix[j][i]
            recall[i] += confusionMatrix[i][j]
        col_ += confusionMatrix[j][i]
        row_ += confusionMatrix[i][j]
    precision[i] /= col_
    recall[i] /= row_
accuracy /= test_N
```

```
# 打印评估结果
print("SoftmaxClassifier model evaluation:")
print("Accuracy: {0:.1f}%".format(accuracy * 100))
print("Precision:")
for i in range(patterns):
    print("class {0:d}: {1:.1f}%".format(i+1, precision[i] * 100))
print("Recall:")
for i in range(patterns):
    print("class {0:d}: {1:.1f}%".format(i+1, recall[i] * 100))
```

评估结果如下：

```
SoftmaxClassifier model evaluation:
Accuracy: 88.9%
Precision:
class 1: 94.9%
class 2: 87.3%
class 3: 84.5%
Recall:
class 1: 93.3%
class 2: 91.7%
class 3: 81.7%
```

作为二元分类器的泛化，softmax 多分类器当然也能用来处理二分类问题，只要在代码中设置 patterns = 2，并将数据标签改为二维向量就可以了。同样对图2-6 所示的数据进行分类，我们发现 softmax 的表现比感知器和 sigmoid 分类器有很大的改善（代码见文件 SoftmaxClassifier-2classes. ipynb），但在异或问题上的表现并不理想（代码见文件 SoftmaxClassifier-XOR. ipynb）。

```
对图2-6中数据的分类结果：          对异或数据的分类结果：
Accuracy: 77.0%                  [0.0, 0.0]-> Prediction:  Negative,
Precision:                                   Actual:       Negative
class 1: 78.7%                   [0.0, 1.0]-> Prediction:  Positive,
class 2: 75.5%                                Actual:       Positive
Recall:                         [1.0, 0.0]-> Prediction:  Negative,
class 1: 74.0%                                Actual:       Positive
class 2: 80.0%                   [1.0, 1.0]-> Prediction:  Negative,
                                             Actual:       Negative
```

第四节 多层感知器

前面介绍的感知器、sigmoid 分类器和 softmax 多分类器有一个共同的特点，撇开数据输入层（以下简称输入层）不算，它们都是单层神经网络。这些模型对能够进行线性划分的问题比较有效,但它们处理非线性数据的能力较差,甚至无法很好地解决如异或这样简单的非线性分类问题。

现实世界中的问题大多数都是非线性的,为了应对这些非线性问题,需要对算法进行改进。比较容易想到的改进方向是在输入层和输出层之间添加新的层,来提升网络的表达能力。这样的网络称为多层神经网络,也称为多层感知器(Multilayer Perceptron,MLP)。新的层称为"隐藏层"。通过增加隐藏层的数量,我们可以用不太复杂的数学模型逼近任意函数。图 2-11 是隐藏层数量为 1 的多层神经网络的结构图。

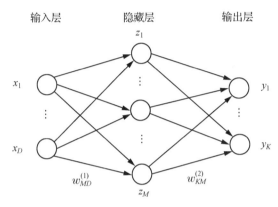

图 2-11　多层神经网络的结构

每个输出可以用如下公式表示:

$$
\begin{aligned}
y_k &= g\Big(\sum_{j=1}^{M} w_{kj}^{(2)} z_j + b_k^{(2)} \Big) \\
&= g\Big(\sum_{j=1}^{M} w_{kj}^{(2)} h\Big(\sum_{i=1}^{D} w_{ji}^{(1)} x_i + b_j^{(1)} \Big) + b_k^{(2)} \Big)
\end{aligned}
\tag{2-34}
$$

式中,w_{kj} 和 z_j 都是标量,不是向量,所以 $\sum_{j=1}^{M} w_{kj}^{(2)} z_j$ 相当于单层感知器中的 $\boldsymbol{w}^{\mathrm{T}}\boldsymbol{x}$;上标(1)表示第 1 层,上标(2)表示第 2 层;D 和 M 分别是输入层和隐藏层的单元数(也称为节点数);h 是隐藏层的激活函数,是非线性函数;g 是输出层的激活函数。对于二类划分 g 可以是阶跃函数或 sigmoid 函数,对于多类划分 g 可以是 softmax 函数。式(2-34)告诉我们,多层神经网络本质上就是一个复合函数。实际上,所有的人工神经网络本质上都是函数。

对于多类划分,当输出层的激活函数为 softmax 时,损失函数仍按式(2-29)计算。

对于多层感知器的学习,同样是根据误差调整参数 $\boldsymbol{w}$ 和 $\boldsymbol{b}$。隐藏层和输出层之间的参数 $w_{kj}^{(2)}$ 和 $b_k^{(2)}$ 的调整很简单,与单层神经网络的参数调整一样。输入层与隐藏层之间的参数 $w_{ji}^{(1)}$ 和 $b_j^{(1)}$ 调整的基本方法也一样。先求出损失函数对 $w_{ji}^{(1)}$ 和 $b_j^{(1)}$ 的梯度,再按照梯度下降法调整 $w_{ji}^{(1)}$ 和 $b_j^{(1)}$。主要的区别在求梯度上。

损失函数可以表示如下:

$$L(\boldsymbol{w},\boldsymbol{b}) = \frac{1}{N}\sum_{n=1}^{N} L_n(\boldsymbol{w},\boldsymbol{b}) \tag{2-35}$$

先考虑公式(2-35)中 L_n 的梯度。

网络中的每个神经元的激活输入可以看成接入该神经元的所有神经元的输出值(或输入层的输入值)按权重求和,以图 2-11 中的隐藏层为例,当输入第 n 个数据时,其第 j 个神经元的激活输入可用式(2-36)表达:

$$a_{nj}^{(1)} = \sum_i w_{ji}^{(1)} x_{ni} + b_j^{(1)} \tag{2-36}$$

其第 j 个神经元的输出值(激活输出,也叫激活值)为

$$z_{nj} = h(a_{nj}^{(1)}) \tag{2-37}$$

请注意,在这个例子中,x_{ni} 是输入层的值,如果隐藏层之前还有隐藏层,那么 x_{ni} 应该是前一隐藏层的神经元的输出值。权重的梯度和偏置的梯度可以分别表示如下:

$$\frac{\partial L_n}{\partial w_{ji}^{(1)}} = \frac{\partial L_n}{\partial a_{nj}^{(1)}}\frac{\partial a_{nj}^{(1)}}{\partial w_{ji}^{(1)}} = \frac{\partial L_n}{\partial a_{nj}^{(1)}} x_{ni} \tag{2-38}$$

$$\frac{\partial L_n}{\partial b_j^{(1)}} = \frac{\partial L_n}{\partial a_{nj}^{(1)}}\frac{\partial a_{nj}^{(1)}}{\partial b_j^{(1)}} = \frac{\partial L_n}{\partial a_{nj}^{(1)}} \tag{2-39}$$

现定义

$$\delta_{nj} = \frac{\partial L_n}{\partial a_{nj}^{(1)}} \tag{2-40}$$

δ_{nj} 称为隐藏层的输入梯度(也称残差、增量)。

并考虑到所有数据,则

$$\frac{\partial L}{\partial w_{ji}^{(1)}} = \frac{1}{N}\sum_{n=1}^{N}\frac{\partial L_n}{\partial w_{ji}^{(1)}} = \frac{1}{N}\sum_{n=1}^{N}\delta_{nj} x_{ni} \tag{2-41}$$

$$\frac{\partial L}{\partial b_j^{(1)}} = \frac{1}{N}\sum_{n=1}^{N}\frac{\partial L_n}{\partial b_j^{(1)}} = \frac{1}{N}\sum_{n=1}^{N}\delta_{nj} \tag{2-42}$$

可见,要求解输入层与隐藏层之间的参数的梯度,关键是求出 δ_{nj}。

$$\delta_{nj} = \frac{\partial L_n}{\partial a_{nj}^{(1)}} = \left(\sum_k \frac{\partial L_n}{\partial y_{nk}}\cdot\frac{\partial y_{nk}}{\partial a_{nk}^{(2)}}\cdot\frac{\partial a_{nk}^{(2)}}{\partial z_{nj}}\right)\cdot\frac{\partial z_{nj}}{\partial a_{nj}^{(1)}}$$

$$= h'(a_{nj}^{(1)})\sum_k\left(\frac{\partial L_n}{\partial y_{nk}}\cdot\frac{\partial y_{nk}}{\partial a_{nk}^{(2)}}\right)\cdot\frac{\partial\left(\sum_j w_{kj}^{(2)} z_{nj} + b_k^{(2)}\right)}{\partial z_{nj}}$$

$$= h'(a_{nj}^{(1)})\sum_k\left(\frac{\partial L_n}{\partial y_{nk}}\cdot\frac{\partial y_{nk}}{\partial a_{nk}^{(2)}}\right)\cdot w_{kj}^{(2)} \tag{2-43}$$

参照式(2-30)和式(2-31),可得 $\frac{\partial L_n}{\partial y_{nk}}\cdot\frac{\partial y_{nk}}{\partial a_{nk}^{(2)}} = -(t_{nk}-y_{nk}) = y_{nk}-t_{nk}$,则

$$\delta_{nj} = h'(a_{nj}^{(1)})\sum_k (y_{nk}-t_{nk})\cdot w_{kj}^{(2)} \tag{2-44}$$

在调整参数时,先根据误差调整好最后一层(输出层)和隐藏层之间的参数 $w_{kj}^{(2)}$ 和 $b_k^{(2)}$,将 $w_{kj}^{(2)}$ 代入式(2-44)中,就可以求出 δ_{nj},从而求出前面层的 $w_{ji}^{(1)}$ 和 $b_j^{(1)}$ 的梯度,再调整 $w_{ji}^{(1)}$ 和 $b_j^{(1)}$。这种算法相当于将误差反向传播到前面的层中,从后往前进行参数的调整,因此叫作反向传播算法(Backpropagation, BP)。

现在尝试用 MLP 模型来解决异或数据的分类,看看如何用 Python 实现该算法。该项目的结构如图 2-12 所示。与前几个项目相比,看起来要复杂一些,组成文件由 2 个增加到了 4 个,MultiLayerPerceptron.ipynb 是项目的入口,也是定义该算法的基本流程的地方,不过反向传播的实际实现是在 HiddenLayer.py 中。我们使用 softmax 实现输出层。为了提高编程效率,我们将前一节中的 SoftmaxClassifier.ipynb 通过"文件"菜单项"download as"转存为 SoftmaxClassifier.py 文件,这部分代码无须修改,因此这里就不重复列出。

图 2-12　代码结构

在 ActivationFunction.py 中新增了 sigmoid 函数求导和双曲正切函数 tanh 及其求导。tanh 函数常常作为 sigmoid 函数的可选替代,也是一种激活函数。其函数图形如图 2-13 所示。

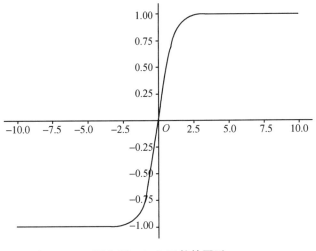

图 2-13　tanh 函数的图形

```
# 注意输入变量是y，不是x，如果输入x，则return 语句中的y要改为sigmoid(x)
def dsigmoid(self,y):
        return y * (1. - y)

def tanh(self,x):
        return math.tanh(x)

# 注意输入变量是y，不是x，如果输入x，则return 语句中的y要改为tanh(x)
def dtanh(self,y):
        return 1. - y * y    # tanh'(x) = 1-tanh(x)**2
```

注意区分上述代码中的 y 和 x。此处，x 是激活输入，y 是激活输出。

在 MultilLayerPerceptron. ipynb 中，分别为每一层生成了类的实例：HiddenLayer 类用于隐藏层，SoftmaxClassifier 类用于输出层。这些类的实例分别赋予变量 hiddenLayer 和 softmaxLayer。

```
def __init__(self, nIn, nHidden, nOut):
    # 初始化输入层数据维度、隐藏层单元数和输出层单元数
    self.nIn = nIn
    self.nHidden = nHidden
    self.nOut = nOut

    # 实例化隐藏层，tanh作为激活函数
    self.hiddenLayer = HiddenLayer(nIn, nHidden, None, None, "tanh")
    # 实例化输出层
    self.softmaxLayer = SoftmaxClassifier(nHidden, nOut)
```

MLP 的参数是隐藏层 HiddenLayer 及输出层 SoftmaxClassifier 的权重和偏置。HiddenLayer 的构造器定义如下：

```
def __init__(self, nIn, nOut, W, b, activation):
    if(W == None): # 初始化权重
        W = [[0. for i in range(nIn)] for i in range(nOut)]
        w_ = 1. / nIn
        for j in range(nOut):
            for i in range(nIn): # 以随机均匀分布初始化权重
                W[j][i] = random.uniform(-w_, w_)
    if (b == None): # 初始化偏置项
        b = [0. for i in range(nOut)]
    # 初始化隐藏层的输入维度、输出维度、权重和偏置项
    self.nIn = nIn
    self.nOut = nOut # 隐藏层的输出维度，等于隐藏层单元数
    self.W = W
    self.b = b
```

```
# 初始化隐藏层的激活函数，默认采用sigmoid函数
af = ActivationFunction()
if (activation == "sigmoid" or activation == None):
        self.activation = lambda x:af.sigmoid(x)
        self.dactivation = lambda x:af.dsigmoid(x)
elif (activation == "tanh"):
        self.activation = lambda x:af.tanh(x)
        self.dactivation = lambda x:af.dtanh(x)
elif (activation == "ReLU"):
        self.activation = lambda x:af.ReLU(x)
        self.dactivation = lambda x:af.dReLU(x)
elif (activation == "LeakyReLU"):
        self.activation = lambda x:af.LeakyReLU(x)
        self.dactivation = lambda x:af.dLeakyReLU(x)
else:
        raise Exception("activation function not supported")
```

这里以随机均匀分布对权重参数进行初始化。实际上，参数初始化需要高度的技巧，因为如果初始值的分布不合适，常常会造成损失为局部最小的问题。因此，实际应用中，应权衡不同的初始化方法。对于随机分布，可以用一些随机种子对模型进行测试。有关参数初始化的策略将在第五章中进一步讨论。

MLP 的训练可以通过神经网络依次前向传播和后向传播轮流进行。

```
def train(self, X, T, minibatchSize, learningRate):
    # 隐藏层的输出=输出层的输入
    Z = [[0. for i in range(nHidden)] for i in range(minibatchSize)]
    # 隐藏层前向计算
    for n in range(minibatchSize):
        Z[n] = self.hiddenLayer.forward(X[n])
    # 输出层计算
    dY = self.softmaxLayer.train(Z, T, minibatchSize, learningRate)
    # 隐藏层后向计算（反向传播）
    self.hiddenLayer.backward(X, Z, dY, self.softmaxLayer.W,
                              minibatchSize, learningRate)
```

通过 hiddenLayer.backward 函数可以了解如何由 softmax 层的误差得到隐藏层的残差。请注意，求导数时代入的是隐藏层的输出值。

```
# 模型反向计算
def backward(self, X, Z, dY, Wprev, minibatchSize, learningRate):
    # 初始化残差
    dZ = [[0. for i in range(self.nOut)] for i in range(minibatchSize)]
    #初始化权重和偏置梯度
    grad_W = [[0. for i in range(self.nIn)] for i in range(self.nOut)]
    grad_b = [0. for i in range(self.nOut)]
```

```
# 反向传播误差以计算 W, b的梯度
for n in range(minibatchSize):
    for j in range(self.nOut):
        # 按公式 (2-44) 求残差
        for k in range(len(dY[0])):
            dZ[n][j] += Wprev[k][j] * dY[n][k]
        dZ[n][j] *= self.dactivation(Z[n][j])

        # 按公式 (2-41) 求W的梯度
        for i in range(self.nIn):
            grad_W[j][i] += dZ[n][j] * X[n][i]

        # 按公式 (2-42) 求b的梯度
        grad_b[j] += dZ[n][j]

# 更新参数
for j in range(self.nOut):
    for i in range(self.nIn):
        self.W[j][i] -= learningRate * grad_W[j][i] \
                        / minibatchSize
    self.b[j] -= learningRate * grad_b[j] / minibatchSize
return dZ
```

上述代码看似复杂,其实与我们在 softmax 分类器的 Train 函数中所做的几乎一样:在"小批量"数据上计算权重和偏置的梯度,并更新权重和偏置。当然实现的公式不一样。那么,MLP 可以解决异或问题了吗? 运行 MultiLayerPerceptron. ipynb 将得到如下结果:

```
MLP model evaluation:
Accuracy: 100.0%
Precision:
class 1: 100.0%
class 2: 100.0%
Recall:
class 1: 100.0%
class 2: 100.0%
```

看来多层感知器完美地解决了异或数据的分类问题。需要指出的是,异或问题比较特殊的地方是其数据集中一共只有四个数据,由于数据量的限制,在评估模型时用的测试数据与训练数据是相同的。

在利用多层神经网络进行预测时,每一层神经元接收前一层神经元的输出,并输出到下一层神经元。从函数的角度来看,通过简单非线性函数的多次复合,实现从输入空间到输出空间的复杂映射。在整个网络的信息流动中没有反馈,信号从输入层向输出层单向传播,这样的神经网络被称为前馈(Feedforward)神经网络。

第五节 深度神经网络

上一节讨论的多层感知器只含有一个隐藏层,只要在其基础上增加一个或者若干个隐藏层,就得到深度神经网络。因为当网络的隐藏层大于等于 2 层时,就称为深度神经网络了。

图 2-14 是一个具有两个隐藏层的深度神经网络。

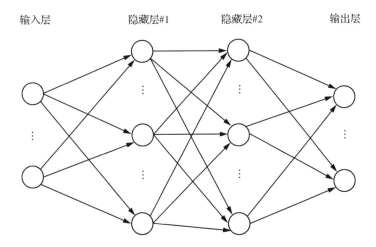

图 2-14 具有两个隐藏层的深度神经网络

一、深度神经网络的优化初探

深度神经网络的优化方法也同样是梯度下降 + 反向传播算法。设 $w_{ji}^{(l)}$ 是第 l 层第 j 个神经元与第 $l-1$ 层第 i 个神经元的连接权重。$b_j^{(l)}$ 是第 $l-1$ 层连接到第 l 层第 j 个神经元的偏置项。则第 l 层的参数梯度计算公式如下:

$$\frac{\partial L(w,b)}{\partial w_{ji}^{(l)}} = \frac{1}{N} \sum_{n=1}^{N} \delta_{nj}^{(l)} z_{ni}^{(l-1)} \tag{2-45}$$

$$\frac{\partial L(w,b)}{\partial b_j^{(l)}} = \frac{1}{N} \sum_{n=1}^{N} \delta_{nj}^{(l)} \tag{2-46}$$

其中, $z_{ni}^{(l)}$ 表示第 l 层第 i 个神经元在网络输入为 x_n 时的激活输出。$z_{ni}^{(0)} = x_{ni}$。

第 l 层第 j 个神经元的残差可以由第 $l+1$ 层的残差求得。

$$\delta_{nj}^{(l)} = f'(a_{nj}^{(l)}) \sum_k \delta_{nk}^{(l+1)} w_{kj}^{(l+1)} \tag{2-47}$$

式中,$a_{nj}^{(l)}$ 是第 l 层第 j 个神经元的激活输入,即

$$a_{nj}^{(l)} = \sum_i w_{ji}^{(l)} z_{ni}^{(l-1)} + b_j^{(l)} \tag{2-48}$$

对于输出层的第 o 个单元,有

$$\delta_{no}^{(L)} = y_{no} - t_{no} \tag{2-49}$$

反向传播计算时,按照上面的公式将误差由后往前逐层传播到整个网络,直到输入层,依次调整网络各层的权重和偏置,达到优化的结果。这看起来和上一节介绍的多层感知器差不多,只不过网络层数更多了。但问题是,如果网络层数较少,从输出层进行反向传播的误差可以很好地修改各层的参数。然而,一旦层数增加,反向传播的误差会逐渐消失,在靠近输入层的那些层将根本无法获取到误差信息,其参数也就无法得到调整,结果是网络无法有效地学习。这就是著名的梯度消失问题,这个问题曾经困扰人工神经网络的科研人员长达 20 年之久,直到深度学习技术的出现,神经网络才从浅层神经网络步入深度神经网络。第五章将详细地讨论梯度消失问题。

二、深度神经网络的设计

深度神经网络很重要的两个超参数是隐藏层数量和各个隐藏层的单元数。这两个超参数共同决定了网络参数规模的上限,在激活函数确定的情况下决定了模型的能力。因为模型的能力应该适应具体的任务,所以这两个超参数的取值没有统一的标准答案。另外,同样的参数规模,是隐藏层数量多一点,还是各个隐藏层的单元数多一点,也没有统一的组合标准。一般不推荐过于"矮胖"或过于"瘦长"的模型架构。

既然没有标准可以遵循,那么能不能对各种可能的组合进行测试以找出最佳的网络架构呢?这显然是不可能的,因为计算能力和时间是有限的。不过,为了尽快设计出合理的网络架构,可以从简单到复杂进行探索,一般建议隐藏层数量从单层开始逐步增加;神经元数量则可以从 16 开始倍增,对于复杂的问题,也可以从 128 开始倍增。如果训练过程不依赖 GPU,则不必是 16 和 128。探索过程中,可以尝试以下不同策略。

(1)先保持神经元数量不变,仅增加隐藏层数量,直到性能不再得到有效提升时,再增加神经元数量。

(2)先保持隐藏层数量不变,仅增加神经元数量,直到性能不再得到有效提升时,再逐步增加隐藏层数量。

(3)同时增加隐藏层数量和神经元数量。

探索过程中要注意以下几个问题。

(1)如果出现严重的过拟合,那么应该采取必要的正则化措施,有关正则化措施将在第四章中深入讨论。

(2)当隐藏层数量较大时,应该在网络中增加捷径连接,防止梯度消失。有关捷径连接的内容将在第六章中介绍。

(3)如果探索失败,应该重新检讨数据的质量,必要时重新进行数据清洗和预处理。

有关数据处理的内容将在第八章中详细介绍。

在尝试不同的方案时,为了节约时间,建议先训练较少的次数,即 epochs 不要太大。在找到一个比较好的方案后,再增加训练的次数。

必须指出,以上探索建议仅供参考,具体还要考虑需要解决的任务和算力等因素。

三、定义模型的基准性能

定义模型的基准性能是评价模型性能优劣的基础,是模型设计前就需要解决的重要问题。对于将要开发的每个模型,需要创建一个基准分数,作为模型实用价值的底线。大多数情况下,可以将该基准假定为无模型情况下的预测效果。深度学习模型的表现至少应该大于基准分数,才能认为是有价值的。

以两分类问题为例,如果测试数据集中两类数据的数量是相同的,那么分类器的精度显然应该大于 50% 才是有用的。

本章最后我们来讨论"真正"的回归问题。本质上回归问题与分类问题并无区别,但在形式上还是有所不同。

（1）任务不同。分类任务是让程序判断数据属于哪个类别,而回归任务是让程序根据输入数据来预测一个数值。

（2）输出格式不同。分类输出的是表示分类代号的一个整数值,或者 $0 \sim 1$ 之间的实值概率分布,可形式化表示为 $f: \mathbf{R}^n \rightarrow \{1, 2, \cdots, k\}$ 或 $f: \mathbf{R}^n \rightarrow [0, 1]$。回归输出的是一个实数,即 $f: \mathbf{R}^n \rightarrow \mathbf{R}$。

（3）损失函数不同。分类将分类结果量化为概率,并基于预测值的概率估计定义损失。二分类和多分类的损失分别用式(2-21)和式(2-29)计算。回归可以选用的损失函数较多,常用的有:

• MAE(平均绝对误差)——实际值和预测值之间绝对误差的均值。

$$L = \frac{1}{N} \sum_{i=1}^{N} |y_i - \tilde{y}_i| \tag{2-50}$$

式中,y_i 为实际值;$\tilde{y}_i$ 为预测值;N 为数据样本数或小批量样本数。

• MSE(均方误差)——实际值和预测值之差的平方的均值。MSE 在差值大时更严厉地惩罚模型。例如,2 的差异将导致 4 的损失,而 4 的差异将导致 16 的损失。

$$L = \frac{1}{N} \sum_{i=1}^{N} (y_i - \tilde{y}_i)^2 \tag{2-51}$$

- MAPE（平均绝对百分比误差）。

$$L = \frac{1}{N} \sum_{i=1}^{N} \left| \frac{y_i - \tilde{y}_i}{y_i} \right| \times 100 \qquad (2\text{-}52)$$

- MSLE（均方对数误差）。

$$L = \frac{1}{N} \sum_{i=1}^{N} \left(\ln(y_i + 1) - \ln(\tilde{y}_i + 1) \right)^2 \qquad (2\text{-}53)$$

（4）输出层激活函数不同。二分类输出层的激活函数通常用 sigmoid，多分类输出层的激活函数通常用 softmax。回归输出层的激活函数则采用线性函数或索性不用。

（5）模型的基准性能不同。在监督分类应用场景中，可以将数据类标的先验概率作为模型的基准分数。对于回归模型，则可以将训练数据集中的平均目标值设为测试数据集中所有样本的预测值，从而计算出基准分数。

下面来看一个预测门店销售额的例子，数据来自 kaggle 网站。由于笔者计算机配置的限制，仅取其中 10% 的数据作为研究对象。另外，数据已经经过必要的预处理，并存放在文件 chapter2\Regression-Kaggle\rossmann-store-sales-10%.csv 中。

利用 pandas 将 csv 文件中的数据读入内存：

```
import pandas as pd
df = pd.read_csv("rossmann-store-sales-10%.csv")
```

查看最高销售额和平均销售额：

```
maxSales = df["Sales"].max()
print("最高销售额: ", maxSales)
meanSales = df["Sales"].mean()
print("平均销售额: ",round(meanSales,1))
```

```
最高销售额:  22822
平均销售额:  5339.9
```

确定输入、输出变量，将数据分割为训练数据和测试数据，进行归一化处理，转化为 Numpy 数组。

```
df["Sales"]=df["Sales"]/maxSales # 输出数据归一化
df_x = df.drop(columns=["Sales"]) # 将销售额之外的列作为输入特征
# 按50:50的比例分割为训练数据和测试数据
x_train, x_test, y_train, y_test = train_test_split(df_x, df["Sales"],
                          test_size=0.5,random_state=12345)
# 对输入数据做归一化处理
cs = MinMaxScaler()
x_train = cs.fit_transform(x_train)
x_test = cs.transform(x_test)

# 转化为Numpy数组
y_train = y_train.values
y_test = y_test.values
```

确定每个小批量中的数据数量、小批量数量,舍弃最后不足一批的训练数据,把训练数据按小批量存放。

```
minibatchSize = 32  #  每个小批量中的数据数量
minibatch_N = math.floor(x_train.shape[0]/minibatchSize) # 多少个小批量

# 舍弃最后不足一批的训练数据
x_train =x_train[:minibatch_N*minibatchSize]
y_train =y_train[:minibatch_N*minibatchSize]

train_N = x_train.shape[0] # 训练数据的数量
test_N = x_test.shape[0] # 测试数据的数量

# 把训练数据按小批量存放
x_train =  x_train.reshape(-1,minibatchSize,x_train.shape[1])
y_train =  y_train.reshape(-1,minibatchSize)
```

关于 pandas 和数据预处理方面的知识将在第八章中详细介绍。关于数据归一化的知识将在第五章中进一步说明。

上面的代码中还用到了 Numpy。Numpy 是用于处理多维数组(ndarray)的数值运算库,利用 Numpy 可以编写出高性能、更加节省内存空间的代码,是 Python 中进行科学计算所必备的库。Pandas 及下一章将着重介绍的 Keras 等许多软件库都是基于 Numpy 实现的。因此,读者有必要在本章即将结束之际,暂停脚步,自学一下 Numpy 的基础知识。runoob 网站是一个很好的途径,在其首页的"数据分析"板块中单击"学习 NumPy"进入教程。顺便提一下,"学习 NumPy"的右边就是"学习 Pandas"。

准备好数据后,接下来构建回归器模型。下面以 Multilayer Regressor(多层回归器)为例。

回归器的定义与分类器相似,只是将线性回归类用于输出层。相应地,ActivatianFunction.py 中增加了线性函数及其导数的定义:

```
def linear(self,x):
       return x
def dlinear(self,y):
       return 1
```

回归器的实例化、训练和评估也与分类器类似。

```
predicted_T = [[] for i in range(test_N)]     # 模型预测的输出数据
nIn = x_train.shape[2] # 输入数据的维度,即每个输入数据的特征数量
nHidden =16 # 隐藏层单元数
seed = 123

# 实例化回归器模型
regresser = MultiLayerRegression(nIn, nHidden, seed)
epochs = 100 # 训练轮数
learningRate = 0.3  # 初始化学习率
```

```
# 训练回归器模型
for epoch in range(epochs):
    print("epoch: ",epoch+1,"/",epochs)
    for batch in range(int(minibatch_N)):
        # 对数据逐批训练
        regresser.train(x_train[batch].tolist(), y_train[batch].tolist(),
                        minibatchSize, learningRate)
    learningRate *= 0.95  # 学习速率逐渐变小

# 评估模型
loss = 0.
for i in range(int(test_N)):
    predicted_T[i] = regresser.predict(x_test[i])
    loss+=abs(y_test[i]-predicted_T[i]) # mean absolute error
loss = loss/int(test_N)*maxSales
print("Model Generalizing Evaluation: ")
print("mean absolute error: {0:.2f}\n".format(loss))
```

最后来看一下该模型的基准性能。对于上述预测销售额的模型,将训练数据集的平均销售额设为测试数据集中所有样本的预测值,再进一步计算出测试集的平均绝对误差(MAE)。

```
# 模型基准性能
mae_base = 0.
for i in range(int(test_N)):
    mae_base += abs(y_test[i]*maxSales-meanSales)
mae_base = mae_base/int(test_N)
print("Baseline Performance in MAE: {0:.1f}\n".format(mae_base))
```

```
Baseline Performance in MAE: 2535.5
```

模型的 MAE 值是 420.59,而基准性能为 2 535.5,可见回归器的性能是优于基准性能的。

本节的完整代码见文件 chapter2\Regression-Kaggle\MultiLayerRegression.ipynb。

深度学习 Python 框架

 使用框架的缘由

深度学习的实现,与其他软件一样,开发者可以自己做,也可以借助一些框架(包、库、工具)来做。两者各有优缺点。

一、自己做的优缺点

1. 自己做的优点

在第二章中从零开始使用 Python 实现了几个浅层神经网络的机器学习算法,也了解了如何实现深度学习 BP 算法,这样做一个项目能更深入地理解算法的原理,在这个过程中可以积累经验,获得成就感。这就是自己做的优点。

2. 自己做的缺点

一是从零开始编写代码需要耗费大量的时间和精力。虽然在第二章中构建了一些类和函数,并且对这些类和函数进行了重复利用,一定程度上提高了编程效率,但灵活性和便利性还不够。二是自己编写的代码调整起来不太方便。比如,在对模型进行训练和优化时,可能需要增加或减少隐藏层数量,或者调整某些层的神经元数量,但调整起来并不方便,得非常小心地修改代码。三是当数据集里有海量的数据时,训练的时间将大大增加,甚至会到让人无法忍受的地步。一个可能的解决方案是采用 GPU 而不是 CPU,但这样需把代码调整为借助 GPU 计算,实现起来非常复杂。

此外,前面的例子只是做了最简单的实现,为了向读者展示人工神经网络的基本原理,代码中采用了大量的显式循环,其计算效率较低,而且优化的方法也比较简单,更没有

考虑与泛化相关的措施,以及异常处理的情况。

二、使用框架的优缺点

1. 使用框架的优点

第一,框架将许多深度学习算法打包成简单的函数或类。深度学习模型中的基本模块包括神经元、激活函数、优化算法、数据增强工具(将在第四章中介绍)等都被抽象为工具,用户可以像搭积木一样来实现一个深度神经网络。如果从零开始开发一个深度神经网络需要大约 1 000 行代码,那么使用框架可以大大削减代码的数量,使用有些框架甚至可以削减到只需 10 ~ 15 行代码,效率得到了惊人的提升。这无疑是使用框架最吸引人的地方,也是它最大的优点。

第二,使用框架让程序运行在 CPU 或 GPU 上可以轻松切换。因为在框架中有实现 GPU 计算所需的复杂代码,程序员只需考虑算法本身如何实现,而无须考虑计算将在 CPU 还是 GPU 上进行。利用框架还能轻松实现在多个 GPU 甚至多台计算机上分布式同步训练模型,而这对于像 GPT 这样的大型任务很重要。在框架中,损失和梯度采用向量计算而非显式循环计算,代码不仅更简洁,而且执行效率更高。

第三,大多数库都以开源项目的方式对大众开放,并且日常更新活跃。因此,如果有 bug,这个 bug 通常很快被修复。如果算法需要改进,也会及时得到改进。这些改进和维护工作都不需要使用者去做。

2. 使用框架的缺点

第一,当使用的算法与框架中的有出入,或者需要考虑更多因素时,使用框架中的算法可能得不到理想的结果。甚至,框架可能完全不支持你想要的算法。

第二,从实验中得到的准确率依赖于框架的实现。比如,如果使用两种不同的框架进行同一种神经网络的实验,得到的结果可能会有很大的不同。这是因为人工神经网络算法包括了随机操作,特别是当算法比较复杂时,在计算过程中一些值的变动可能对最终结果造成较大的影响。

第三,随着框架的升级,以前实现的一些算法可能因此处于废弃状态。而且,我们也无法保证框架的开发会一直继续下去,或者因为许可证的变化,导致使用突然变成收费的情况。在这些情况下,你开发的代码可能将无法使用。为了避免出现这样的局面,建议尽量使用开源的框架。即使在使用开源框架时,由于框架版本的升级,原先在低版本下开发的一些代码在升级后的版本中运行可能会出现各种问题,这时需要做一些修改才能继续使用。

虽然框架存在上述缺点和潜在的风险,但其优点是显著的。掌握一种框架作为工具是必要的。事实上,一些大的项目都是利用某种框架来实现的。

深度学习框架简介

按照框架的抽象程度不同,深度学习框架可以划分为低级深度学习框架和高级深度学习框架。

一、低级深度学习框架

低级深度学习框架可以定义为对深度学习模型的第一级抽象。开发人员仍然需要编写相当长的代码和脚本来实现深度学习模型,尽管比直接使用 Python 等语言开发要少得多。使用第一级抽象的优点在于设计模型时具有较强的灵活性。以下是几种常用的低级深度学习框架。

1. Theano

Theano 是最早获得人们青睐的深度学习库之一。它由蒙特利尔大学的蒙特利尔学习算法研究所(Montreal Institute for Learning Algorithms, MILA)开发。Theano 是一种开源 Python 库,于 2007 年推出,最新的一个主版本于 2017 年年底由 MILA 发布。

2. Torch

Torch 是基于 Lua 编程语言的机器学习和深度学习框架。它最初由罗南·科洛伯特(Ronan Collobert)等人开发,后来由 Facebook(Meta 的前身)用一组扩展模块改进,并作为开源软件发布。

3. MxNet

MxNet 代表"混合(Mix)"和"最大化(Maximize)",由卡内基梅隆大学、纽约大学、新加坡国立大学、麻省理工学院等单位的研究人员开发。其思想是将声明式编程和命令式编程结合在一起(混合),以最大限度提高效率和产出率。它支持使用多 GPU,并得到了 AWS 和 Azure 等主要云提供商的大力支持。

4. PyTorch

PyTorch 是一种基于 Python 语言的开源机器学习和深度学习库,由 Facebook AI 研究团队开发。由于采用了 Python 语言,PyTorch 比 Torch 更受欢迎。此外,PyTorch 使用简单,性能优良,是深受业界欢迎的一种深度学习框架。

5. TensorFlow

TensorFlow 是目前使用最广泛的深度学习框架。它由 Google 开发并开源,支持跨 CPU、GPU 以及移动和边缘设备部署。TensorFlow 于 2015 年 11 月发布,随后应用量大幅增加。

2016 年,谷歌推出了 TensorFlow 专用处理器 TPU(Tensor Processing Unit),即张量处理单元。TPU 能加速 TensorFlow 的运行,是专为机器学习量身定做的,执行每个操作所需的晶体管数量更少,因此有更高的效能(每瓦计算能力)。TPU 与同期的 CPU 和 GPU 相比,性能可以提升 15～30 倍,效率(性能/瓦特)可提升 30～80 倍。

其他常用的低级深度学习框架还有 Caffe、Microsoft CNTK、Chainer、PaddlePaddle 等,感兴趣的读者可自行搜索并加以了解。

二、高级深度学习框架

高级深度学习框架是对低级框架再抽象而形成的新框架,与低级框架相比,利用高级框架开发深度学习模型更为简单高效。

高级深度学习框架有 Keras、Gluon、Lasagne 等。Gluon 运行在 MxNet 之上;Lasagne 运行在 Theano 之上;Keras 最初支持 Theano,但随后其支持的底层框架列表不断扩展,包括 TensorFlow、MxNet 和 MicrosoftCNTK,近期又增加了对 PyTorch 和 JAX 的支持。可以说,Keras 是目前最流行、应用最广泛的高级深度学习框架。由于其简单易用,也特别适合初学者使用。

第三节 Keras 框架

一、Keras 概述

Keras 把低级框架中一些繁复和晦涩难懂的神经网络的细节进行封装,模块化程度高,为网络层、损失函数、优化器、初始化策略、激活函数、正则化方法等提供了独立模块,用户使用这些模块来构建自己的模型,可以大大降低深度学习工程项目开发的难度和技术门槛,提高开发效率。用户甚至可以用不到 15 行的代码就快速开发出一个功能齐备的深度学习模型。表 3-1 列出了 Keras 的典型模块和函数。

在 Keras 中创建和添加新的模块也很容易,这一可扩充特性使其能用于高级研究。

Keras 将其支持的低级框架作为后端,运行时用户使用 Keras 编写的代码被转换为后端低级框架的代码,再转化为机器能识别的二进制代码。目前为止,比较常用的方式是将 TensorFlow 作为其后端。用户在调用 Keras 的 API 编写代码时,还可以直接调用后端低级框架的 API,这样更具灵活性。

表 3-1　Keras 的典型模块和函数

序号	名称	说明	序号	名称	说明
1	Sequential	构建顺序模型	14	add	添加模型层
2	Model	构建复杂模型	15	summary	输出模型结构
3	Dense	全连接层	16	plot_model	生成模型图
4	Activation	激活层	17	compile	配置训练过程
5	Flatten	压平多维数据	18	fit	训练模型
6	Input	模型输入	19	train_on_batch	按批训练模型
7	Embedding	嵌入层	20	evaluate	评估模型
8	Lambda	匿名函数	21	predict	用模型预测
9	BatchNormalization	批量归一化	22	load_model	加载模型
10	Conv2D	二维卷积层	23	get_weights	获取权重
11	AveragePooling2D	二维平均池化	24	set_weights	设置权重
12	LSTM	长短期记忆层	25	save	保存模型
13	Dropout	丢弃层	26	get_layer	查找网络层

Keras 是用纯 Python 语言编写的,完全与 Python 融合,不需要特定格式的单独配置文件,提供了一致且简洁的 API,容易上手,容易调试。Keras 支持包括 CNN 和 RNN 在内的许多算法,拥有大量的用户和支持者社区。

keras. applications 包中包含了许多已经训练好的经典模型,利用这些模型可以进一步简化学习过程。

Keras 还提供了很多有用的辅助功能,比如:生成模型结构图、保存和读入模型、查看训练过程、设置早停等。

Keras 有中英文官网,在 github 网站上有 keras-team 的页面。读者可以从这些网站上查阅更多关于 Keras 的信息。

最后需要指出的是,由于高版本的 TensorFlow 已经将 Keras 作为子模块纳入其中,因此,用户有两种 Keras,即普通的 Keras 和 tensorflow. keras 可供选择。普通的 Keras 支持不同的底层框架,而 tensorflow. keras 则可以更好地利用 TensorFlow 的一些新特性,如 TPU 训练和多机分布式训练等。选择哪一种 Keras 取决于用户的需要。如果没有特殊需求,建议选择 tensorflow. keras。

二、安装 Keras

本书后续章节将使用 tensorflow. keras 来开发深度学习模型,因此下面介绍 TensorFlow 的安装。

(1)如果用户的计算机中不包含支持 NVIDIA CUDA 的 GPU,则在 Anaconda Prompt 的命令提示符后使用如下命令安装 TensorFlow。

pip install tensorflow==2.10.1

2.10.1 是本书选择的版本号,如果出现 Read timed out,可以考虑以下措施。

① 设置超时控制,例如:

pip install --default-timeout=1000 tensorflow==2.10.1

② 更换 pip 下载源,例如:

pip install tensorflow==2.10.1 -i https://pypi.tuna.tsinghua.edu.cn/simple。

③ 预先下载好 wheel 文件,然后直接本地安装,比如:

pip install tensorflow E:\tensorflow-2.10.1-cp39-cp39-win_amd64.whl

(2)如果用户的计算机中包含支持 NVIDIA CUDA 的 GPU,那么最好安装支持 GPU 的 TensorFlow。要检查 GPU 是否与 CUDA 兼容,请查看 NVIDIA 官方网站上的列表。

CUDA 是由 NVIDIA 推出的通用并行计算架构,能使 GPU 解决复杂的计算问题。该架构包含 CUDA 指令集架构(ISA)以及 GPU 内部的并行计算引擎。开发人员可以使用 C 和 Fortrain 等语言来为 CUDA 架构编写程序,所编写的程序可以在支持 CUDA 的处理器上以超高性能运行。总之,CUDA 是为"GPU 通用计算"构建的运算平台。cuDNN 则是为深度学习计算设计的软件库。

CUDA Toolkit 分为 CUDA Toolkit(nvidia)和 CUDA Toolkit(Pytorch)。CUDA Toolkit(nvidia)是 CUDA 完整的工具安装包,其中提供了 Nvidia 驱动程序、开发 CUDA 程序相关的开发工具包等可供安装的选项,包括 CUDA 程序的编译器、IDE、调试器等,以及 CUDA 程序所对应的各种库文件及头文件。CUDA Toolkit(Pytorch)是 CUDA 不完整的工具安装包,其主要包含在使用 CUDA 相关的功能时所依赖的动态链接库,不会安装驱动程序。

在 Windows 系统中安装支持 GPU 的 TensorFlow 分两种情况:

(1)如果 TensorFlow 的版本是 2.10 或以下,可以直接在 Windows 系统下安装。下面是在 Windows 系统下安装 TensorFlow 及其 GPU 支持的分步指南的链接。

https://tensorflow.google.cn/install

需要指出的是,由于上述指南交待的不是很清楚,完全按照指南可能无法一次性安装成功。安装时注意 CUDA Toolkit、cuDNN、tensorflow-gpu、python 的版本要匹配。

(2)如果 TensorFlow 的版本是 2.11 或以上。则需要在 WSL2 上安装 TensorFlow。WSL2 是 Windows Subsystem for Linux 2 的缩写,是微软在 2017 年推出的 Windows Linux 子系统的原始版本的升级版。安装 WSL2 后,再安装一个 Linux 的发行版(如 Ubuntu),然后安装 docker,再根据需要安装 TensorFlow。具体安装方法可以搜索网上的教程。在 WSL2 下使用 Keras 和直接在 Windows 下使用 Keras,就用户编写代码而言,两者几乎没有差别。

三、使用 Keras

利用 Keras 进行深度学习大多数情况下遵循如下步骤:准备数据→定义或载入模

型→配置学习过程→训练模型→保存模型→评价模型性能→利用模型进行预测。下面对此过程进行介绍。

（一）准备数据

将在第八章中详细介绍。

（二）定义或载入模型

Keras 提供的模型分为 Sequential、Model 和 Model Subclassing 三大类。

1. Sequential 模型

Sequential 是将网络层线性堆叠的顺序模型，可以通过将网络层实例的列表传递给 Sequential 的构造器来创建一个 Sequential 顺序模型。

```
from tensorflow.keras.models import Sequential
from tensorflow.keras.layers import Dense, Activation
model = Sequential([Dense(64, input_shape=(784,)),
          Activation('relu'),Dense(10),Activation('softmax')])
```

同样也可以使用 add 函数将各层添加到模型中，下面代码的效果与上面最后两行代码是相同的，但看起来更一目了然。

```
model=Sequential()
model.add(Dense(64, input_shape=(784,)))
model.add(Activation('relu'))
model.add(Dense(10))
model.add(Activation('softmax'))
```

模型需要知道它所期望的输入尺寸。基于这个原因，Sequential 模型中的第一层需要接收关于其输入尺寸的信息。有以下几种方法来提供该信息。

（1）传递一个 input_shape 参数给第一层。上面的代码中就采用了这种方法。input_shape 参数是一个表示尺寸的元组（一个整数或 None 的元组，其中 None 表示可能为任何正整数），其中不包含数据的 batch 大小。

（2）某些层，如 Dense，支持通过 input_dim 参数指定输入尺寸，效果是一样的。比如：

```
model.add(Dense(64, input_dim=784))
```

（3）如果需要为输入指定一个固定的 batch 大小（这对 stateful RNN 很有用，也是第七章中的内容），那么可以传递一个 batch_input_shape 参数给第一层。下面代码中每一批输入的大小为（32,8,16）。

```
batch_size = 32
timesteps = 8
data_dim = 16
model=Sequential()
model.add(LSTM(128,return_sequences=True,stateful=True,
          batch_input_shape=(batch_size, timesteps, data_dim)))
```

有关 Sequential 模型的更多使用说明请参考 Keras 官网。

2. Model 模型

Model 是函数式 API，可以用来设计非常复杂、具有任意拓扑结构的神经网络，如有向无环网络、共享层网络等。相比于 Sequential 模型只能依次线性逐层添加，Model 类模型能够比较灵活地构建网络结构、设定各层级关系，在两个模型之间共享网络层也不再困难，因此它成为深度学习模型应用的一个重要工具。实际上，Sequential 只是 Model 的一个子类。

Model 类模型的设计思想可以归纳为以下几点：

（1）每个层都是一个接收、处理和输出张量的函数。张量是对矢量和矩阵向潜在的更高维度的泛化，可以理解为 n 维数组。

（2）一个层的输出作为另一个层的输入时，两个层就被连接起来了。

（3）一个由多个层组成的模型就是一个复合函数，因此它可以有多个输入和多个输出，当然也可以只有一个输入和一个输出，就像 Sequential 模型那样。

模型的本质是张量数据从输入到输出的流动，这也是 TensorFlow 这个单词的意义所在。

下面举三个构建 Model 类模型的例子。

例1：

```
from tensorflow.keras.layers import Input, Dense
from tensorflow.keras.models import Model
input =Input(shape=(1024,))
x=Dense(128,activation='relu')(input)
x=Dense(128,activation='relu')(x)
y=Dense(16,activation='softmax')(x)
# 定义模型，指定输入输出
model=Model(inputs=input,outputs=y)
```

上述所建模型其实也可以用 Sequential 来实现。

例2：

```
from tensorflow.keras.layers import Input, Dense, Concatenate
from tensorflow.keras.models import Model
from tensorflow.keras.utils import plot_model
input =Input(shape=(1024,),name='input_layer')
x1=Dense(128,activation='relu',name='dense_layer_1')(input)
x2=Dense(128,activation='relu',name='dense_layer_2')(x1)
add_skip = Concatenate(name='skip_layer')([x1,x2])
y=Dense(16,activation='softmax',name='output_layer')(add_skip)
model=Model(inputs=input,outputs=y)   # 定义模型，指定输入输出
plot_model(model, to_file='model.png',dpi=90)   # 画模型结构图
```

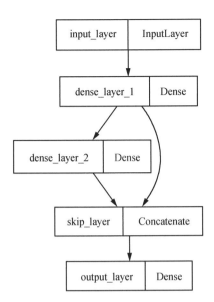

例 3：

```
from tensorflow.keras.layers import Input, Dot, Dense, Reshape, Embedding
from tensorflow.keras.models import Model
from tensorflow.keras.utils import plot_model

vocab_size = 5000
embed_size = 300
input_shape = (1,)

input1=Input(shape=input_shape,name="input_1")   # 输入1
x1=Embedding(vocab_size,embed_size,input_length=1,name="embedding_1")(input1)
x1=Reshape((embed_size,),name="reshape_1")(x1)

input2=Input(shape=input_shape,name="input_2")   # 输入2
x2=Embedding(vocab_size,embed_size,input_length=1,name="embedding_2")(input2)
x2=Reshape((embed_size,),name="reshape_2")(x2)

x=Dot(axes=1,name="dot")([x1,x2])   # 点积运算

outputs=Dense(1,activation="sigmoid",name="dense")(x)   # 输出

# 定义模型，指定输入输出
model=Model(inputs=[input1,input2],outputs=outputs)

# 画模型结构图
plot_model(model,to_file='model.png',dpi=96)
```

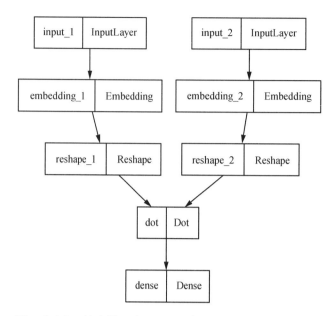

例 2 和例 3 所建模型都不是顺序模型,因此无法用 Sequential 来实现。

在上面的代码中,每一层都是张量的函数。生成的每一个张量输出都将成为下一层的输入。创建模型时,只要调用 Model 模型的构造器并为 inputs 和 outputs 指定张量或张量的列表即可。

在第六章、第九章和第十章中将介绍更多 Model 类模型的例子。有关 Model 类模型的更多使用说明请参考 Keras 官网。

3. Model Subclassing

Model Subclassing 是 tensorflow. keras 为研究人员提供的高级 API,用户通过自定义 Model 的子类来实现模型结构。开发者可以更灵活地控制层的结构和训练过程。感兴趣的读者可自行参考有关资料。

无论是哪一类模型,除了自己定义外,也可以通过 load_model 函数将先前保存好的模型重新载入后进行学习。稍后的训练模型部分将介绍其用法。

(三)配置模型的学习过程

在训练 Keras 模型之前,需要配置学习过程,这可通过 compile 函数来完成。compile 函数接收 3 个参数。

1. 优化器(optimizer)

它可以是现有优化器的字符串标识符,如 sgd、adam 或 rmsprop,也可以是 Optimizer 类的实例。第五章中将详细介绍各种优化器的原理以及 Keras 中优化器的用法。

2. 损失函数(loss)

它可以是现有损失函数的字符串标识符,如 mean_squared_error、categorical_crossentropy 或 mse,例如:

```
model.compile(loss='mean_squared_error',optimizer='adam')
```

也可以是一个目标函数,例如:

```
from tensorflow.keras import losses
model.compile(loss= losses.mean_squared_error,optimizer='sgd')
```

下面是 Keras 中处理回归问题时常用的一些损失函数名称及其源代码。

(1) mean_squared_error。

```
from tensorflow.keras import backend as K
def mean_squared_error(y_true, y_pred):
    return K.mean(K.square(y_pred-y_true, axis=-1))
```

(2) mean_absolute_error。

```
from tensorflow.keras import backend as K
def mean_absolute_error(y_true, y_pred):
    return K.mean(K.abs(y_pred-y_true, axis=-1))
```

(3) mean_absolute_percentage_error。

```
from tensorflow.keras import backend as K
def mean_absolute_percentage_error(y_true, y_pred):
    diff = K.abs(y_pred-y_true)/K.clip(K.abs(y_true),K.epsilon(), None)
    return 100.*K.mean(diff, axis=-1)
```

(4) mean_squared_logarithmic_error。

```
from tensorflow.keras import backend as K
def mean_squared_logarithmic_error(y_true, y_pred):
    first_log = K.log(K.clip(y_pred ,K.epsilon(), None)+1.)
    second_log = K.log(K.clip(y_true ,K.epsilon(), None)+1.)
    return K.mean(K.square(first_log-second_log), axis=-1)
```

Keras 中处理分类问题时的损失函数采用交叉熵误差函数。

(1) 对于二分类问题,采用二元交叉熵误差函数,即 binary_crossentropy。

(2) 对于多分类问题,如果标签是 one-hot 编码,采用 categorical_crossentropy;如果标签是一个整数,则采用 SparseCategoricalCrossentropy。这两种方式在数学上没有本质区别。当类别很多时,由于 one-hot 编码的矩阵中绝大多数数据都是 0,即数据很稀疏,这种情况就不适合用 one-hot 编码。

必要时可以自定义损失函数。该损失函数为每个数据点返回一个标量,有以下两个参数:

● y_true:真实值或标签,张量。

● y_pred:预测值,张量,其 shape 与 y_true 相同。

比如,在第十章第五节中自定义了一个名称为 cooperative_loss 的损失函数,该损失函

数的目的是让网络的输出最大化。

```
def cooperative_loss(y_true, y_pred):
    return -K.mean(y_pred, axis=-1)
```

3. 评估标准（Metrics）

评估标准可以是现有标准的字符串标识符,也可以是自定义的评价函数。对于分类问题,通常将其设置为 metrics = ['accuracy'];对于回归问题,可以设置为 metrics = ["mean_absolute_error"]等。

以下是同时指定优化器、损失函数和评估标准对模型学习过程进行配置的常见例子。

```
model.compile(optimizer='rmsprop',
      loss='categorical_crossentropy', metrics=['accuracy'])
```

也可以同时采用多个评估标准,例如:

```
from tensorflow.keras import metrics
model.compile(optimizer='sgd',loss='binary_crossentropy',
            metrics=['accuracy',metrics.Precision(),metrics.Recall()])
```

（四）训练模型

训练模型最常用的是 model. fit 函数。它接收的参数有训练数据集、验证数据集、epochs 和批大小等。例如:

```
model.fit(x_train, y_train, validation_data=
      (x_val, y_val), epochs=1000, batch_size=128)
```

虽然 x_train、y_train 通常以 Numpy 数组或者（多个输入输出时）数组列表的形式提供,但也可以是其他的数据类型,比如 TensorFlow 张量或者张量列表,TensorFlow 的 Dataset,也可以是数据生成器生成的迭代器（Iterator）等。若是 TensorFlow 的 Dataset 或 Iterator 则不需要提供 y_train。我们将在第六章中看到 Iterator 作为数据集的例子,在第六章和第十一章中看到 TensorFlow 的 Dataset 作为数据集的例子。

validation_data 是验证数据,不用于模型的训练,而是用于在每轮训练结束时对模型性能进行验证。也可以通过设置 validation_split 参数从训练数据中自动分出一部分数据作为验证数据,此时,validation_data 必须是 None。

在 fit 函数中,一个 epoch 代表对整个训练数据集进行一次完整的采样。批大小（batch_size）表示在训练过程中每次采样数据的数量,即每次计算梯度时,选取多少条数据。训练时,Keras 自动按照 batch_size 把训练数据集分割成若干个批次,不足一个批次的那些数据按一个批次计算。

这里可以用语文考试知识点来作比喻。假设一共有 100 个知识点,即 len(x_train) = 100,每次考试考 2 个知识点（batch_size = 2）,批数就是 50（batches = 50）。100 个知识点全部考一次完成一个 epoch 的训练,若 epoches = 4,则一共要进行 200 次考试。如果每次考试考 3 个知识点(batch_size = 3),批数就是 33 + 1(batches = 33 + 1)。

batch_size 默认为 32,用 GPU 训练时 batch_size 可以取得大一点,小了反而体现不出 GPU 的优越性。为了优化 GPU 的使用,推荐将 batch_size 的大小设置为 2 的幂。

在处理分类问题时,当不同类的样本严重不平衡时,可以通过 class_weight 参数来加权损失函数,这有助于在训练模型计算损失时更多地关注来自代表性不足的类的样本。class_weight 是一个将类索引(整数)映射到权重值(浮点数)的字典。比如:

$\{0: 50.430241233524, 1: 30.668481548699333, 2: 7.322956917409988,$

$3: 8.125175301518611, 4: 2.4034894333226657, 5: 6.4197296356095865,$

$6: 8.613175890922992\}$。

class_weight 的计算非常简单:

```
import numpy as np
from sklearn.utils import class_weight
class_weights = class_weight.compute_class_weight('balanced',
                    np.unique(y_train), y_train)
```

然后在 fit 函数中传给 class_weight 参数即可。

```
model.fit(x_train, y_train, class_weight=class_weights)
```

若把 fit 函数的返回值保存到 hist 变量中,则可以绘制跨 epoch 的训练效果变化曲线,以便更直观地了解随着训练次数的增加训练效果的变化情况。

```
hist=model.fit(x_train,y_train,epochs=50,batch_size=32,
            validation_data=(x_val,y_val))
```

下面的代码将在同一张图上画出训练损失、训练精度、验证损失和验证精度随 epoch 的变化曲线。

```
%matplotlib inline
import matplotlib.pyplot as plt
plt.rcParams['figure.figsize']=(6,4)
fig, loss_ax= plt.subplots()
acc_ax= loss_ax.twinx()

loss_ax.plot(hist.history['loss'],'y', linestyle='—', label='train loss')
loss_ax.plot(hist.history['val_loss'], 'r', linestyle='-.', label='val loss')
loss_ax.set_ylim([0.0,0.5])
```

```
acc_ax.plot(hist.history['accuracy'], 'b', linestyle=':', label='train acc')
acc_ax.plot(hist.history['val_accuracy'], 'g', label='val acc')
acc_ax.set_ylim([0.8,1.0])

loss_ax.set_xlabel('epoch')
loss_ax.set_ylabel('loss')
acc_ax.set_ylabel('accuracy')
loss_ax.legend(loc='lower right')
acc_ax.legend(loc='upper right')
plt.show()
```

画出的曲线图如图 3-1 所示。

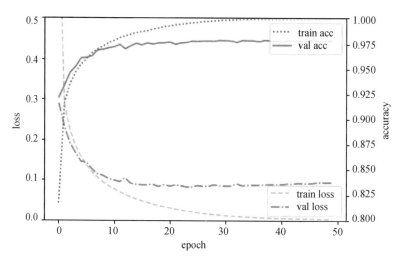

图 3-1　训练过程中损失和精度随 **epoch** 变化的曲线

也可以通过自定义回调函数保存需要的历史数据。首先定义历史数据记录类。

```
class LossHistory(tensorflow.keras.callbacks.Callback):
    def init(self):
        self.losses = []
        self.val_losses = []
    def on_epoch_end(self,batch,logs={}):
        self.losses.append(logs.get('loss'))
        self.val_losses.append(logs.get('val_loss'))
```

然后实例化类,并将其作为回调函数的参数传入。

```
custom_hist=LossHistory()
custom_hist.init()
model.fit(x_train,y_train,epochs=50,batch_size=32,
        validation_data=(x_val,y_val),callbacks=[custom_hist])
```

callbacks 变量中还可以加入其他值,比如加入 ModelCheckpoint 类的实例,以便在训练过程中将模型保存到文件中。下面的代码生成了一个 ModelCheckpoint 类的实例并赋给 checkpoint 变量。

```
checkpoint = ModelCheckpoint(filepath=filepath,
                             monitor='val_loss',
                             verbose=1,
                             save_best_only=True,
                             save_weights_only=False,
                             mode='auto',
                             period=1)
```

ModelCheckpoint 类的各个参数的含义如下:

• filepath:保存模型的路径,filepath 可以是格式化的字符串,如 filepath = checkpoint_dir + "/ckpt-{epoch}"。里面的占位符将会被 epoch 值所填入。

• monitor:需要监视的值,通常为 val_acc、val_loss、acc、loss 中的一个。

• verbose:信息展示模式,为 0 或 1。默认为 0,表示不输出 epoch 模型保存信息;若为 1,表示输出该信息。

• save_best_only:当设置为 True 时,将只保存在验证集上性能最好的模型。

• mode:auto、min、max 之一,在 save_best_only = True 时决定性能最佳模型的评判准则。例如,当监测值为 val_acc 时,模式应为 max;当监测值为 val_loss 时,模式应为 min。在 auto 模式下,评价准则由被监测值的名字自动推断。

• save_weights_only:若设置为 True,则只保存模型权重,否则将保存整个模型(包括模型结构、配置信息等)。

• period:Checkpoint 之间间隔的 epoch 数。

当训练深度神经网络时,由于通常需要大量的时间来训练网络,难免会发生训练意外中断的情况,通过 checkpoint 在训练过程中不时地保存模型或权重是一个好习惯。需要时,可以通过 load_model 函数方便地重载 checkpoint 来恢复所训练的模型。下面的函数用来恢复最新保存的模型。

```
def restore_or_make_model():
    checkpoints = [checkpoint_dir + "/" +
                   name for name in os.listdir(checkpoint_dir)]
    if checkpoints:
        latest_checkpoint = max(checkpoints, key=os.path.getctime)
        print("Restoring from", latest_checkpoint)
        return keras.models.load_model(latest_checkpoint)
    # 如果没有保存的模型,则创建一个
    print("Creating a new model")
    return create_compiled_model()
```

下面的代码将 checkpoint 和 custom_hist 一起加入 callbacks 列表中。

```
callbacks = [custom_hist, checkpoint]
```

在生成对抗网络和深度强化学习的训练中,采用 train_on_batch 函数而不是 fit 函数。有关示例将在第九章和第十章中介绍。

(五)保存模型

如果没有通过 ModelCheckpoint 保存模型,那么可以通过 model. save 函数保存,供下次训练或应用模型时载入,也可以将模型结构和权重参数分别保存。

```
# 文件名后缀为.h5,.tf,.keras之一
model.save_weights(model_weights_filepath, overwrite=True)
```

下面的代码将模型结构保存为 json 格式。

```
# 文件名后缀为.json
model_json = model.to_json()
open(model_architecture_filepath,'w').write(mode_json)
```

当循环使用 model. train_on_batch 函数对模型进行训练时,可能会遇到内存占用越来越多,最终导致系统崩溃的情况。这种情况下,可以在每轮训练前先调用 K. clear_session 函数清除之前存在的计算图,载入保存的模型,训练完成后立刻保存模型,供下轮训练前重新载入。第十章的游戏训练中就采用了这一做法。

```
from tensorflow.keras import backend as K
from tensorflow.keras.models import load_model
for e in range(NUM_EPOCHS):
    K.clear_session()
    model = load_model(model_path)
            .
            .
            .
    loss += model.train_on_batch(X, Y)
            .
            .
            .
    model.save(model_path, overwrite=True)
```

(六)评估模型性能

可以用模型的 evaluate 函数进行性能评估。该评估通常在测试数据集上进行,不过也可以在验证数据集上进行,有些情况下甚至会在训练数据集上进行。

```
result = model.evaluate(x_test, y_test)
for i in range(len(model.metric_names)):
    print("Metric ",model.metric_names[i],": ",str(round(result[i],2)))
```

(七)利用模型进行预测

利用 predict 函数,对新数据进行分类或回归预测。

```
predictions = model.predict(x_test)
```

下面的代码用于先加载模型再预测。

```
# 从.json文件中加载模型结构，从.h5文件加载模型权重参数
model = model_from_json(open(model_architecture_filepath).read())
model.load_weights(model_weights_filepath)
# 配置学习过程
model.compile(loss='mae', optimizer= SGD(), metrics=['mae'])
# 预测
predictions = model.predict_classes(x) # x应符合模型输入数据的形状
```

第四节 Keras 框架应用示例

本书后续章节都将采用 Keras 框架来处理深度学习模型。为了帮助读者巩固本章的知识,进一步熟悉 Keras 的使用方法,本节以手写阿拉伯数字图像识别为例,进行详细的代码分析,代码文件为 chapter3\mnist.ipynb。此外,笔者用 Keras 重新实现了第二章的四个例子,保存在 chapter3\keras_based_chapter2_examples 子文件夹中,读者可自行查看。

手写阿拉伯数字图像识别将利用机器学习领域中经典的 MNIST 数据集。MNIST 数据集由约 60 000 个训练样本和 10 000 个测试样本组成,每个样本都是一张 28×28 像素的灰度手写阿拉伯数字 0~9 的图像。下面我们一起来完成数据的准备,模型的定义、配置、训练、评估和使用。

第 1 步,导入要使用的库。

```
import numpy as np
from keras.utils import np_utils
from tensorflow.keras.datasets import mnist
from tensorflow.keras.models import Sequential
from tensorflow.keras.layers import Dense, Activation
```

第 2 步,生成数据集。

由于 MNIST 数据集已经纳入 keras.datasets 包中,通过 mnist.load_data 函数就可以轻松地得到训练数据集和测试数据集。而且,由于得到的数据集是 Numpy 的多维数值,数据转维、归一化、分割以及标签数据转为独热编码等操作都非常方便。

```
# 获取数据训练集和测试集
(x_train, y_train),(x_test,y_test)=mnist.load_data()

# 图像像素转一维，然后归一化
x_train=x_train.reshape(60000,width*height).astype('float32')/255.0
x_test=x_test.reshape(10000,width*height).astype('float32')/255.0
```

```
# 将20%的训练集数据划入验证集
x_val=x_train[50000:]
y_val=y_train[50000:]
x_train=x_train[:50000]
y_train=y_train[:50000]

# 将标签数据转为独热编码
y_train=np_utils.to_categorical(y_train)
y_val =np_utils.to_categorical(y_val)
y_test=np_utils.to_categorical(y_test)
```

第3步,定义模型。

```
model=Sequential()
model.add(Dense(256,input_dim=width*height,activation='relu'))
model.add(Dense(256,activation='relu'))
model.add(Dense(256,activation='relu'))
model.add(Dense(10,activation='softmax'))
```

这是一个简单的深度神经网络架构。这里的 relu 是一种激活函数,全称是 Rectified Linear Unit(又称 ReLU,整流线性单元),其数学定义如下:

$$relu(x) = \max(0, x) \tag{3-1}$$

这一函数的图形如图 3-2 所示。

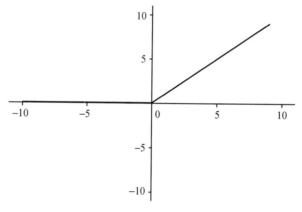

图 3-2 ReLU 函数的图形

ReLU 用于 SGD 算法时收敛速度比 sigmoid 和 tanh 要快,计算简单,是一种常用的激活函数。

由于图像是 0~9 的阿拉伯数字,属于 $K = 10$ 的多分类问题,因此输出层的神经元数量为 10,并且采用 softmax 作为激活函数。

第4步,配置模型。

设置模型训练过程中的损失函数、优化器和监控指标。

```
model.compile(loss='categorical_crossentropy',
              optimizer='sgd', metrics=['accuracy'])
```

第 5 步，训练模型。

```
hist=model.fit(x_train,y_train,epochs=50,batch_size=32,
               validation_data=(x_val,y_val))
```

设定训练次数为 50 次，批量大小为 32，将验证数据集用于监控指标的计算。默认情况下，训练中会通过屏幕输出每个 epoch 所用的时间，以及训练数据集和验证数据集上的损失值、性能指标等信息。

```
Epoch 1/50
1563/1563 [==============================] - 5s 3ms/step - loss: 0.6604 - accuracy: 0.8273 - val_loss: 0.2945 - val_accuracy: 0.9152
Epoch 2/50
1563/1563 [==============================] - 4s 3ms/step - loss: 0.2800 - accuracy: 0.9188 - val_loss: 0.2222 - val_accuracy: 0.9372
Epoch 3/50
1563/1563 [==============================] - 4s 3ms/step - loss: 0.2215 - accuracy: 0.9357 - val_loss: 0.1979 - val_accuracy: 0.9438
Epoch 4/50
1563/1563 [==============================] - 4s 3ms/step - loss: 0.1836 - accuracy: 0.9463 - val_loss: 0.1650 - val_accuracy: 0.9549
Epoch 5/50
1563/1563 [==============================] - 4s 3ms/step - loss: 0.1573 - accuracy: 0.9532 - val_loss: 0.1391 - val_accuracy: 0.9636
Epoch 6/50
1563/1563 [==============================] - 4s 3ms/step - loss: 0.1366 - accuracy: 0.9604 - val_loss: 0.1311 - val_accuracy: 0.9658
Epoch 7/50
1563/1563 [==============================] - 4s 3ms/step - loss: 0.1198 - accuracy: 0.9648 - val_loss: 0.1216 - val_accuracy: 0.9671
                               .
                               .
                               .
```

第 6 步，绘制训练过程曲线。

损失和性能数据同时被保存在 hist 变量中，训练结束后可以根据需要绘制训练过程曲线，以便直观地了解训练过程中有关指标的变化情况。右面的代码画出了训练损失的变化曲线（图 3-3）。

```
%matplotlib inline
import matplotlib.pyplot as plt
plt.rcParams['figure.figsize']=(6,4)
plt.plot(hist.history['loss'])
plt.title('Training Loss Across Epochs')
plt.ylabel('Loss')
plt.xlabel('Epoch')
plt.legend(['Train'],loc='upper right')
plt.show()
```

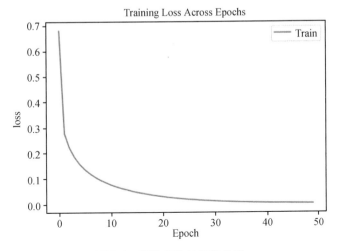

图 3-3　训练损失的变化曲线

第7步，评价模型。

通过 evaluate 函数计算模型在测试数据集上的表现，打印出损失值和精度。

```
loss_and_metrics = model.evaluate(x_test, y_test,
                                   batch_size=32,verbose=2)
print('evaluation loss and metrics:')
print(loss_and_metrics)
```

```
313/313 - 0s - loss: 0.0855 - accuracy: 0.9780 - 436ms/epoch - 1ms/step
evaluation loss and metrics:
[0.08548455685377121, 0.9779999852180481]
```

第8步，保存模型。

可以选择在模型训练过程中，或者训练完成后，或者在模型评估获得满意的结果后保存模型。

```
model.save('mnist_model.h5')
```

第9步，使用模型。

下面使用模型对测试集中的图像进行判断，将前16幅图像及其真实类标和判断结果按4行4列画出。图中R表示真实类标，P表示模型的判断结果。

```
import matplotlib.pyplot as plt
yhat_test = model.predict(x_test, batch_size=32, verbose=0)

plt_row =4
plt_col=4
f, axarr =plt.subplots(plt_row,plt_col,figsize=(5, 5))
plt.subplots_adjust(hspace=0.5)

cnt=0
i=0
while cnt <(plt_row*plt_col):
    sub_plt = axarr[cnt//plt_row, cnt%plt_col]
    sub_plt.axis('off')
    sub_plt.imshow(x_test[i].reshape(width,height)*255.0, cmap='gray')
    sub_plt_title='R: '+str(np.argmax(y_test[i]))+\
                '  P: '+str(np.argmax(yhat_test[i]))
    sub_plt.set_title(sub_plt_title)
    i += 1
    cnt += 1
plt.show()
```

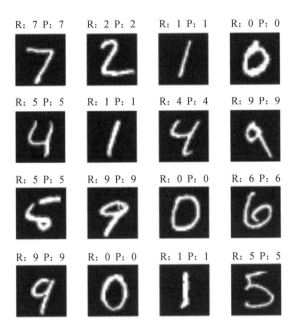

这 16 幅图像都判断正确。接下来我们来看看被模型判断错的那些数字的图样。下面的代码只画出判断错误的那些数字,同样展示 16 个。

```
import matplotlib.pyplot as plt
yhat_test = model.predict(x_test, batch_size=32, verbose=0)


plt_row,plt_col =4,4
f, axarr =plt.subplots(plt_row,plt_col,figsize=(5, 5))
plt.subplots_adjust(hspace=0.5)
cnt,r=0,0
while cnt <(plt_row*plt_col):
    if np.argmax(y_test[i])==np.argmax(yhat_test[i]):
        i += 1
        continue
    sub_plt = axarr[cnt//plt_row, cnt%plt_col]
    sub_plt.axis('off')
    sub_plt.imshow(x_test[i].reshape(width,height)*255.0,cmap='gray')
    sub_plt_title='R: '+str(np.argmax(y_test[i]))+\
                    ' P: '+str(np.argmax(yhat_test[i]))
    sub_plt.set_title(sub_plt_title)
    i += 1
    cnt += 1
plt.show()
```

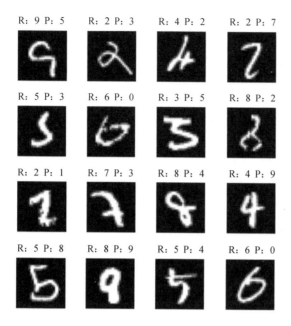

也可以让模型对任意数字图像(比如您自己写的数字)进行判断,但注意图像要转变成模型输入数据的格式并进行同样的归一化处理。下面给出一个简单的例子,输入要判断的图像文件的文件名,代码将给出判断结果。

```python
import numpy as np
import tensorflow as tf
from PIL import Image
import time
import os
import sys

if not os.path.exists('mnist_model.h5'):
    print('请先运行mnist.ipynb文件训练好模型!')
    sys.exit(0)

print('您好! 欢迎使用手写阿拉伯数字识别模块!')
time.sleep(1)
model = tf.keras.models.load_model('mnist_model.h5')
key =''
while key != 'quit':
    path = input('请输入当前地址下的文件名:')
    try:
        img=Image.open(path)
    except:
        print('找不到文件:'+path)
        continue
    if img.mode != "L": # 灰度
        img = img.convert('L')
    img=img.resize((28,28),Image.BILINEAR)
```

```
# 将Image实例转化为多维数组
img = tf.keras.preprocessing.image.img_to_array(img)
img = img/255   # 归一化 shape:(28, 28, 1)
img = np.reshape(img, (1,-1)) # reshape to (1, 784)
pred = model.predict(img, verbose=0)[0]   # 预测
print('预测结果: ', end='')
print(pred.argmax())
key = input('输入quit退出,其它继续!')
```

```
您好! 欢迎使用手写阿拉伯数字识别模块!
请输入当前地址下的文件名:1
找不到文件:1
请输入当前地址下的文件名:9.png
预测结果: 9
输入quit退出,其它继续!1
请输入当前地址下的文件名:2.png
预测结果: 2
输入quit退出,其它继续!quit
```

上述代码在 chapter3\inference.ipynb 文件中。

第四章
深度学习正则化

机器学习通过已有的数据训练出一个模型,然后用这个模型对新的数据进行预测。如果新的数据与用于训练的数据毫无关系,那么这个模型将毫无用处。显然,这个模型有用的前提条件是新的数据必须与原数据相关。第二章中提到了独立同分布的概念,假设新数据虽然与原数据是相互独立的,但两者服从同一概率分布,即独立同分布,这就使得模型可以用于对新数据的预测。显然,评价模型好坏的标准是看模型对新数据的预测能力,这种能力被称为泛化(Generalization)能力。

在现实中,真正的新数据出现在将来,但现在我们就想对模型进行评价,该怎么办呢?在上一章的最后一个例子中,我们把训练数据集的六分之一人为地划分出来作为验证数据集。在训练的过程中定期(每个 epoch)用验证数据集评估训练中模型的性能,训练结束后再用测试数据集评估训练好的模型。模型在训练数据集上的损失称为训练损失(Training Loss),在验证数据集上的损失称为验证损失(Validation Loss),在测试数据集上的损失称为测试损失(Test Loss),验证损失和测试损失都是泛化损失(Generalization Loss)。

机器学习的目的是降低模型的泛化损失,可以通过以下两点来实现:
- 使训练损失尽可能低;
- 使训练损失与泛化损失的差距尽可能小。

这也就是要同时解决机器学习的两个核心问题:欠拟合(Underfitting)和过拟合(Overfitting)。欠拟合指的是训练损失大,模型在训练数据集上的表现不佳;过拟合指的是虽然训练损失小,但泛化损失与训练损失的差距大,也就是泛化损失大。此时,模型在训练数据集上的表现明显优于其在测试数据集上的表现。打个可能不太恰当的比方,学生的学习成绩差是欠拟合,学生的学习成绩好但工作能力差是过拟合。拟合(Fitting)最初的含义是把平面上一系列的点,用一条光滑的曲线连接起来。

单纯的欠拟合问题比较容易解决。前面介绍的人工神经网络是一种通用的函数逼近算法,只要给予足够多的神经元,经过反复训练,理论上总是可以达到足够小的训练损失,但问题是这样做很容易导致严重的过拟合。那如何在使训练损失尽可能低的同时,使训练损失与泛化损失的差距尽可能小呢? 这便是本章讨论的主要内容——正则化(Regularization)。在机器学习中,所谓正则化,就是降低泛化损失的一系列方法,尽管这些方法有时是不利于减小训练损失的。正则化是深度学习非常重要的研究领域。本章将介绍一些常用的深度学习正则化措施。从广义上来说,第六章和第七章将介绍的卷积神经网络和循环神经网络都可以算是受仿生学启发的正则化措施。

 参数范数惩罚

机器学习中常用的正则化措施是去限制模型的能力,其中最著名的方法就是 L0、L1 与 L2 范数惩罚。

如果需要拟合一批二次函数分布的数据,但并不知道数据的分布规律,可以先用一次函数去拟合,再用二次函数、三次函数、四次函数等去拟合,从中选择拟合效果最好的一个函数作为最终的模型。但如果有一批数据服从 100 次函数分布,那就得尝试 100 次以上。这样做显然太烦琐了,也显得有些笨拙。

我们可以先定义一个高次多项式,例如:

$$f(x) = w_{100}x^{100} + w_{99}x^{99} + \cdots + w_2x^2 + w_1x^1 + w_0x^0 \tag{4-1}$$

但是,用 100 次多项式去拟合二次分布的数据,显然是杀猪用牛刀,而且将造成严重的过拟合。解决的方法很简单,将高次项系数设为 0 即可。

$$f(x) = 0x^{100} + 0x^{99} + \cdots + 0x^3 + w_2x^2 + w_1x^1 + w_0x^0 \tag{4-2}$$

这样一来,多项式函数的模型选择就变成了对高次多项式系数的限制。用数学符号表示如下:

$$\min(L(w))$$
$$\text{s. t. } w_{100} = w_{99} = \cdots = w_3 = 0 \tag{4-3}$$

这个思路非常好,但不便于实现。在实际应用中,需要对函数中所有相关参数一一进行设置,对于深度学习这种动辄拥有百万级参数规模的模型简直无法想象。因此,我们需要放松一下严苛的限制,不按顺序限制参数,而是仅仅控制参数的数目。如式(4-4)所示,将不等于 0 的参数个数控制在 c 以内来达到限制模型的目的,该方法称为 L0 范数惩罚。

$$\min(L(w))$$
$$\text{s. t. } \sum_{i=1}^{m} I\{w_i \neq 0\} \leqslant c \tag{4-4}$$

L0 范数惩罚在神经网络中表现为稀疏连接(Sparse Connectivity)的状态。图 4-1(a)

是传统的神经网络连接,每个神经元都会连接到上一层的所有神经元中,这种连接叫作全连接(Full Connectivity)。而稀疏连接时神经元只会连接到上一层中的部分神经元。图4-1(b)中每个神经元只连接到上一层中相邻的神经元。显然稀疏连接使得参数数量大大减少,模型能力大大降低,因此是一种有效防止过拟合的手段。

需要指出的是,在深度神经网络中,稀疏网络会通过间接连接来补全低层网络的输入信息,因此稀疏连接不会造成大量的信息丢失。如图4-2所示,虽然每个神经元都是稀疏连接,但g_3仍然通过h_2、h_3和h_4补全了所有输入信息,多层稀疏连接使得网络仅仅依靠构造局部稀疏连接,就能高效地表述复杂的网络交互。而且,计算所需的内存资源以及计算操作量也大大减少。在第六章中将看到稀疏连接的应用实例。

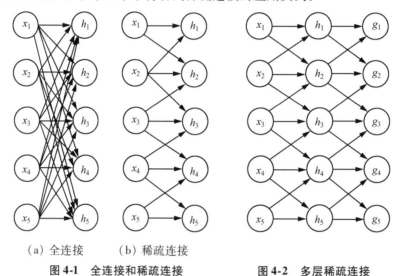

（a）全连接　　（b）稀疏连接

图4-1　全连接和稀疏连接　　　　**图4-2　多层稀疏连接**

因为L0范数惩罚使用起来还是不方便,需要进一步放松限制,不要求参数的非零数量被限制在某个范围内,而是要求参数数值的总和小于某个数值,如式(4-5)所示。这种对参数数值总和的限制称为L1范数惩罚,也称为参数稀疏性惩罚。

$$\min(L(w))$$

$$s.t. \sum_{i=1}^{m} |w_i| \leq c \tag{4-5}$$

虽然高次项的系数很可能不为零,但如果出现如式(4-6)所示的情况,那么高次项也可被轻松地忽略(实际情况还要看x的大小)。

$$f(x) = 0.0001x^{100} + 0.0003x^{99} + \cdots + 0.002x^3 + w_2x^2 + w_1x^1 + w_0x^0 \tag{4-6}$$

由此,机器学习问题就变成了求条件极值的数学问题。但这还不完美,因为带有绝对值。可以继续放松限制,将对参数的绝对值求和改成对参数的平方求和,如式(4-7)所示。这就是L2范数惩罚,也称为权重衰减惩罚。

$$\min(L(w))$$

$$s.t. \sum_{i=1}^{m} (w_i)^2 \leq c \tag{4-7}$$

我们可以通过 c 的值来控制模型能力的强弱, c 越大模型能力就越强, c 越小模型能力就越弱。

式(4-7)可以改写为

$$\min(L(w))$$

$$\text{s. t.} \sum_{i=1}^{m} (w_i)^2 - c \leq 0 \tag{4-8}$$

根据拉格朗日乘子法,式(4-8)求条件极值的问题可以转化为对拉格朗日函数求极值。拉格朗日函数为

$$
\begin{aligned}
Ł(w,\mu) &= L(w) + \mu \Big(\sum_{i=1}^{m} (w_i)^2 - c \Big) \\
&= L(w) + \mu (w^{\mathrm{T}} w - c)
\end{aligned}
\tag{4-9}
$$

式中, μ 是约束系数,且 $\mu \geq 0$。在实际应用中, μ 通常作为超参数,其值根据经验人为地选择。

当 $L(w)$ 最小时,有 $\dfrac{\partial Ł(w,\mu)}{\partial w} = 0$,则

$$\frac{\partial L(w)}{\partial w_i} + 2\mu w_i = 0 \tag{4-10}$$

即

$$\nabla(L(w)) + 2\mu w = 0 \tag{4-11}$$

权重衰减惩罚是常用的正则化措施,其优点是可导并且容易优化。但如果想要更加严格地限制,L1 正则化也是一个不错的选择。式(4-12)便是加入 L1 惩罚的损失函数。

$$Ł(w,\mu) = L(w) + \mu(\|w\|_1 - c) \tag{4-12}$$

式中, $\|w\|_1$ 表示所有参数的绝对值求和,并不是求向量模长。如果不太习惯,也可以将式(4-12)写成式(4-13)所示的表达式。

$$Ł(w,\mu) = L(w) + \mu \Big(\sum_{i=1}^{m} |w_i| - c \Big) \tag{4-13}$$

在计算参数梯度时,如式(4-14)所示,也非常简单,只要在原损失函数梯度的基础上加上 μ 与参数本身符号的乘积。

$$\frac{\partial Ł(w,\mu)}{\partial w_i} = \frac{\partial L(w)}{\partial w_i} + \mu \mathrm{sign}(w_i) \tag{4-14}$$

式中, $\mathrm{sign}(x)$ 表示取 x 的符号,比如 $\mathrm{sign}(-5) = -1$, $\mathrm{sign}(5) = 1$,而 $\mathrm{sign}(0) = 0$。

L1 与 L2 范数惩罚的作用是迫使模型去寻找一些较小的参数,而较小参数的神经网络对于输入数据中存在的噪声数据较不敏感,因而泛化能力更强。

下面讨论 L1、L2 参数范数惩罚正则化在 Keras 中的实现方法。

Keras 中参数范数惩罚是对层进行操作的,因此惩罚项的接口与层相关,但许多层的接口是相同的,因此实现起来也很方便。主要通过以下关键字参数来实现:

- kernel_regularizer——施加在权重上的正则项。
- bias_regularizer——施加在偏置项上的正则项。

参数的值为 keras. regularizers. Regularizer 对象,l1 或 l2。

```
model = Sequential()
model.add(Dense(64, input_dim=3, activation='relu',
                kernel_regularizer=regularizers.l2(0.01)))
```

上面代码中的 0.01 称为正则化因子,是超参数。必须合理地设置正则化因子,因为太大或太小的正则化因子都会致使模型无法训练。此外,需要指出的是,通过限制模型参数规模的正则化措施能在多大程度上提高模型的泛化能力,取决于具体的问题或者模型针对的数据,也就是说在某些问题中可能效果较好,但在另一些问题中可能效果不甚理想。

除了使用 Keras 定义好的 Regularizer 对象之外,用户也可以自定义新的正则项。根据源代码 keras\regularizers\regularizers. py,任何以权重矩阵作为输入并返回单个数值的函数均可作为正则项。例如:

```
from tensorflow.keras import backend as K
def l1_reg(weight_matrix):
    return 0.01*K.sum(K.abs(weight_matrix))
model.add(Dense(64, input_dim=64, kernel_regularizer=l1_reg))
```

上述自定义的正则项 l1_reg 相当于 keras. regularizers. l1(0.01)。

第二节　稀疏表征

在上一节中,我们通过限制模型参数,如 L1、L2 范数惩罚来限制模型的能力,从而降低过拟合风险。受此启发,如果限制激活函数的输出,模型的能力也会受到限制。这两种限制方法没有本质差别。

对激活函数输出的限制称为稀疏表征。稀疏表征抑制了部分神经元,这些神经元的激活输出大多数为零或接近零,从而提高了隐藏层的稀疏性。这一点符合大脑实际情况,大脑中每个神经元都连接着成千上万的神经元,但实际上大部分神经元都处于抑制状态,只有少部分神经元接受刺激会处于激活状态。

稀疏表征采用与参数惩罚相同的机理来实现。如式(4-15)所示,稀疏表征也是通过在损失函数中添加一项惩罚项 $\Omega(h)$ 来实现的。

$$Ł(w, \alpha) = L(w) + \alpha\Omega(h) \tag{4-15}$$

当采用 L1 惩罚时，$\Omega(h) = \|h\| - c = \sum_i |h_i| - c$。$\alpha$ 是控制惩罚力度的约束系数。若 $\alpha = 0$，则相当于没有任何惩罚；α 越大，惩罚力度越大。

下面讨论如何在 Keras 中添加表征惩罚项。

与参数范数惩罚一样，表征惩罚也是基于层进行，惩罚项的接口与层有关，但许多层具有相同的接口，因此实现起来同样也很方便。主要通过以下关键字参数来实现：

- activity_regularizer——施加在激活输出上的正则项，即表征惩罚项。

参数的值也是 keras. regularizers. Regularizer 对象。

下面是一个简单的示例。

```
from tensorflow.keras import regularizers
model.add(Dense(64, input_dim=3, activation='relu',
            activity_regularizer=regularizers.l1(0.01)))
```

 数据扩充与注入噪声

一、数据扩充

在用多层感知器 MLP 处理异或问题时曾经指出，其测试数据集与训练数据集是相同的，模型的各个度量性能都达到了 100% 的最好水平。怎么理解这个"100% 的水平"呢？实际上，由于测试数据集与训练数据集是相同的，训练损失与测试损失的差距必定为零，因此模型的性能只取决于训练损失。而根据万能近似定理，总是能把训练损失降到接近于零，这样看来，我们大可不必为这个 100% 的水平感到兴奋。但从另一个角度来看，在处理一个问题时，如果能够获取有关这个问题的全部数据，那么就不需要正则化。当然，现实生活中，很难获取某个问题的全部数据，但可以想方设法获取尽量多的数据。因为说到底，想要降低泛化损失最好的方法是训练更多的数据。在第一章中也曾指出，这些年人工智能大热，并且不断出现一些吸引眼球的技术突破，一方面当然是因为深度学习算法取得的突破和持续进步，另一方面也离不开硬件技术的提升，还有随着大数据时代的来临，我们拥有了令前人羡慕的数据量。

但现实生活中，获取数据是需要成本的，特别是对于监督学习，不仅要获取数据，还需要给数据做标记。那么有没有低成本且有效的解决方案呢？幸运的是，对于某些问题，我们有以下解决方案，那就是生成伪造数据，然后将这些数据添加到训练集中，这称为数据扩充。虽然听上去似乎在教大家"造假"，但对于图像识别这样的领域，创造新的伪造数据是非常合理的。

图像具有平移、旋转和拉伸等空间不变特性。如果图像的像素全部向一个方向移动一定的距离,或者旋转一定的角度,或者图像被拉伸或缩小,我们人不会认为这幅图像的性质变了,但对于人工神经网络来说,却彻底变成了一幅新图像。为了让人工神经网络能够不受图像平移、旋转和伸缩等的困扰,最简单的办法是向训练数据集中增加平移、旋转、伸缩之后的新图像数据,这样训练出来的模型自然能适应图像的空间不变特性。当然,生成伪造数据时要注意一些特殊情况,避免让伪造数据变成错误数据。例如,d 不能水平翻转,否则就变成了 b;9 不能旋转 180°,否则就变成了 6。当然,除了数据扩充外,也可以在模型算法上下功夫,有关做法将在第六章中讨论。

下面介绍 Keras 中的数据扩充方法。

tensorflow. keras. preprocessing. image 包中的 ImageDataGenerator 类可用于图像数据扩充。该类的构造函数及各个参数的含义如下:

```
tensorflow.keras.preprocessing.image.ImageDataGenerator(
    featurewise_center=False,  # 将输入数据减去整个数据集的均值

    samplewise_center=False,   # 将输入数据减去样本的均值

    featurewise_std_normalization=False,  # 将输入数据除以整个数据集的标准差

    samplewise_std_normalization=False,   # 将输入数据除以样本的标准差

    zca_whitening=False,    # ZCA白化的是针对图像进行PCA降维

    rotation_range=0.,      # 在指定角度 (°) 范围内对原图像进行随机旋转处理

    width_shift_range=0.,   # 在指定的水平移动范围内对原图像进行随机移动处理,
                            # 数值是原图像总宽度的比例

    height_shift_range=0.,  # 在指定的垂直移动范围内对原图像进行随机移动处理,
                            # 数值是原图像总高度的比例

    shear_range=0.,   # 在指定的剪切度范围内对图像进行变形处理。
                      # 数值是逆时针方向的进行剪切变形的弧度

    zoom_range=0.,   # 在指定的缩放范围内对图像进行缩放处理,浮点数或 [lower, upper],
                     # 如果是浮点数, [lower, upper] = [1-zoom_range, 1+zoom_range]

    channel_shift_range=0.,   # 随机通道转换的范围

    fill_mode='nearest',   # 输入边界以外的点根据给定的模式填充

    cval=0.,   # 当 fill_mode = "constant" 时, 用于边界之外的点的值
```

```
horizontal_flip=False,      # 进行随机水平翻转

vertical_flip=False,        # 进行随机垂直翻转

rescale=None,               # 重缩放因子

preprocessing_function=None,        # 预处理函数，比如调节图片的亮度

data_format=K.image_data_format()   # 图像数据格式，默认为 "channels_last"
)
```

chapter4\data_augmentation. ipynb 中的代码将 data\train 文件夹里的图片进行旋转、水平和垂直方向上移动、剪切变形、缩放、水平和垂直翻转、重缩放等变换，并将新图片保存到 generated_data 文件夹中。

```
from tensorflow.keras.preprocessing.image import ImageDataGenerator
from keras.utils.image_utils import array_to_img, img_to_array, load_img
import numpy as np
import os
#指定随机种子
np.random.seed(100)
# 生成数据集
generator =ImageDataGenerator(  rotation_range=10,\
                                width_shift_range=0.2, \
                                height_shift_range=0.2, \
                                shear_range=0.7,\
                                zoom_range=[0.9, 2.2],\
                                fill_mode='nearest', \
                                horizontal_flip=True, \
                                vertical_flip=True, \
                                rescale=1./255 )
for filepath,dirnames,filenames in os.walk('data\\train'):
    for filename in filenames:
        fullname = os.path.join(filepath, filename)
        dir = 'generated_'+filepath

        if not os.path.exists(dir):
            os.makedirs(dir)

        img =load_img(fullname)
        x=img_to_array(img)   # shape:(60, 60, 3)
        x=x.reshape((1,)+ x.shape)  # reshape to (1, 60, 60, 3)

        # for 语句会无限循环，因此我们需要指定希望循环的次数，
        # 达到指定的循环次数后自动停止
        i=0
```

```
for batch in generator.flow(x, batch_size=1, save_to_dir=dir,
                save_prefix='generated', save_format='png'):
    i += 1
    if i > 30:
        break
```

二、注入噪声

在输入数据中注入噪声,让模型在带噪声的数据上训练,可以提高模型的抗噪声能力,从而减轻过拟合。就如在挫折中成长起来的孩子更能承受社会的压力。实际上,数据扩充可以被看作在输入数据中注入噪声的行为。反之,注入噪声得到新的数据也是一种数据扩充的行为。

在输入数据中注入噪声还可以理解为故意降低数据的质量,比如给图片打上麻点,使其变得模糊。chapter4\addnoise.ipynb 中的代码演示了这种做法。

```
file = 'flower.jpg'
img = Image.open(file)
img = np.asarray(img)

# 显示原图像
plt.figure(figsize=(4,4))
plt.subplot(1, 2, 1)
plt.axis('off')
plt.title('Original image')
plt.imshow(img, cmap='gray')

# 归一化
img = img.astype('float32') / 255

# 加入随机噪声生成带噪声的图像
# 噪声均值 0.1,标准差 0.2
noise = np.random.normal(loc=0.1, scale=0.2, size=img.shape)
img_noisy = img + noise

# 添加噪声后图像像素的归一化数值可能>1.0 or <0.0
# >1.0 的像素值调整为 1.0 , <0.0 的像素值调整为 0.0
img_noisy = np.clip(img_noisy, 0., 1.)

# 显示带噪声图像
img = (img_noisy * 255).astype(np.uint8)
plt.subplot(1, 2, 2)
plt.axis('off')
plt.title('Noised image')
plt.imshow(img, cmap='gray')
plt.show()
```

Original image

Noised image

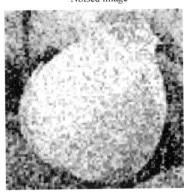

扫码看彩图

除了在输入数据中注入噪声外,也可以在隐藏层注入噪声,该方法也可以被看作是通过噪声重构新输入的一种正则化策略。我们将在第五节介绍的 Dropout 属于此类方法。

此外,还可以在权重中注入噪声。这种做法相当于在非权重噪声注入的损失函数上加入正则化项,因此在某种程度上可以等价地解释为传统的参数范数惩罚。噪声的方差越大,惩罚越重。这种噪声能够减小扰动对模型预测结果的影响,从而起到防止过拟合的作用。目前权重噪声注入主要用于循环神经网络。

最后,噪声还可以被注入标记中。换句话说,就是故意错误地标记一些数据。这听起来似乎不可思议,但确实能增强模型的泛化能力。这样训练出来的模型不盲目地相信数据。好比学生能够对老师的讲课提出疑问。同样,如果读者带着批判的态度阅读本书,而不是照单全收,相信您能收获更多。当然,带噪声标记的比例不宜太大,否则效果将适得其反。

<h1>第四节　早　停</h1>

早停就是让学习适可而止,不让模型重复地学习太多次。因为重复训练的次数越多,训练损失就越低,但验证损失可能反而越来越大(图 4-3)。由于我们真正要的是降低泛化损失,而不是训练损失,因此与其让训练不断地进行下去,还不如在验证损失的最低点或最低点附近停止训练。这就是所谓的早停(Early Stopping)。

从图 4-3 很容易看出,训练进行到 5～10 次期间的验证损失处于低位,在此区间的模型具有最好的泛化性能。那如何让机器知道什么时候验证损失处于低位,该早停呢?这很简单。只要在训练中保存一份最佳模型参数和最小验证损失,每经过一定的训练周期,就将当前的验证损失与最小验证损失进行比较。如果当前验证损失小于最小验证损失,就用当前验证损失更新最小验证损失,用当前模型参数更新最佳模型参数。当训练一定的次数(patience 次)不再改善时,就停止训练,返回最佳模型参数。最佳模型对应的总训练次数就是最佳训练次数。

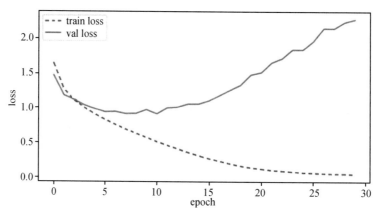

图 4-3　需要早停的训练过程

　　跟其他正则化措施相比,实施早停的代价(消耗的内存和算力)几乎可以忽略不计,却能减少不必要的训练时间,因此早停是一种"低调"而有效的正则化措施。早停算法可单独使用,也可以结合其他正则化策略使用。

　　当然,为了早停,在训练前必须从训练数据集中划出一部分数据作为验证数据集,这样真正用于训练的数据量就相应地减少了,这会对模型的训练产生不利的影响,除非拥有的数据足够多。为了减小该影响,可以考虑在早停训练的基础上,采用全部训练数据再次对模型进行训练。此外,作为超参数,patience 的选择也会对模型的训练结果产生影响。

　　Keras 在回调包中实现了 EarlyStopping 类。

```
keras.callbacks.EarlyStopping(

    monitor="val_loss",  # 监视的指标

    min_delta=0,         # 被视为有改善的指标最小变化

    patience=0,          # 指标没有改善patience次,将停止训练

    verbose=0,           # 回调函数动作时是否输出信息

    mode="auto",         # 指标变化方向

    baseline=None,       # 受监视指标的基线值。如果模型未显示比基线更好的改进,则训练将停止

    restore_best_weights=False,  # 采用最佳模型参数,还是最后一次训练后的模型参数

    start_from_epoch=0            # 训练多少次后开始监视指标,之前的作为热身
)
```

从 EarlyStopping 类的构造函数中可以看出,其实现的功能比上面所介绍的更丰富。EarlyStopping 的调用非常简单。

```
from tensorflow.keras.callbacks import EarlyStopping
early_stopping = EarlyStopping(patience = 20)
hist = model.fit(x_train,y_train,epochs=3000,batch_size=32,
        validation_data=(x_val,y_val), callbacks=[early_stopping])
```

虽然 fit 函数指定了 epochs 为 3 000,但由于回调函数中传入了 EarlyStopping 的实例,实际训练次数可能会远远小于这个数。

dropout

"drop out of school" 这个短语的意思是学生退学或者辍学。在人工神经网络中,dropout 是指在训练过程中,将部分神经元抑制,被抑制的神经元不参与训练。此时,相当于训练的是原网络的一个子网络,如图4-4(b)所示。但是与稀疏表征不同的是,这种抑制是基于一个个 batch 数据的。在训练下一个 batch 数据时,另一部分神经元被抑制,对另一个不同结构的子网络进行训练。可见 dropout 等同于用不同的数据训练了许多不同结构的子网络。dropout 也可以理解为训练过程中部分神经元"暂时退出"。

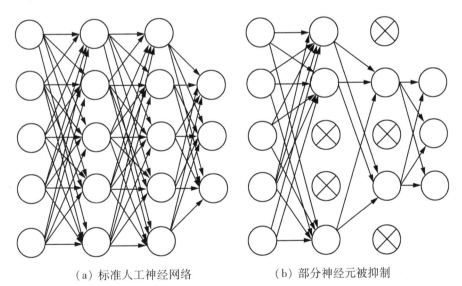

(a) 标准人工神经网络　　　　(b) 部分神经元被抑制

图 4-4　dropout

这种训练的实现方法很简单。给每个神经元独立地设置一个二项分布的"神经元激活"概率,若该值为 0,则表明当前神经元被抑制;若该值为 1,则表明当前神经元保留。相比于传统的前馈神经网络,相当于多了一个神经元采样过程。

```
def dropout(self, z, p):
    np.random.seed(self.seed)
    size = len(z)                # 某一层的神经元数量
    mask = [0 for i in range(size)]
    for i in range(size):
        mask[i] = np.random.binomial(1, 1-p, 1)[0]
        z[i] *= mask[i]          # 神经元输出乘以1为保留, 乘以0则被抑制
    return mask, z               # 返回的是掩码和神经元激活输出的元组
```

上面代码中的 p 是神经元的采样概率,是超参数,默认该值设置为 0.5,但这不是一个定值,还需要根据数据和网络的不同在试验中反复测试。在预测或推理时,将神经元采样过程移除,退化为传统的人工神经网络进行计算即可。

读者可能会感到疑惑,这样训练出来的神经网络可以吗?

我们可以把最终的网络看成许多结构不同的子网络的集成。每个子网络学到数据的一部分特征,组合起来,就学到了全部特征。而且,神经网络中每个隐藏层单元经过 dropout 训练后,它也必须学会与不同采样的神经元进行合作,这反而使得神经元具有更强的健壮性,并且驱使神经元通过自身获取有用特征,而不是依赖其他神经元去纠正自身的错误。

dropout 是一种非常高效的深度学习正则化措施,也是目前深度学习领域最常用的正则化措施之一。不过,如果在全连接层中使用了 L1 或 L2 范数惩罚正则化方法,就无须再用 dropout。

下面讨论如何在 Keras 中实现 dropout。

在 Keras 中,可以使用 dropout 正则化层。在创建 dropout 层时,可以将 dropout_rate 设为某一固定值,当 dropout_rate = 0.8 时,实际上,保留概率为 0.2。下面的例子中,dropout_rate = 0.5。

```
from tensorflow.keras.layers import Dropout
layer = Dropout(0.5)
```

在两个 Dense 层中间插入一个 dropout 层,这样第一层的输出将对第二层实现 dropout 正则化,后续层与此类似。下面的代码中,对第二层实现了 dropout 正则化。

```
from tensorflow.keras.models import Sequential
from tensorflow.keras.layers import Dense, Dropout
model= Sequential()
model.add(Dense(32))
model.add(Dropout(0.50))
model.add(Dense(32))
```

dropout 也可用于神经网络的输入层。在这种情况下,就要把 dropout 层作为网络的第一层,并将 input_shape 参数添加到层中。

```
model= Sequential()
model.add(Dropout(0.5, input_shape=(2,)))
```

第五章

深度学习的优化

第二章中介绍了通过梯度下降法调整参数 w 来最小化损失 L 的优化方法。当损失函数是如图 2-3 所示的凸函数时，只要取较小的学习率，也就是步长小一点，一般总能达到 L 的最低点，算法总能收敛。但是，在实际的神经网络中，损失函数往往是非凸函数，可能会出现各种复杂的情况，给模型训练的优化过程带来许多困难和挑战。本章将在讨论这些困难和挑战的基础上，介绍更多的优化方法。

第一节 神经网络优化困难和挑战

一、局部最优

如图 5-1 所示，在非凸函数中，有可能含有多个局部最优解。特别是在深度神经网络中，局部最优解的数量就更多了。从图 5-1 来看，如果 w_i 的初始化值落在 s_1 和 s_2 处，算法将收敛在全局最优点；如果 w_i 的初始化值落在 s_3 和 s_4 处，算法将收敛在中间的局部最优点处，该处虽然不是全局最优，但其效果也还不错；但如果 w_i 的初始化值落在 s_5 和 s_6 处，算法将收敛在右侧的局部最优点处，其效果就比较差了。问题是我们一开始并不知道全局最优点在哪里，也不知道哪些局部最优点效果不错，就不能保证 w_i 的初始值不落在 s_5 和 s_6 处。需要解决的困难是，如果 w_i 的初始值落在 s_5 和 s_6 处，怎样能让算法不终止在右侧的局部最优点？

另外，从模型正则化的角度来看，全局最优解存在过拟合的风险，因此未必是最好的。那些与全局最优解相差不大的局部最优值，以及全局最优解附近的值往往使模型的泛化性能更好。而且，我们在实践中发现，对于大规模的神经网络而言，大多数局部最优都有一个比较低的损失值，因此局部最优虽然给模型优化带来了困难和挑战，但这种困难和挑战也不是灾难性的。

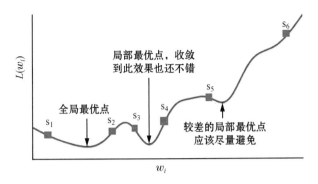

图 5-1　局部最优解示意图

二、鞍点

对于高维数据来说,存在一个比局部最优更突出的问题——鞍点(Saddle Point)。如图 5-2 所示,在鞍点核心处损失函数在 w_1 方向上处于局部最优,而在 w_2 方向上处于局部最差,都属于极值点,损失函数对参数 w_1 和 w_2 的梯度均为零。在鞍点核心处附近区域,梯度也几乎为零,如果参数初始化时落在鞍点区,训练时将难以脱离该区域。

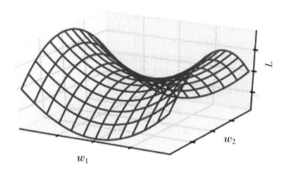

图 5-2　鞍点示意图

三、梯度消失

为了说明梯度消失问题,我们来看一个极度简化的 4 层单神经元神经网络,如图 5-3 所示。根据 BP 算法,第一层的权重梯度按式(5-1)计算。

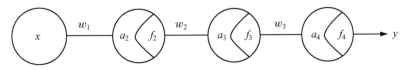

图 5-3　4 层单神经元神经网络示意图

$$\frac{\partial L}{\partial w_1} = (y - f_4(a_4))f_4'(a_4)w_3 f_3'(a_3)w_2 f_2'(a_2)x \tag{5-1}$$

从式(5-1)可知,第一层的权重梯度是输出层误差与其右侧各层参数、激活函数的导数以及输入等各项数值的乘积。同样的输出层误差,如果这些乘数项比较小,得到的第一层的权重梯度就小。由于输入 x 通常被归一化为 $0 \sim 1$ 或 $-1 \sim 1$ 之间,各个参数 w_i 在正则化思路指导下倾向于取较小的数值,如果各项激活函数的导数也小,那么第一层的权重梯度必然会比较小。

假设各层均采用 sigmoid 激活函数,该函数的导函数的图像如图 5-4 所示,值域为 $(0, 0.25]$。即使都取其最大值,经过三层反向传播之后导函数连乘的结果也只有 0.015 625。可见采用 sigmoid 激活函数得到的第一层的权重梯度必然很小。

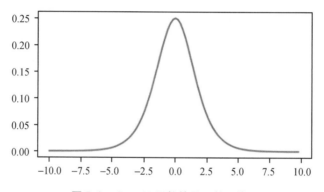

图 5-4 sigmoid 函数的导函数图像

一个显而易见的结论是,网络越深,层数越多,第一层的权重梯度将越小,该层参数的调整就越困难。对于一些深度神经网络来说,由于网络层数很多,权重梯度可能小到几乎为零,这就是所谓的梯度消失问题。事实上,梯度消失不仅可以发生在第一层,也可以发生在第二层、第三层等离输入层较近而离输出层较远的各层。一旦出现梯度消失问题,即使网络输出产生了很大的误差,这些层的参数也得不到调整。这也是曾经导致机器学习止步于浅层神经网络的最主要原因。

解决梯度消失问题的一个方法是在隐藏层中采用 ReLU 激活函数。由于 ReLU 激活函数的导数在第一象限等于1,无论再多层的激活函数导数的连乘也不会减小梯度的值。但在一些特定的神经网络中,如传统的长短期记忆网络 LSTM 中,由于其隐藏层中依赖 sigmoid 神经元,该问题依然严重。

解决深层网络中梯度消失问题的另一个思路是让深层的信息流经捷径到达浅层。本书将在第六章第四节中专门介绍这一方法。

四、梯度爆炸和梯度悬崖

前面讨论了式(5-1)右边各项数值较小时相乘后可能造成梯度消失的问题,如果各项的数值较大,梯度就会很大,进而引起梯度爆炸问题。梯度爆炸会导致网络学习不稳定,甚至造成权重数值溢出而无法训练。

在网络训练过程中,如果发生梯度爆炸,往往会有一些明显的迹象,比如:

- 模型无法在训练数据上收敛(如损失函数值非常差)。
- 模型不稳定,在更新时损失有较大的变化。
- 模型的损失函数值在训练过程中变成 NaN 值。

梯度爆炸的一种常见表现形式是梯度悬崖,即某些区域产生非常大的梯度,如同悬崖一般陡峭,如图 5-5 所示。当训练从位置 s 进行到 a 时,突然变得非常大的梯度会使参数调整的步伐暴增,使调整后的参数一下子弹射到 b 位置,这样模型将收敛于 b 附近的局部最优点而非全局最优点。

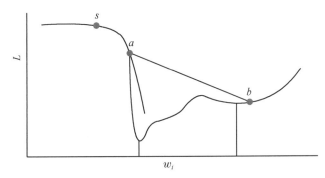

图 5-5　梯度悬崖示意图

与梯度消失问题一样,梯度爆炸问题也容易在深度前馈神经网络和在长输入数据序列上进行学习的循环神经网络中出现。原因是对于这些网络,求解浅层或序列前面的参数梯度时连乘的次数多。因此,解决梯度爆炸问题最简单的办法是使深度前馈神经网络减少网络层数,循环神经网络缩短输入数据序列长度。但深度前馈神经网络的网络层数取决于任务的复杂程度,循环神经网络的输入数据序列长度则直接影响模型的性能,都不宜刻意调整。归一化和参数范数惩罚分别限制了 x 和 w_i,因此有助于解决梯度爆炸问题。

应对梯度爆炸的另一个方法是梯度裁剪。通过梯度裁剪,将梯度的大小强行控制在一定的范围内。通常有以下几种裁剪的方式:

(1)按值裁剪。使每个参数的梯度不大于某个值。

(2)按范数裁剪。使每个参数的梯度的 L2 范数不大于某个值 b,即若 $\| \nabla w_i \|_2 > b$,则

$$\nabla w_i = \frac{b}{\| \nabla w_i \|_2} \nabla w_i \tag{5-2}$$

(3)按全局范数裁剪。使所有参数的梯度的 L2 范数不超某个值 c,即

$$\nabla w_i = \frac{c}{\| \nabla w \|_2} \nabla w_i \tag{5-3}$$

梯度裁剪看起来似乎是个简单而粗暴的方法。你可能会担心,如果某个模型的学习

过程中本来不会发生梯度爆炸,那么采用梯度裁剪会不会反而惹出是非呢?这种担心是多余的,因为通过梯度下降法修改模型参数时明确的只是修改的方向,对修改的步伐大小只是猜测,裁剪只是让步伐小一点、训练的时间长一点而已。

五、梯度不精确

由第二章可知,为了节约计算开销,计算梯度时通常采用小批量梯度下降法,甚至极端情况下采用单条数据计算梯度。但这样计算得到的梯度是不精确的,或者说是含有噪声的,有时甚至是错误的。这种情况会导致训练的稳定性变差。但梯度不精确有时也可以看作防止过拟合以及逃离局部最优或鞍点的方法。说到底,机器学习并不是一个单纯的最优化问题,只是依靠优化手段来达到学习的目的。因此,对于优化过程中的具体问题,还需要根据实际情况来对待。

六、优化理论的局限性

由于人工神经网络的复杂性,现有的各种优化算法都还缺乏完善的理论支撑,这些优化方法的使用往往需要一定的技巧。从某种意义上来说人工神经网络的优化训练既是科学,又是艺术。但这并不影响这些优化方法在实际使用中取得不错的效果。

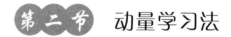

第二章中介绍了梯度下降法。无论是随机梯度下降法还是小批量梯度下降法,都是确定每次参数调整的方向,而每次参数调整的幅度则用学习率来控制,即

$$w^{(k+1)} = w^{(k)} - lr \nabla L(w) \tag{5-4}$$

为了缩短学习时间,一开始可以把学习率设置成一个比较大的值,然后逐步减小,以便在最优点附近收敛。同时,为了防止学习率变得过小,可以为学习率设置一个最低值。

在 Keras 中实现上述算法是非常容易的。只要在模型的 fit 函数中给 callbacks 变量传入 LearningRateScheduler 的一个实例即可。

```
import math
from tensorflow.keras.callbacks import LearningRateScheduler
def lr_schedule(epoch):
    lr = 0.1   # 初始学习率
    if lr >= 0.001: # 最小学习率为0.00095
        lr = lr*math.pow(0.95,epoch)   #每迭代一次乘以0.95
    return lr
lr_scheduler = LearningRateScheduler(lr_schedule)
callbacks = [lr_scheduler]
```

下面的代码则可以实现在 80、120、160 和 180 个 epoch 后调低学习率。

```
def lr_schedule(epoch):
    lr = 1e-3
    if epoch > 180:
        lr *= 0.5e-3
    elif epoch > 160:
        lr *=1e-3
    elif epoch > 120:
        lr *=1e-2
    elif epoch > 80:
        lr *=1e-1
    return lr
```

上述算法中,初始学习率和最低学习率作为超参数需要凭经验选择。在 Keras 中通过模型的 fit 函数给 callbacks 变量传入 ReduceLROnPlateau 的一个实例,可以在经过一定 epoch 迭代之后,当模型效果不再提升时,按照一定规律来缩小学习率。下面实例的作用是如果 2 个 epoch 迭代后验证精度没有提升,那么学习率将下降 90%。

```
lr_reducer = ReduceLROnPlateau(monitor='val_accuracy',factor=0.1,
    patience=2,verbose=1,mode='auto',epsilon=0.0001,cooldown=0,min_lr=0)
```

ReduceLROnPlateau 类的各个参数说明如下:

- monitor:监测的值,可以是 accuracy、val_loss、val_accuracy。
- factor:缩放学习率的值,学习率将以 lr = lr * factor 的方式减小。
- patience:当 patience 个 epoch 后模型性能得不到提升时,学习率减小的动作会被触发。
- mode:为 auto、min、max 之一,默认为 auto。
- epsilon:阈值,用来确定是否进入检测值的"平原区"。
- cooldown:学习率减小后,会经过 cooldown 个 epoch 才重新进行正常操作。
- min_lr:学习率最小值(下限)。

这样就很方便地解决了在最优点附近反复振荡的问题。该算法的缺点是模型容易收敛在一些较小的局部最优区域,而且当接近鞍点或局部最优点时,优化的过程也会变得异常缓慢。

动量学习法在更新参数时的步长不仅取决于当前的梯度和学习率,还受到之前累积的步长的影响。

$$v^{(k+1)} = \beta v^{(k)} - lr \nabla L(w) \tag{5-5}$$

$$w^{(k+1)} = w^{(k)} + v^{(k+1)} \tag{5-6}$$

式(5-5)中,β 称为衰减因子,是超参数,其取值范围为 $[0,1]$。β 越大,先前步长对于本轮参数调整的影响就越大。β 常取 0.5、0.9 或 0.99。

该算法在迭代期间梯度方向不变时会起到加速作用,可以更快地收敛于最优点。由于加速的作用,越来越大的步长也可能使优化过程逃离一些较小的局部最优区域和鞍点,如图5-6所示。

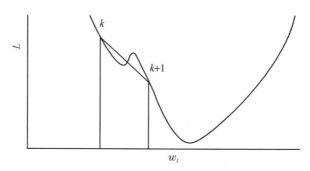

图5-6　逃离局部最优区域示意图

但步长是有峰值的。假设每次梯度大小和方向都是相同的,则最大步长为

$$v_{max} = -(1+\beta+\beta^2+\beta^3+\cdots)lr\nabla L(w) = -\frac{1}{1-\beta}lr\nabla L(w) \tag{5-7}$$

如果β取0.9,那么其最大步长就等于$-10lr\nabla L(w)$,相当于普通梯度下降时的10倍。

在最优点附近振荡时,梯度方向发生改变,能起到减速作用,逐步减小振幅,加快收敛,如图5-7所示。

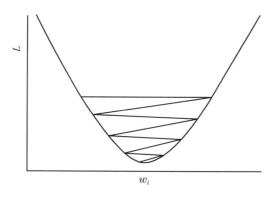

图5-7　动量学习法加快收敛示意图

由于这里把参数的调整步长看作速度,当假设质量为单位1时,速度相当于动量,因此该算法被称为动量学习法(Momentum Update)。动量学习法有一种变体叫作 Nesterov Accelerated Gradient(NAG),简称 Nesterov 动量法。其核心思想是,既然每一步参数调整都要综合考虑先前速度和当前梯度,那为什么不先按照先前速度往前走一步,然后按照这一步位置的"超前梯度"再调整呢? 如此一来,算法似乎有了超前的"眼光"。Nesterov 动量法理论上受益于凸函数的收敛,实际中也往往优于标准的动量学习法。

Nesterov 动量法第$(k+1)$步的速度按式(5-8)计算:

$$v^{(k+1)} = \beta v^{(k)} - lr\nabla_w L(w^{(k)} + \beta v^{(k)}) \tag{5-8}$$

Keras 中提供的 SGD 优化器,从严格意义上说应该是 Mini-batch 梯度下降,并且包含了对动量学习法、Nesterov 动量法和权值衰减这几种扩展功能的支持。

```
tensorflow.keras.optimizers.SGD(learning_rate=0.01,momentum=0.0, nesterov=False)
```

主要参数如下:

- learning_rate:float,值≥ 0,学习率,也可以是一个 LearningRateSchedule 对象。
- momentum:float,值≥ 0,即本节公式中的β。
- nesterov:boolean,是否使用 Nesterov 动量优化。

基本的 Mini-batch SGD 优化算法虽然在深度学习中效果不错,但是也存在一些问题,比如:

① 选择恰当的初始学习率很困难。

② 学习率调整策略受限于预先指定的调整规则。

③ 相同的学习率被应用于各个不同的参数。

④ 高度非凸的损失函数的优化过程会陷入大量的局部次优解或鞍点。

 AdaGrad

在前面的小节中都使用全局的学习率,即所有的参数都按照同一个学习率调整。这种"统一"的行为是值得商榷的,在这个方面个性化教育可以给我们启示。接下来讨论个性化地针对每一个参数单独设置学习率。

针对基本的 SGD 及 Momentum 存在的问题,约翰·杜奇(John Duchi)等在 2011 年发布了 AdaGrad(Adaptive Gradient,自适应梯度)优化算法,它能够对每个不同的参数调整不同的学习率,即对频繁变化的参数以更小的步长进行更新,对稀疏的参数以更大的步长进行更新,在数据分布稀疏的场景中能更好地利用稀疏梯度的信息,比标准的 SGD 算法更有效地收敛。

AdaGrad 算法其实很简单,就是将每个参数各自的历史梯度的平方累加起来,在更新时除以该历史梯度值(累加值开根号)即可。例如,针对参数w_i,算法如下:

首先,如式(5-9)所示,将当前梯度的平方累加在 cache 中,使用平方的原因是不考虑梯度的正负,只对梯度的绝对数值进行累加。

$$\text{cache}_i = \text{cache}_i + (\nabla L(w_i))^2 \tag{5-9}$$

其次,如式(5-10)所示,在更新参数时,学习率需要除以$\sqrt{\text{cache}}$。为了防止数值溢出,分母上增加了$\delta(\delta = 10^{-7})$。

$$w_i = w_i - \frac{lr}{\sqrt{\text{cache}_i + \delta}} \nabla L(w_i) \tag{5-10}$$

从式(5-10)中可以看出,AdaGrad 使得参数在梯度的累积量较小时(<1),放大学习率,加快网络的训练速度;在梯度的累积量较大时(>1),缩小学习率,减缓网络训练。这种训练开始时大步向前,到后来逐步放缓的做法不需要人为干预,看起来是一个不错的方法。但问题是,随着训练次数的增加,分母项越来越大,学习率将越来越小,很快会小到使参数无法有效调整。

Keras 中 AdaGrad 常用的构造函数如下:

```
tensorflow.keras.optimizers.Adagrad(learning_rate=0.001,
                initial_accumulator_value=0.1, epsilon=1e-07)
```

主要参数如下:

• leanring_rate:float,学习率初值,默认为 0.001,但与其他优化器不同的是,leanring_rate 适宜选用比较大的值,AdaGrad 原始论文中采用 1.0。

• initial_accumulator_value:cache_i 的初始值。

• epsilon:即式(5-10)中的 δ,默认为 K.epsilon()。

第四节 RMSProp

为了克服 AdaGrad 算法使学习率很快降低的缺点,杰弗里·辛顿提出了 RMSProp 算法,在 AdaGrad 基础上引入衰减因子 ρ,如式(5-11)所示。RMSProp 在进行梯度累积时,通过衰减因子对"过去"与"现在"做一个权衡。衰减因子作为超参数,通常取 0.9 或 0.5。

$$\text{cache}_i = \rho \text{cache}_i + (1 - \rho)(\nabla L(w_i))^2 \tag{5-11}$$

参数更新仍采用式(5-10)计算。

RMSProp 算法在很多应用中都表现出优秀的学习率自适应能力,尤其在不稳定的目标函数下,比基本的 SGD、Momentum、AdaGrad 能更好地收敛,是深度学习中最有效的参数更新方式之一,也是训练循环神经网络不错的选择。

Keras 中 RMSProp 常用的构造函数如下:

```
tensorflow.keras.optimizers.RMSprop(learning_rate=0.001,rho=0.9,epsilon=1e-07)
```

主要参数如下:

• learning_rate:float,学习率初值,默认为 0.001。

• rho:float,默认取 0.9,即式(5-11)中的 ρ。

- epsilon：即式(5-10)中的 δ，默认为 K. epsilon( )。

除了学习率之外，其他参数建议采用默认值。

第五节　Adam

2014 年 12 月，迪德里克·金马（Diederik kingma）等人提出了 Adam 优化器。Adam 的名称来源于"adaptive moments"，可以将其看作 Momentum 与 RMSProp 的综合版本。该方法是目前深度学习中最流行的优化方法，在默认情况下，推荐使用 Adam 作为参数更新方式。

首先，按式(5-12)计算当前小批量数据梯度 g。

$$g = \frac{1}{m} \sum_{j=1}^{M} \frac{\partial L(y^{(j)}, f(x^{(j)}; w))}{\partial w} \tag{5-12}$$

再按式(5-13)计算速度 v，类似于动量学习法。

$$v = \beta_1 v + (1 - \beta_1) g \tag{5-13}$$

然后，按式(5-14)计算衰减量 r，类似于 RMSProp 学习法。

$$r = \beta_2 r + (1 - \beta_2) g^2 \tag{5-14}$$

最后，按式(5-15)更新参数。

$$w = w - \frac{lr}{\sqrt{r} + \delta} v \tag{5-15}$$

以上就是 Adam 算法。考虑到开始时梯度会非常小，r 和 v 经常会接近于 0，因此需要做一步"热身"工作。如式(5-16)所示，将 r 和 v 分别除以 1 减去各自衰减率的 t 次方。

$$v_b = \frac{v}{1 - \beta_1^t}, r_b = \frac{r}{1 - \beta_2^t} \tag{5-16}$$

式中，t 表示训练的次数，随着 t 的增大，很快 v_b 和 r_b 就会退化为 v 和 r。

Keras 中 Adam 常用的构造函数如下：

```
tensorflow.keras.optimizers.Adam(learning_rate=0.001,beta_1=0.9,
        beta_2=0.999,epsilon=1e-07,amsgrad=False)
```

相关参数如下：

- learning_rate：float，值 ≥ 0，表示学习率。
- beta_1：float，$0 < \text{beta\_1} < 1$，通常接近于 1。
- beta_2：float，$0 < \text{beta\_2} < 1$，通常接近于 1。
- epsilon：即式(5-15)中的 δ，默认为 K.epsilon( )。
- amsgrad：boolean，是否应用此算法的 Amsgrad 变种。

Adam 优化算法有如下优点：

- 易于实现，计算效率高，对内存需求少。
- 参数的更新不受梯度缩放变换的影响。
- 超参数具有很好的解释性，且通常几乎不需要调整。
- 能自动调整学习率。
- 适用于具有大规模的数据及参数的场景。
- 适用于不稳定目标函数和梯度稀疏或梯度存在很大噪声的场合。

需要指出的是，虽然 Adam 是目前主流的优化算法，但很多领域（如计算机视觉的对象识别）的最佳成果仍然是使用带动量（Momentum）的 SGD 获取的。阿希亚·威尔逊（Ashia Wilson）等人的论文结果显示，在对象识别、字符级别建模、语法成分分析等方面，自适应学习率方法（包括 AdaGrad、RMSprop、Adam 等）通常比 Momentum 算法效果更差。

前面几节简单介绍了一些常用的优化器及各自的优缺点，本书没有列出全部的优化器，对于其他优化器，有兴趣的读者可以自行去 Keras 官网查阅。

Keras 中优化器的使用

优化器（optimizer）是配置 Keras 学习过程所需的主要参数之一，使用优化器的代码如下：

```
from tensorflow.keras.models import Sequential
from tensorflow.keras.layers import Dense,Activation
from tensorflow.keras import optimizers
model = Sequential()
model.add(Dense(64,kernel_initializer='glorot_normal',input_shape=(10,)))
model.add(Activation('softmax'))
model.compile(loss='mean_squared_error',optimizer='adam')
```

上述代码中直接传入了优化器的名称，因此优化器的默认参数将被采用。如果要个性化优化器的参数，可以传入优化器的实例，例如：

```
sgd = optimizers.SGD(lr=0.01,decay=1e-6,momentum=0.9,nesterov=True)
model.compile(loss='mean_squared_error',optimizer=sgd)
```

在 Keras 的各种优化器中实现梯度裁剪非常简单，因为它们都有三个用于裁剪梯度的公共参数，即

- clipvalue：每个权重梯度将不大于该值。
- clipnorm：每个权重梯度的范数将不大于该值，即给每个权重梯度的平方和设限。

● global_clipnorm：所有权重梯度的全局范数将不大于该值，即给所有权重梯度的平方和设限。

```
from tensorflow.keras import optimizers
sgd = optimizers.SGD(learning_rate=0.01,clipvalue=0.5)

from tensorflow.keras import optimizers
rmsprop = optimizers.RMSprop(learning_rate=0.01,clipnorm=1.0)
```

另一个公共参数是 weight_decay，即权值衰减。若值大于零，则参数在更新前将先以（1 − learning_rate ∗ weight_decay）的比例收缩。值得指出的是，weight_decay 的使用既不是为了提高收敛精度也不是为了提高收敛速度，其目的是防止过拟合。

第七节　参数初始化策略

在第二章中手动建立人工神经网络模型时都对参数进行了初始化。在第三章中采用 Keras 定义模型时，您可能没有注意到参数初始化这个问题，但实际上其中采用了 Keras 中层的默认初始化策略。因此，只要建立了模型，参数就被赋予了初始值，而且一般来说，参数的初始值不可能正好是最优值，否则就不需要进行优化学习了。不过，虽然参数的初始值不是最优的，但不同的初始值对优化来说是有好坏之分的。假设我们的运气特别好，参数的初始值就在最优值附近，那么很快就能完成优化过程。相反，学习可能会消耗很长的时间，也可能无法收敛，或者收敛在一个离最优值较远的位置。我们在本章第一节讨论局部最优时也了解到，参数的初始值对优化的过程和算法的收敛结果有很大的影响。

从某种意义上来说，人生"投胎"又何尝不是一种参数的初始化。出生在不同的国家、不同的家庭，以及在智力和体质等方面的天赋，这些人生的初始条件，对实现人生的目标影响非常大。只不过人生是多目标的，远比人工神经网络更为复杂。

虽然人工神经网络的优化目标相对"单纯"，但遗憾的是，到目前为止，也还没有一套完善的初始化策略。在对模型参数初始化时，只能试探性地选择一种策略，从某种意义上来说，初始化策略也是超参数。尽管如此，还是有一些可用于指导的原则。比如，如果一个初始化策略在某个网络上取得了比较好的效果，那么不妨在类似的网络上也使用该策略。在不同的神经元中，应该尽量避免神经元参数出现对称的情况。设想隐藏层中两个激活函数和输入都相同的神经元，如果它们的权重参数和参数更新算法也相同，就变成了互为冗余，模型的能力将降低。

此外，考虑到神经网络中存在局部最优和鞍点等困难，训练得到的最终参数可能非常接近初始化时的参数。而从正则化的角度看，参数小有利于提高模型的泛化性能，因此参数的初始值应尽量小。

最简单的初始化策略是将参数初始值全部赋零。在第二章感知器和 Sigmoid 分类器的代码实现中就采用了这个策略。根据前面的分析,这个策略用于多神经元网络中容易造成神经元冗余。为了避免神经元参数出现对称的情况,参数初始化策略更多地都是基于随机分布的,包括随机均匀分布、随机正态分布,以及它们的变种。而参数的大小则可以通过标准差(对正态分布)和边界(对均匀分布)来控制。

下面是 keras. initializers 包中的初始化器。

(1) Zeros:初始值全部取 0,名称为 zeros,类构造器为

```
Zeros()
```

(2) Ones:初始值全部取 1,名称为 ones,类构造器为

```
Ones()
```

(3) Constant:常数,默认全部取 0,名称为 constant,类构造器为

```
Constant(value=0)
```

(4) Identity:产生二维单位矩阵,名称为 identity,类构造器为

```
Identity(gain=1.0)
```

参数 gain 是作用于单位矩阵的乘法因子。

(5) Orthogonal:产生正交矩阵,名称为 orthogonal,类构造器为

```
Orthogonal(gain=1.0, seed=None)
```

参数 gain 是作用于正交矩阵的乘法因子,seed 是随机种子。

(6) RandomNormal:随机正态分布,名称为 random_normal,类构造器为

```
RandomNormal(mean=0.0, stddev=0.05, seed=None)
```

参数 mean 是均值,stddev 是标准差。

(7) RandomUniform:随机均匀分布,名称为 random_uniform,类构造器为

```
RandomUniform(minval=-0.05, maxval=0.05, seed=None)
```

参数 minval 和 maxval 分别是最小值和最大值。

(8) TruncatedNormal:截短的正态分布,同随机正态分布,但剔除超过 2 倍标准差范围的值,名称为 truncated_normal,类构造器为

```
TruncatedNormal(mean=0.0, stddev=0.05, seed=None)
```

(9) GlorotNormal:Glorot 正态分布,也称为 Xavier 正态分布,是一种截短的随机正态分布,其均值为 0,标准差按下式计算

$$\text{stddev} = \sqrt{\frac{2}{m+n}}$$

式中，m、n 分别是权重参数前后层的神经元数量。

名称为 glorot_normal，类构造器为

```
GlorotNormal(seed=None)
```

（10）GlorotUniform：Glorot 均匀分布，也称为 Xavier 均匀分布，其边界为

$$\text{limit} = \mp\sqrt{\frac{6}{m+n}}$$

式中，m、n 分别是权重参数前后层的神经元数量。

名称为 glorot_uniform，类构造器为

```
GlorotUniform(seed=None)
```

（11）HeNormal：一种截短的随机正态分布，其均值为 0，标准差按下式计算：

$$\text{stddev} = \sqrt{\frac{2}{m}}$$

式中，m 是权重参数前层的神经元数量。

名称为 he_normal，类构造器为

```
HeNormal(seed=None)
```

（12）HeUniform：一种均匀分布，其边界为

$$\text{limit} = \mp\sqrt{\frac{6}{m}}$$

式中，m 是权重参数前层的神经元数量。

名称为 he_uniform，类构造器为

```
HeUniform(seed=None)
```

（13）VarianceScaling：标准差或边界可缩放的分布，能够适应权重张量的 shape。如果是截短和非截短的正态分布，均值为 0，标准差为

$$\text{stddev} = \sqrt{\frac{\text{scale}}{n}}$$

式中，n 取权重参数前层、后层或前后层平均的神经元数量，具体取决于 mode 参数是 fan_in、fan_out 还是 fan_avg。

如果是均匀分布，其边界为

$$\text{limit} = \mp\sqrt{\frac{3\text{scale}}{n}}$$

名称为 variance_scaling，类构造器为

```
VarianceScaling(scale=1.0, mode="fan_in",
                distribution="truncated_normal", seed=None)
```

参数 scale 是比例因子，mode 为 fan_in、fan_out 或 fan_avg，distribution 为 truncated_normal、untruncated_normal 或 uniform。

初始化器(1)~(3)都属于全常数初始化器，容易造成神经元参数对称和神经元冗余的情况，这无疑极大地限制了网络的能力，因此一般较少使用。

初始化器(4)用于初始化以 ReLU 作为激活函数的循环神经网络层，将循环权重矩阵初始化为单位矩阵，有利于解决梯度消失和爆炸问题，并可实现循环层的多层堆叠。我们将在第七章中说明其原理。

初始化器(5)属于正交初始化器。一般认为其优点是当学习率和网络深度比较大时比随机初始化器训练得更快。

初始化器(6)~(8)和初始化器(13)的关键是选择合适的标准差或边界。如果选得过小，会使神经元丧失非线性能力，甚至激活输出完全消失，也会带来梯度消失的问题；如果选得太大，则会引起激活输出爆炸和梯度爆炸的问题。这些初始化方法一般需要配合下一节将介绍的逐层归一化来使用。

初始化器(9)~(12)的缺点在于同一层中所有初始化权重都具有相同且固定的标准差或边界，当每层的神经元数目太多时，神经元的权重就会变得极小。其好处是可使得神经元的输入和输出的方差保持一致，有利于避免激活输出和梯度消失或爆炸的问题。

Xavier 初始化器适用于使用 tanh、sigmoid 作为激活函数的网络。而 He 初始化器适用于使用 ReLU、LeakyReLU 作为激活函数的网络。

Keras 中参数初始化是基于层操作的，通过 kernel_initializer 和 bias_initializer 变量来设定，可以直接传入初始化器的名称，例如：

```
layer = Dense(units=64,
              kernel_initializer='random_normal',
              bias_initializer='zeros'
              )
```

此时采用的是初始化器的默认配置；也可以传入初始化器的类的实例，这样可以进行个性化配置。下面的代码中将 Dense 层的权重参数按随机正态分布进行初始化，标准差设为 0.01。

```
from tensorflow.keras import initializers
layer = Dense(units=64,
              kernel_initializer=initializers.RandomNormal(stddev=0.01),
              bias_initializer=initializers.Zeros()
              )
```

bias_initializer 是偏置项初始化器,通常偏置项初始化为 0,或比较小的数,如 0.01。

第 八 节　批量归一化

在机器学习领域,特征向量中的不同特征往往具有不同的量纲。比如,某人身高 1.7 米,体重 80 千克。仅从数值上看,体重比身高大很多,这种情况会影响数据分析的结果。为了消除特征之间的量纲影响,需要进行数据标准化处理,以使数据特征之间具有可比性。原始数据经过数据标准化处理后,不同的特征处于同一数量级,适合进行综合对比和评价。最典型的数据标准化处理方法是数据的归一化处理,通过归一化使得预处理的数据被限定在一定的范围内,比如 [0,1] 或 [-1,1]。第二章的销售额预测和第三章的图像分类例子中都对输入数据集进行了归一化处理。

在深度学习中,每一个隐藏层的输出其实也是后面相应层的输入。受此启发,可以把每一个隐藏层的输出同样进行归一化处理。但为了减小计算开销,这时的归一化处理按小批量(mini-batch)数据进行,称为批量归一化(Batch Normalization,BN)。BN 本质上并不是一种最优化的算法,而是优化深度神经网络的一种简单且方便的技巧。

假设一次采样 m 条数据进行训练,用 $H_{i,j}^{(k)}$ 表示训练第 k 条数据时,第 j 层的第 i 神经元的输出值。这批数据在第 j 层的第 i 神经元处的平均输出值为

$$\mu_{i,j} = \frac{1}{m} \sum_{k=1}^{m} H_{i,j}^{(k)} \tag{5-17}$$

这批数据在第 j 层的第 i 神经元处的输出值的标准差为

$$\sigma_{i,j} = \sqrt{\delta + \frac{1}{m} \sum_{k=1}^{m} \left(H_{i,j}^{(k)} - \mu_{i,j} \right)^2} \tag{5-18}$$

式中,δ 是一个很小的常数,目的是防止出现 $\sqrt{0}$。

批量归一化后的输出值为

$$H_{i,j}^{'(k)} = \frac{H_{i,j}^{(k)} - \mu_{i,j}}{\sigma_{i,j}} \tag{5-19}$$

这样,输出值都调整到均值为 0、标准差为 1 的标准正态分布。

对于使用 sigmoid 或 tanh 函数作为激活函数的神经元来说,批量归一化还有一个好处是,有利于防止梯度消失。以 sigmoid 作为激活函数的神经元为例,当输入值较大或较小时,sigmoid 函数就会进入饱和区域,导致其导数几乎为零,造成梯度消失而无法训练。如图 5-8 所示,sigmoid 激活函数在 [-2,2] 区间的取值是一段近似线性的区域,批量归一化把输入值尽可能地投射到激活函数的这一狭窄区域,有利于防止梯度消失。

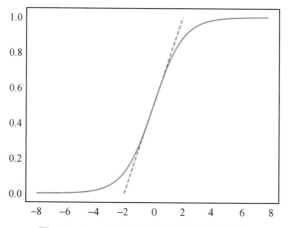

图 5-8　sigmoid 激活函数与线性函数比较

但批量归一化将输入值投射到了 sigmoid 函数的一个近似线性的区域,大大降低了神经网络的表达能力。为此,BN 还有一个步骤,那就是再将归一化的数据拉伸平移回非线性区域,如式(5-20)所示。这里引入拉伸参数 γ 和平移参数 β 这两个可学习参数,调整归一化的输出值。

$$X_{i,j}^{(k)} = \gamma_{i,j} H_{i,j}^{'(k)} + \beta_{i,j} \tag{5-20}$$

这种调整相当于将数据从标准正态分布左移或右移一点并拉伸(变胖)一点或压缩(变瘦)一点,等价于将非线性函数的值从正中心周围的线性区向非线性区稍作移动。核心思想是找到一个线性和非线性的平衡点,既获得非线性的较强表达能力,又避免因太靠近非线性区两头而使得网络收敛速度太慢。

显然,对于 ReLU 这样的激活函数,没有必要做拉伸和平移。相当于式(5-20)中的参数 $\gamma_{i,j}$ 取 1、$\beta_{i,j}$ 取 0。

批量归一化的另一个好处是有利于避免出现激活输出爆炸和梯度爆炸。

批量归一化可以被看作在每一层输入和上一层输出之间加入一个新的计算层,对数据的分布进行额外的约束,不仅有利于优化,而且提高了模型的泛化能力。

网络一旦训练完毕,参数 γ 和 β 就确定下来了。但是如果预测阶段输入单个测试样本,得到一个结果,那么测试样本前向传导时,上面的均值 μ、标准差 σ 从哪里来呢? 显然不应取训练时某个小批量中的均值和标准差,而应该分别取所有训练 batch 的均值的平均值和标准差的无偏估计。但为了计算方便,我们经常使用移动均值和标准差代替全体数据的均值和标准差。如式(5-21)和式(5-22)所示,和动量学习法类似,引入衰减因子 momentum 对均值和标准差进行衰减累积。这也可以看成是一种正则化措施。

$$\mu = \text{momentum} \cdot \mu + (1 - \text{momentum}) \mu_{\text{batch}} \tag{5-21}$$

$$\sigma = \text{momentum} \cdot \sigma + (1 - \text{momentum}) \sigma_{\text{batch}} \tag{5-22}$$

通常 μ 的各个分量的初始值取 0,σ 的各个分量的初始值取 1。μ_{batch} 和 σ_{batch} 分别是各

批数据的平均值和标准差。可见,和 dropout 层一样,批量归一化层在训练模式和预测模式下的计算过程也是不一样的。

　　Keras 提供的 BatchNormalization 层可以方便地实现批量归一化。其常用的构造函数及各主要参数的含义如下:

```
BatchNormalization(
    axis=-1,   # 需要标准化的轴,通常是特征轴,默认在最后一维操作
    momentum=0.99,  # 衰减因子
    epsilon=0.001,  # 公式5-19中的δ
    center=True,  # 如果为False,则β取0,对于sigmoid和tanh激活函数不应取False
    scale=True,   # 如果是False,则ν取1,对于sigmoid和tanh激活函数不应取False
    beta_initializer="zeros",  # 参数β的初始化器
    gamma_initializer="ones",  # 参数ν的初始化器
    moving_mean_initializer="zeros",      # 移动均值的初始化器
    moving_variance_initializer="ones",   # 移动标准差的初始化器
)
```

下面是一个使用 BatchNormalization 的简单例子:

```
from tensorflow.keras.layers import BatchNormalization, LeakyReLU
for i in range(3):
    model.add(Dense(12))
    model.add(LeakyReLU(alpha=0.2))
    model.add(BatchNormalization(momentum=0.8, center=False, scale=False))
```

上面代码块中的 LeakyReLU 是一种激活函数,是 ReLU 的"泄漏"版本,其数学定义为

$$f(x) = \begin{cases} x, & x>0 \\ \alpha x, & x\leq 0 \end{cases} \tag{5-23}$$

式中,α 是一个小于 1 的常数,Keras 中默认取 0.3。

　　LeakyReLU 在输入为负时输出不为零,而是一个小梯度的负数,解决了 ReLU 的神经元死亡问题,在某些情况下,能够更好地处理梯度消失问题。

　　第九章和第十一章还将分别看到另外两种归一化,即 Instance Normalization(IN)和 Layer Normalization(LN)。虽然在具体计算上有区别,但它们也都属于归一化操作,主要目的是一样的。

人工智能技术
Artificial Intelligence Technology

中 级 篇

第六章
卷积神经网络

本章将介绍一种颇具特色的人工神经网络结构——卷积神经网络（Convolutional Neural Network，CNN），其在计算机视觉等领域取得了巨大的成功，成为实际应用中最成功的人工神经网络之一。同时，它也是很多其他更复杂模型的重要部件。

由于计算资源等因素，卷积神经网络在过去很长时间内处于被遗忘的状态。后来在 ImageNet 国际计算机视觉挑战赛中，基于 CNN 的 AlexNet 大放异彩，CNN 因而复兴。此后 CNN 的研究进入了高速发展期，出现了许多基于 CNN 的经典网络，其发展主要沿着以下两个方向：

（1）提高模型的性能。这个方向的一大重点是如何训练更宽、更深的网络，代表模型有 GoogleNet、VGG、ResNet、ResNeXt 等。

（2）提高模型的速度。提高速度对 CNN 在移动端的部署至关重要。通过采用 stride 卷积替代 maxpooling、使用 group 卷积、浮点数定点化等方法提高模型速度，推动了人脸检测、前景背景分割等 CNN 应用在手机上大规模部署。

除了分类应用外，卷积神经网络的应用也被拓展到回归领域，即根据输入的视频给出数值结果，包括将固定区域内拍摄视频的复杂度、密度等指标数值化。譬如：

- 根据 CCTV 等拍摄的视频推算出雾霾指数。
- 根据卫星拍摄视频推算出绿潮、赤潮等指数。
- 判断太阳能电池板的灰尘堆积程度。
- 判断食品的新鲜程度。
- 根据无人机拍摄的视频估算作物亩产量。

第一节　卷　积

卷积神经网络非常适用于处理格状结构数据,比如图片数据就可以看成是由像素组成的二维格状数据。之所以称为"卷积",是因为其数据处理方式类似于数学中的离散卷积操作。

一、卷积的概念

以老奶奶看说明书为例,老奶奶买了一盒药,取出说明书想看看注意事项,但说明书上的字实在太小,眼前一片模糊,于是她戴上老花眼镜,终于能看清字了,从左向右,从上到下,一直读到说明书的右下角,发现这个药是可以用的,顿时眉头舒展。这里,老奶奶看说明书的过程相当于卷积操作,说明书是图片,是二维格状数据,老花眼镜的作用是把小的字放大若干倍,相当于对原图的像素进行运算。在卷积神经网络中,老花眼镜称为卷积核(也称为过滤器),是一个二维数值,老花眼镜显示的内容,也就是卷积的输出结果,称为特征映射或特征图谱(Feature Map),而卷积是对数据加权求和。

数学中的二维离散卷积可以用下式表示:

$$(f * W)(m,n) = \sum_i \sum_j f(i,j) W(m - i, n - j)$$

式中:f——被卷积的区域;

W——卷积核;

m、n——卷积结果中的第 m 行和第 n 列;

i、j——卷积核中的第 i 行和第 j 列。

卷积神经网络中的二维卷积,本质上就是卷积核 W 与图片 X 的局部区域对应位置上的值相乘并求和,或者说是图片的局部区域各像素值加权求和,其中权值来自卷积核。卷积过程如图 6-1 所示,可用公式表示如下:

$$(X * W)(m,n) = \sum_i \sum_j X(m + i, n + j) W(i,j) \tag{6-1}$$

显然,式(6-1)与数学中的卷积运算的定义并不相同,但习惯上仍称为卷积。

卷积的灵感来自科学家对动物视觉系统初级视皮层的研究。科学家们发现初级视皮层就如一张网一样排列在空间中,当光线仅穿过视网膜的下半部分时,初级视皮层对应的一半区域就进入兴奋状态。初级视皮层包含许多简单细胞,这些简单细胞仅对图像中小部分区域进行线性映射,被映射的区域称为局部感受野(Localized Receptive Field)。卷积网络的卷积特征提取正是仿真简单细胞的这一性质。

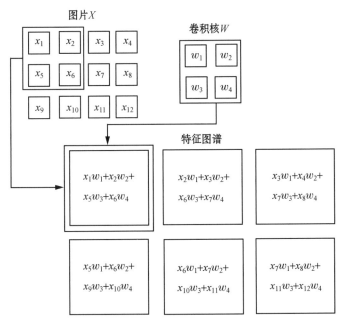

图 6-1　图像卷积示意图

二、卷积的意义

从机器学习的角度来看,卷积具有稀疏连接及参数共享两大特点。稀疏连接已经在第四章第一节中介绍过,这里不再赘述。

参数共享(Parameter Sharing)指的是在模型的多处使用相同的参数。就像老奶奶看说明书只需要戴一副老花眼镜一样,卷积核可以只用一个,相当于在各个地方使用了同一套参数。

如图 6-2 所示,加粗箭头表示一条特定的连接权重。在图 6-2(a)的网络中,加粗箭头仅仅出现在节点 x_1 到节点 h_2 的连接中;而在图 6-2(b)的网络中,加粗箭头出现在 4 个连接中,说明该权重参数被共享了 4 次。

稀疏连接和参数共享不仅提高了模型的泛化能力,而且极大地降低了参数的规模。以识别一张 100×100 像素的图片为例,假设第一个隐藏层神经元有 1 000 个,那么在全连接网络中,仅仅这一层的参数就需要 1 000 万个($1\,000 \times 100 \times 100$),这是一个很大的数字。如果是稀疏连接,限制连接数取 100,参数就可以降低到 10 万个($1\,000 \times 100$)。假设我们再使用参数共享连接,那么需要存储的参数就仅仅只有 100 个了,从 1 000 万到 100,减少的数量相当惊人。

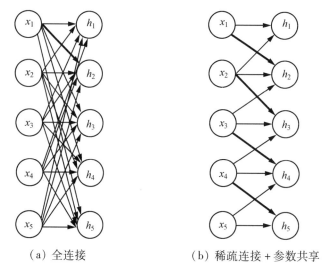

（a）全连接 　　　（b）稀疏连接＋参数共享

图 6-2　参数共享示意图

三、多核卷积

卷积核的数量可以是 1 个,也可以是多个。经过多个卷积核操作后相应地将得到多个特征图谱,可以理解为多个通道(也称信道)。比如,经过 4 个卷积核操作后得到 4 个通道的特征图谱。可以这样来理解,一个卷积核能够检测到数据的某一种特征,多个卷积核可以提取数据的多种特征。当然,参数的数量将相应增加。

对于一幅原始图像来说,黑白图像是单通道的,彩色图像则是 3 个通道,因为彩色图像可以看成是由红、绿、蓝三种颜色特征合成的。从数据的维度来看,黑白图像是格状的二维数据,彩色图像则是三维数据。其中一维表示颜色不同的通道,另外两维表示每一通道中图像像素的二维坐标。对于人工神经网络来说,数据分成批后,将分别再增加一维。

对多通道数据进行卷积操作时,卷积核也是多通道的,对输入数据的各个通道分别做卷积,再将各个通道的卷积结果加起来得到一个卷积输出。也就是说,经过单个卷积核卷积输出的特征图谱总是单通道的。

我们使用四维数组 $W(k,l,i,j)$ 表示多个卷积核,其中,k 表示第 k 个卷积核;l 表示卷积核和输入数据的第 l 通道;i 表示卷积核的第 i 行;j 表示卷积核的第 j 列。那么卷积后第 k 个特征图谱第 m 行第 n 列的结果如式(6-2)所示。

$$(X * W)(k,m,n) = \sum_l \sum_i \sum_j X(l, m+i, n+j) W(k,l,i,j) \tag{6-2}$$

公式看起来可能有些复杂,但其实所表达的含义特别简单,就是将各通道的数据分别按卷积核对应通道的权重加权求和,然后再相加,放到对应的输出单元。

四、跨步卷积

在上面的卷积操作中,无论是从左到右,还是从上往下,卷积核每次都是移动一个单元格,即步幅(stride)为1。如果步幅大于1,称为跨步卷积。跨步卷积意味着每次卷积核移动时跳过(stride − 1)个单元格,在下一层中将降低大约 stride 分之(stride − 1)的神经元输入数量,这将有效地减少下一层中的连接参数,不仅能降低内存消耗,而且还有利于学习效率的提升。图 6-3 是一维普通卷积与跨步卷积(stride = 2)的对比图。

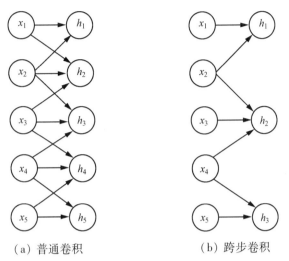

(a) 普通卷积　　　　　(b) 跨步卷积

图 6-3　普通卷积与跨步卷积对比图

对于二维输入数据,如果想在数据的行、列两个方向上都跨 s 步采样,只要在每次卷积之后,将行下标和列下标同时乘以 s 即可,如式(6-3)所示。当然,也可以根据实际需要分别对行和列进行不同步幅的跨越。

$$(X * W)(k,m,n) = \sum_l \sum_i \sum_j X(l, m \times s + i, n \times s + j) W(k,l,i,j) \qquad (6\text{-}3)$$

五、填充

默认情况下,对于卷积核大小为 n_k 的卷积神经网络,每经过一次卷积,网络层的神经元数量至少减少 $n_k − 1$ 个。如图 6-4 所示,假设输入数据为 一个 16 维的向量,卷积核大小为 6,那么在默认情况下,网络每层就会减少 5 个神经元,因此在三层之后网络层将只剩下一个神经元,这时就无法再继续卷积。这样,网络的层数就受到限制,这种模型就无法用于需要建立较深的人工神经网络的应用场合。当然,减小卷积核的大小可以减轻这个问题,但这样会减弱卷积核的特征提取能力,因此这并不是一个好的解决方案。

一个较好的解决办法是所谓的零填充(Zero Padding),即在每一个网络层的边缘填充若干个输出为零的神经元。如图 6-5 所示,如果在每一层网络的边缘都加入 5 个输出为零的单元(实心节点),那么就刚好抵消因使用大小为 6 的卷积核而带来的网络缩减的影响,我们就可以任意地选择卷积网络的层数,而无须考虑卷积缩减的影响。

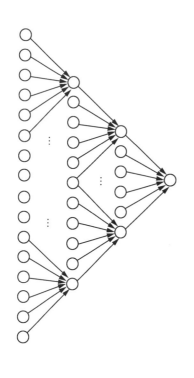

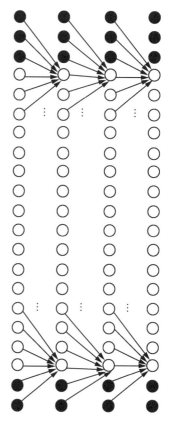

图6-4 卷积网络收缩示意图　　　　图6-5 零填充卷积网络示意图

根据在网络层边缘零填充神经元数量的不同,我们把卷积网络分为以下三种类型:

（1）有效卷积（Valid Convolution）。有效卷积就是没有零填充的卷积,根据前面的分析可知,有效卷积不适用于网络层数较深的场合。

（2）相同卷积（Same Convolution）。相同卷积就是通过填充零神经元将网络层单元数补充为原来大小的卷积操作。图6-6 展示了对 7×7 的二维格状数据用 3×3 的卷积核进行相同卷积。相同卷积的缺点是由于在网络边缘处卷积核与原输入数据之间的连接数减少,在网络边缘提取到的特征的质量变差,这种情况被称为网络边缘"欠表示"。

（3）全卷积（Full Convolution）。全卷积是在网络层两端边缘各添加 $n_k - 1$ 个零神经元的卷积操作,经过全卷积后网络层的神经元数量不但不会减少,反而还会增加 $n_k - 1$ 个。如图6-7 所示,二维格状数据大小为 7×7,卷积核大小为 3×3,从左上角开始进行第一个卷积操作时,原输入数据中只有第一个输入单元与卷积核的（第9个）连接权重相乘；第二个卷积操作时,原输入数据中也只有第 1 个和第 2 个输入单元与卷积核的（第 8 个和第 9 个）连接权重相乘再相加；到右上角进行卷积操作时,原输入数据中只有右上角一个输入单元与卷积核的（第 7 个）连接权重相乘。可见,这种卷积方式在网络边缘会出现比相同卷积更为严重的欠表示现象。因此,在实际应用中很少采用这种卷积方式。

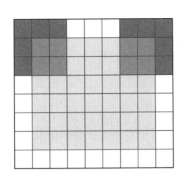

图 6-6　对二维格状数据进行相同卷积

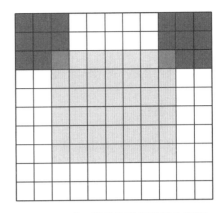

图 6-7　对二维格状数据进行全卷积

为了保持在网络边缘处卷积核与原输入数据之间的连接数不减少,可以采用反射填充(Reflection Padding)。反射填充以原输入数据的边界为对称轴,将填充步长范围内的原输入数据按镜像添加神经元。反射填充有可能获得比零填充更好的卷积结果,比如在图像风格转换中可以减少伪影。

六、非共享卷积

在前面的卷积操作中,我们用同一个卷积核对整条数据(比如一张照片)从头到尾扫描一遍。如果数据不同部位的特征差异很大,那么用不同的卷积核卷积的效果就会更好。还是以老奶奶看说明书为例,如果说明书上有几行特别小的字,戴了老花镜还是看不清,恐怕就只能用高倍数的放大镜了。如果扫描过程中每次的卷积核都是不一样的,换句话说,每一个"局部卷积核"都有不同且独立的连接权重,那么,这样的卷积称为非共享卷积(Unshared Convolution)。图 6-8 对全连接、卷积和非共享卷积的结构做了比较。

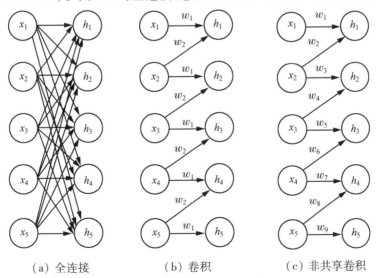

（a）全连接　　　　　　（b）卷积　　　　　　（c）非共享卷积

图 6-8　全连接、卷积和非共享卷积结构比较示意图

非共享卷积的卷积核权重矩阵可以用一个 6 维数组 $W(k,l,m,n,i,j)$ 表示,卷积结果可表示为式(6-4)。

$$(X * W)(k,m,n) = \sum_l \sum_i \sum_j X(l,m+i,n+j)W(k,l,m,n,i,j) \qquad (6\text{-}4)$$

七、平铺卷积

平铺卷积(Tiled Convolution)是介于普通卷积[图 6-9(a)]和非共享卷积[图 6-9(c)]之间的一种折中方案,相当于同时使用多个跨步卷积交替地进行卷积处理,如图 6-9(b)所示。假设我们使用两个尺寸为 2 的卷积核进行平铺,那么第一个卷积核就会与输入的第 1~2 单元进行卷积,第二个卷积核就会与第 2~3 单元进行卷积,然后第一个卷积核再与输入的第 3~4 单元卷积,这样依次交替进行。平铺卷积可以用式(6-5)表示。

$$(X * W)(k,m,n) = \sum_l \sum_i \sum_j X(l,m+i,n+j)W(k,l,m\%t,n\%t,i,j) \qquad (6\text{-}5)$$

式中,t 表示平铺卷积中卷积核的数量,若 $t=1$,则退化为普通的卷积操作;% 表示取模运算。

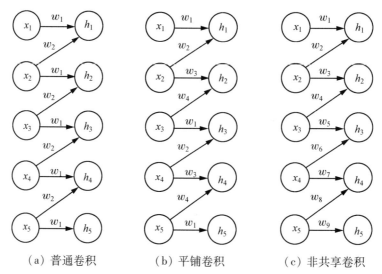

（a）普通卷积　　　（b）平铺卷积　　　（c）非共享卷积

图 6-9　普通卷积、平铺卷积和非共享卷积结构比较示意图

八、扩展卷积

普通卷积对局部区域做加权求和运算时,局部区域的大小与卷积核的大小是相同的,扩展卷积则不然。如图 6-10 所示,扩展卷积时局部区域范围比卷积核要大,卷积核因此获得了更大的感受野。当然,采用更大的卷积核也可以获得更大的感受野,但是模型的参数也会增多,计算量将随之增加。扩展卷积经常用在实时图像分割等要求更大的感受野且计算资源受限的场合。

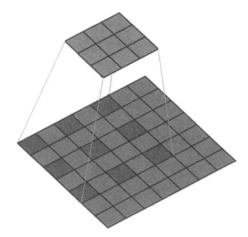

图 6-10 扩展卷积示意图

第二节 池 化

很多情况下,在卷积操作后要执行池化操作。所谓池化操作,是对卷积提取到的特征进行采样。根据采样的方法不同,可将池化操作分为不同的种类。其中,最大池化(Max Pooling)是将采样窗口内特征的最大值输出;平均池化(Average Pooling)是将采样窗口内特征的平均值输出。可见,池化层是没有参数的。图 6-11(a)展示了采样窗口大小为 3 的最大池化的采样过程。

就像卷积可以跨步一样,池化也可以选择跨步的方式。图 6-11(b)是步长为 2 的跨步池化。先从 1、2、3 单元选取一个最大值,然后跳过 1 个单元,从 3、4、5 单元再选取一个最大值……这种方式降低了下一层的维度,减少了下一层中的连接参数,不仅降低了内存消耗,而且有利于学习效率的提升。这种方式也被称为下采样(Down Sampling)。

池化操作能在一定程度上获取输入数据的不变性特征。池化操作的灵感同样来源于科学家对动物视觉系统初级视皮层的研究。他们发现初级视皮层除了有简单细胞外,也包含着许多复杂细胞,这些复杂细胞从简单细胞中探测特征,并且对于特征的小幅平移具有不变性的检测能力。

在图像识别任务中,模型对不变性的检测能力非常重要。以人脸识别为例,不能因为脸部的位置偏了一点、斜了一点,人站得近一点、远一点等,就识别成另一个人。在第四章中通过数据扩充,在训练数据中添加大量通过平移、旋转和缩放得到的图片,这样训练出来的模型具有平移、旋转和缩放不变性的检测能力。池化操作则直接在网络结构中加入这种能力。下面通过直观的例子来说明这种能力是如何产生的。

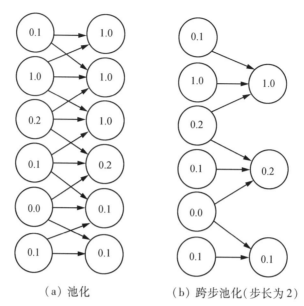

（a）池化　　　　　（b）跨步池化（步长为2）

图6-11　池化和跨步池化

图6-12左侧是上下两幅16×16像素的图片,假设空白格子的像素值都是0,其余格子的像素值均为80,因此可以看成是两个数字1,但左下的1比左上的1整体右移了一个像素的位置。通过采样窗口2×2、步长2的最大池化后,两者得到了相同的特征图谱,即获得了一定程度的平移不变性。

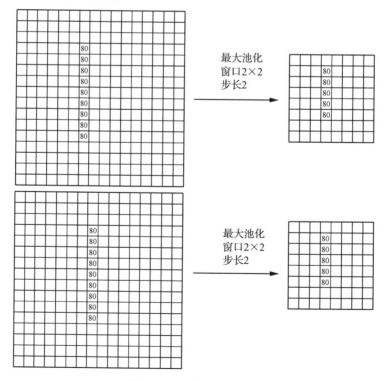

最大池化
窗口2×2
步长2

最大池化
窗口2×2
步长2

图6-12　平移不变性图解

图 6-13 左侧两幅图片都可以看成是汉字"一",但左上是斜着的。通过两次采样窗口 2×2、步长 2 的最大池化后,两者得到了相同的特征图谱,即获得了一定程度的旋转不变性。

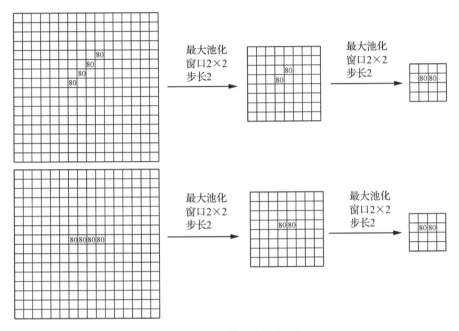

图 6-13 旋转不变性图解

图 6-14 左侧两幅图片都可以看成是数字 0,但左上的较大,左下的较小,相当于做了缩放。通过两次采样窗口 2×2、步长 2 的最大池化后,两者得到了相同的特征图谱,即获得了一定程度的缩放不变性。

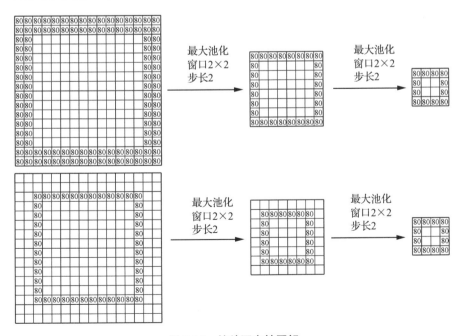

图 6-14 缩放不变性图解

需要指出的是，上述不变性是相对的，与平移幅度、旋转角度和缩放比例、采样窗口的大小以及池化操作的类型、步长和次数等有关。

第三节　用 Keras 搭建 CNN 网络

前面介绍了卷积和池化，也许让人觉得用代码实现一个卷积神经网络会很麻烦，但事实上如果用 Keras 来实现 CNN 网络将超乎想象的简单。Keras 分别提供了可用于一维、二维和三维数据的卷积层和池化层，只要采用顺序模型将这些层和 Keras 的核心层按照适当的方式堆叠起来即可搭建一个 CNN 网络，当然也可以用 Model 类来搭建。本节将主要就图像处理方面常用的 Keras 卷积和池化模块以及 CNN 网络的搭建做详细介绍。

一、Conv2D

Conv2D 用于图像处理时的卷积操作，其构造函数如下：

```
Conv2D(
    filters,
    kernel_size,
    strides=(1, 1),
    padding="valid",
    data_format=None,
    dilation_rate=(1, 1),
    groups=1,
    activation=None,
    use_bias=True,
    kernel_initializer="glorot_uniform",
    bias_initializer="zeros",
    kernel_regularizer=None,
    bias_regularizer=None,
    activity_regularizer=None,
    kernel_constraint=None,
    bias_constraint=None
)
```

部分参数的含义如下：

● filters：过滤器(卷积核)的数量。

● kernel_size：卷积窗口的大小。用两个整数的元组/列表指定卷积窗口的高度和宽度；当高度和宽度相同时，也可以是单个整数。

● strides：卷积步长。用两个整数的元组/列表指定沿高度和宽度方向的卷积步长；

当沿高度和宽度方向的卷积步长相同时,也可以是单个整数。

- padding:填充方式。"valid"表示有效卷积,"same"表示相同卷积。Keras 中没有提供反射填充选项,需要用户自定义。
- data_format:一个字符串参数,表示被输入数据的维度排列顺序。channels_last 对应(batch_size,height,width,channels),而 channels_first 则对应(batch_size,channels,height,width)。默认为 channels_last。
- dilation_rate:扩展卷积的扩展率。用两个整数的元组/列表指定沿高度和宽度方向的扩展率。当沿高度和宽度方向的扩展率相同时,也可以是单个整数。目前,只有当 strides =1 时 dilation_rate 才能取大于 1 的值。

Conv2D 返回一个代表 activation(conv2d(inputs,kernel) + bias) 的四阶张量。若 data_format = 'channels_first',则张量形状是 batch_shape + (filters,new_rows,new_cols);若 data_format = 'channels_last',则张量形状是 batch_shape + (new_rows,new_cols,filters)。new_rows 和 new_cols 与 padding 的值有关。

二、MaxPooling2D 和 AveragePooling2D

MaxPooling2D 和 AveragePooling2D 分别用于对 Conv2D 的输出进行最大池化和平均池化。

MaxPooling2D 函数形式如下:

```
MaxPooling2D(
    pool_size=(2, 2),
    strides=None,
    padding="valid",
    data_format=None
)
```

参数的含义如下:
- pool_size:池化窗口大小。
- strides:池化窗口移动步长,默认同 pool_size。
- padding:valid 或 same,valid 不添零,same 添零使输出尺寸同输入。
- data_format:channels_last 或 channels_first。

AveragePooling2D 与 MaxPooling2D 类似。

三、CNN 网络搭建举例

下面短短几行代码就搭建了如图 6-15 所示的 CNN 网络。输入数据被卷积、池化,再卷积、池化,然后通过 Flatten 层把数据压平后,连接到 Dense 层,再到输出层。每次卷积采用 4 个 3×3 的卷积核,进行相同卷积。池化为最大池化,池化窗口为 2×2。这些代码在文件 chapter6\cnn_augmented_data. ipynb 中。

```
from tensorflow.keras.models import Sequential
from tensorflow.keras.layers import Dense,Flatten,Conv2D,MaxPooling2D
model = Sequential()
model.add(Conv2D(4,(3,3),padding='same',activation='relu',
                input_shape=(24,24,3)))
model.add(MaxPooling2D(pool_size=(2,2)))
model.add(Conv2D(4,(3,3),padding='same',activation='relu'))
model.add(MaxPooling2D(pool_size=(2,2)))
model.add(Flatten())
model.add(Dense(8,activation='relu'))
model.add(Dense(3,activation='softmax'))
```

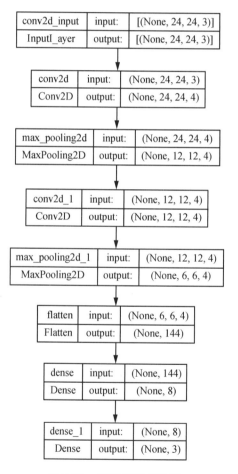

图 6-15　CNN 网络结构图

该模型可以用于对彩色图像进行 3 分类。接下来我们尝试将该模型应用于第四章第三节中扩充的图像数据上。

首先,利用 tensorflow. keras. utils. image_dataset_from_directory 函数载入数据。当文件

夹下有若干个子文件夹,每个子文件夹下是相应种类的图像文件时,该函数把这些图像文件加载到 TensorFlow 的 Dataset 中,并且自动构建标记,模型训练时不需要再提供 y_train。

chapter4\generated_data\train\下有三个子文件夹:

circle	2023/7/16 19:08	文件夹
rectangle	2023/7/16 19:08	文件夹
triangle	2023/7/16 19:08	文件夹

```
from tensorflow.keras.utils import image_dataset_from_directory as load_image
train_directory= '../chapter4/generated_data/train/'
train_data = load_image(
    train_directory,
    labels='inferred',          # 标签从目录结构生成
    label_mode='categorical',   # 标签采用独热编码
    class_names=['circle','rectangle','triangle'], # 类名称的明确列表,
                                                   # 用于控制类的顺序
    color_mode='rgb',           # grayscale、rgb或rgba
    batch_size=32,              # 数据集按此分好批次
    image_size=(24,24),         # 重新调整图像的大小
    shuffle=True                # 打乱数据
)
test_directory= '../chapter4/data/test/'
test_data = load_image(
    test_directory,
    labels='inferred',
    label_mode='categorical',
    class_names=['circle','rectangle','triangle'],
    color_mode='rgb',
    batch_size=32,
    image_size=(24,24),
    shuffle=True
)
```

载入数据后,就可以对刚才搭建好的模型进行配置、训练和评估了。

```
model.compile(loss='categorical_crossentropy',
              optimizer='adam', metrics=['accuracy'])
model.fit(train_data,  # 不需要提供y_train
          epochs=2000, batch_size=32, validation_data=test_data)
model.evaluate(test_data, batch_size=32)
```

我们也可以通过 ImageDataGenerator 的 flow_from_directory 函数边训练边扩充数据。flow_from_directory 函数和 flow 函数一样是无限循环的。但不需要将图像一次全部读入内存,对于数据量大而内存有限的场合,这是个优点。要注意的是,在一次 epoch 中把原来

所有图片全部增强一遍后,生成器将停止生成新图片。因此,model. fit( )中的 steps_per_epoch 不能太大,可以按下式取值:

steps_per_epoch = math. ceil(n_train_samples/train_batch_size)

steps_per_epoch 是每个 epoch 调用 train_generator 的次数,每次生成 batch_size 个数据进行训练(最后一次可能少于 batch_size)。validation_steps 和 model. evaluate 函数中的 steps 参数则分别是调用验证数据生成器和测试数据生成器的次数。本例中验证数据生成器和测试数据生成器都是 test_generator。下面是该方案的主要代码。全部代码在文件 chapter6\cnn_data_augmentation. ipynb 中。

```python
n_train_samples = 15*3
n_test_samples = 5*3
train_batch_size = 15
test_batch_size = 5

train_generator =ImageDataGenerator(rescale=1./255,
                rotation_range=10,
                width_shift_range=0.2,
                height_shift_range=0.2,
                shear_range=0.7,
                zoom_range=[0.9, 2.2],
                horizontal_flip=True,
                vertical_flip=True,
                fill_mode='nearest'
)

# 生成批量增强数据(x,y)的迭代器,x的形状为 (batch_size,target_size,channels)
train_iterator = train_generator.flow_from_directory('data/train',
    target_size=(24,24),          # 将图片大小转化为24x24
    batch_size=train_batch_size,
    class_mode='categorical'       # 对类别进行独热编码
)

test_generator = ImageDataGenerator(rescale=1./255)
test_iterator = test_generator.flow_from_directory('data/test',
                target_size=(24,24),
                batch_size=test_batch_size,
                class_mode='categorical'
)

model = Sequential()
model.add(Conv2D(4,(3,3),padding='same',activation='relu',
                input_shape=(24,24,3)))
model.add(MaxPooling2D(pool_size=(2,2)))
model.add(Conv2D(4,(3,3),padding='same',activation='relu'))
```

```
model.add(MaxPooling2D(pool_size=(2,2)))
model.add(Flatten())
model.add(Dense(8, activation='relu'))
model.add(Dense(3, activation='softmax'))
model.compile(loss='categorical_crossentropy',
              optimizer='adam', metrics=['accuracy'])

model.fit(train_iterator,              # 不需要提供y_train
    # 调用train_generator的次数
    steps_per_epoch=math.ceil(n_train_samples/train_batch_size),
    epochs=2000,
    validation_data=test_iterator,    # 不需要提供y_validation
    # 调用test_generator的次数
    validation_steps=math.ceil(n_test_samples/test_batch_size)
)

print('—Evaluate—')
scores = model.evaluate(test_iterator,
             # 调用test_generator的次数
             steps=math.ceil(n_test_samples/test_batch_size))
print("%s:%.2f%%" % (model.metrics_names[1], scores[1]*100))
```

前面介绍了用于二维图像数据的 Keras 卷积、池化模块及 CNN 网络。实际上 Keras 还提供了用于一维(时序)数据和三维(空间或视频)数据的卷积与池化模块。此外,还实现了一维、二维和三维数据的反卷积,可以分别用于一维、二维和三维数据的生成。感兴趣的读者可以自行查阅 Keras 官网的介绍。

第四节　深度残差网络 ResNet

为了提高卷积神经网络的性能,CNN 发展的一个重要方向是训练更宽、更深的网络,然而,在反向传播过程中会出现梯度消失或爆炸现象,给训练深度神经网络造成困难,特别是梯度消失使得浅层的参数得不到有效的调整,网络将无法提高其性能。

为了缓解深度神经网络中梯度消失的现象,ResNet 引入了深度残差学习的概念。如图 6-16 所示,为了防止梯度退化,让误差信息流经捷径连接反馈到浅层。这种做法有点像中央向地方派出工作组的意思。

普通的 CNN 块中每一层都是 Conv2D-BN-ReLU 的复合函数,其中 BN 就是批量归一化(Batch Normalization)。而对于残差块,则有

$$x_{l-1} = \text{Conv2D-BN-ReLU}(x_{l-2}) \tag{6-6}$$

$$x_l = \text{ReLU}(\text{Conv2D-BN}(x_{l-1}) + x_{l-2}) \tag{6-7}$$

Conv2D-BN(x_{l-1})也称为残差映射,符号+是捷径连接和残差映射之间张量元素的加法运算。捷径连接不会增加额外的参数。该加法操作可通过 Keras 中 add 合并函数实现。然而,残差映射和x_{l-2}需要有相同的维度。如果维度不同(例如,当残差映射的大小被改变了),需要对x_{l-2}执行一个线性映射,以匹配残差映射的大小。当残差映射的大小被减半时,线性映射可以通过使用1×1的卷积核和 strides $=2$ 的 Conv2D 操作完成。

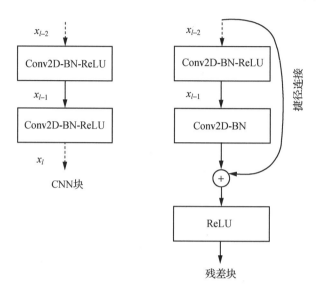

图 6-16 普通的 CNN 块和残差块对比

下面的 resnet_layer 函数实现了 Conv2D-BN-ReLU,除了可以改变卷积核数量、卷积核大小、卷积步长和激活函数外,为了增加灵活性,还可以选择是否采用 BN 及 BN 与卷积的次序。

```
def resnet_layer(inputs,num_filters=16,kernel_size=3,strides=1,
        activation='relu',batch_normalization=True,conv_first=True):
    conv = Conv2D(num_filters,kernel_size=kernel_size,strides=strides,
                padding='same',kernel_initializer='he_normal',
                kernel_regularizer=l2(1e-4))
    x = inputs
    if conv_first:
        x = conv(x)
        if batch_normalization:
            x = BatchNormalization()(x)
        if activation is not None:
            x = Activation(activation)(x)
    else:
        if batch_normalization:
            x = BatchNormalization()(x)
        if activation is not None:
            x = Activation(activation)(x)
        x = conv(x)
    return x
```

下面的代码当 depth 取 20 时将构建一个 20 层深的残差网络, 当 depth 取 98 时将构建一个 98 层的残差网络。

```
def resnet_model(input_shape, depth, num_classes=10):
    if (depth - 2) % 6 != 0:
        raise ValueError('depth should be 6n+2 (eg 20, 32,  98, etc.)')
    num_filters = 16
    num_res_blocks = int((depth - 2) / 6)   # 每组残差块的数量
    inputs = Input(shape=input_shape)
    x = resnet_layer(inputs=inputs)
    for stack in range(3):  # 一共3组
        for res_block in range(num_res_blocks):   # 残差块
            strides = 1
            if stack > 0 and res_block == 0:   # 除了第一个残差块之外的第一层
                strides = 2   # 下采样
            y = resnet_layer(inputs=x,
                             num_filters=num_filters,
                             strides=strides)
            y = resnet_layer(inputs=y,
                             num_filters=num_filters,
                             activation=None)
            if stack > 0 and res_block == 0:   # 除了第一个残差块之外的第一层
                # 将捷径连接特征映射的大小减半以匹配被改变后的残差映射的大小
                x = resnet_layer(inputs=x,
                                 num_filters=num_filters,
                                 kernel_size=1,
                                 strides=strides,
                                 activation=None,
                                 batch_normalization=False)
            x = add([x, y])     # 如果不用捷径连接, 将该行代码注释掉
            #x = y              # 如果不用捷径连接, 取消该行代码的注释符号
            x = Activation('relu')(x)
        num_filters *= 2
    x = AveragePooling2D(pool_size=8)(x)     # 通过平均池化, 将信道大小变为1 x 1
    y = Flatten()(x)
    outputs = Dense(num_classes,
                    activation='softmax',
                    kernel_initializer='he_normal')(y)
    model = Model(inputs=inputs, outputs=outputs)
    return model
```

如果采用 20 层, 该模型在 cifar10 数据集上的精度为 80.9% ; 如果采用 98 层, 精度将提高到 83.99% 。而如果不采用捷径连接, 20 层的网络精度为 81.6% , 并不比捷径连接的网络差, 但 98 层的网络精度只有 68.5% 。可见, 随着网络深度的加深, 捷径连接的作用就彰显出来了。完整的代码在文件 chapter6\resnet-cifar10.ipynb 中。

第五节 DenseNet

DenseNet 通过允许每个卷积直接访问最初的输入特征和各低层特征映射来进一步改进 ResNet 技术。相当于中央向各级地方组织都派出工作组,各级地方组织也采取这种做法。DenseNet 还借助瓶颈层和过渡层,使网络保持较少的参数。

从图 6-17 可以看出,DenseNet 中第 l 个密集块的输入包含前面所有密集块的输出以及最初的输入。

$$x_l = \text{BN-ReLU-Conv2D}(x_0, x_1, x_2, \cdots, x_{l-1}) \tag{6-8}$$

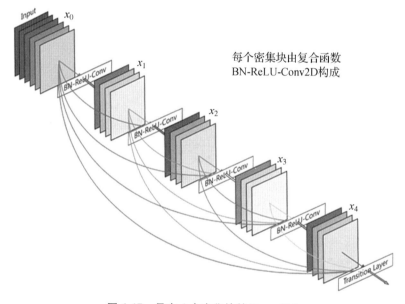

每个密集块由复合函数
BN-ReLU-Conv2D构成

图 6-17 具有 4 个密集块的 DenseNet

随着网络深度的增加,将出现两个新问题。首先,假设每个密集块贡献 k 个特征图谱,当 x_0 的通道数量为 k_0 时,则第 l 个密集块的输出通道数量应为 $(l-1) \times k + k_0$。因此,特征图谱数量在较深层中增长得很快,会增加计算量。例如,对于一个 101 层网络,如果 $k = 12, k_0 = 24$,将会有 $1\ 200 + 24 = 1\ 224$ 个特征图谱。其次,按照设计 CNN 架构的常见做法,随着网络深度的增加,过滤器数量增加,特征图谱的大小将会减小。因此,DenseNet 在进行合并(concatenate)操作时,需要协调不同的大小。读者须注意 concatenate 函数与 add 函数之间的区别。

为了缓解特征图谱数量增长带来的计算量增加问题,DenseNet 引入了如图 6-18 所示的瓶颈层,即在 BN-ReLU-Conv2D$(k, 3)$ 前增加了 BN-ReLU-Conv2D$(4k, 1)$。这样,在每次串联后,先通过 $4k$ 个大小为 1×1 的过滤器卷积将特征图谱的数量从 $(l-1) \times k + k_0$ 降到 $4k$。以 $k=12, k_0 = 24$ 为例,Conv2D$(k,3)$ 的输入仍然是 48 个特征图谱,而不是先前计算的 1 224 个。

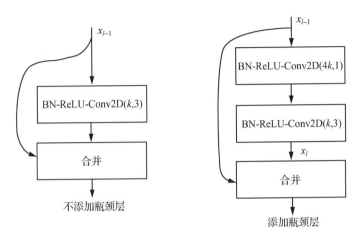

图 6-18 添加和不添加瓶颈层之间的对比

为解决密集块之间特征图谱大小(宽度和高度)不匹配的问题,DenseNet 先将一个深度网络划分为多个密集块,然后通过图 6-19 所示的过渡层连接起来。这样,在每个密集块内,特征图谱的大小将保持不变。

过渡层的作用是在两个密集块之间将一个特征图谱过渡到一个较小的特征图谱,即压缩每个通道的特征大小。一般设置过渡大小为一半。其通常由平均池化层来完成。例如,一个 AveragePooling2D 使用默认参数 pool_size $= 2$,将特征图谱从 $(32,32,108)$ 减小至 $(16, 16,108)$。过渡前,先使用 Conv2D$(filters \cdot \theta, 1)$ 缩减特征图谱的数量,缩减的程度由压缩因子 θ 确定。例如,当取 $\theta = 0.5$ 时,如果前一个密集块的输出是 $(32,32, 216)$,在经过 Conv2D$(filters \cdot \theta, 1)$ 处理后,新的特征图谱的维度将变为 $(32,32,108)$。实际应用中会在卷积层前使用批量归一化。因此,过渡层由 BN-Conv2D $(filters \cdot \theta, 1)$-AveragePooling2D$(\ )$ 层组成。

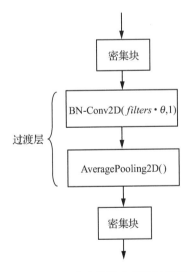

图 6-19 两个密集块之间的过渡层

使用上述设计原则,可为 CIFAR10 数据集构建一个 100 层的 DenseNet-BC(Bottleneck-Compression)。模型构建的主要代码如下:

```
inputs = Input(shape=input_shape)

# 密集块由复合函数BN-ReLU-Conv2D构成
x = BatchNormalization()(inputs)
x = Activation('relu')(x)
x = Conv2D(num_filters_bef_dense_block, kernel_size=3,
          padding='same', kernel_initializer='he_normal')(x)
x = concatenate([inputs, x])    # 如果不用捷径连接，则将该行注释掉

# 若干的密集块堆叠，中间由过渡层桥接
for i in range(num_dense_blocks):  # 一共3块
    # 每个密集块由若干的瓶颈层堆叠而成
    for j in range(num_bottleneck_layers):
        y = BatchNormalization()(x)
        y = Activation('relu')(y)
        y = Conv2D(4 * growth_rate, kernel_size=1,
                  padding='same', kernel_initializer='he_normal')(y)
        y = Dropout(0.2)(y)
        y = BatchNormalization()(y)
        y = Activation('relu')(y)
        y = Conv2D(growth_rate, kernel_size=3,
                  padding='same', kernel_initializer='he_normal')(y)
        y = Dropout(0.2)(y)
        x = concatenate([x, y])   # 如果不用捷径连接，则将该行代码注释掉
        #x = y                    # 如果不用捷径连接，则取消该行代码的注释符号

    if i == num_dense_blocks - 1:  # 最后一个密集块后面不需要过渡层
        continue

    # 过渡层压缩特征映射的通道数量，并将通道的特征大小减半
    num_filters_bef_dense_block += num_bottleneck_layers * growth_rate
    num_filters_bef_dense_block =
            int(num_filters_bef_dense_block * compression_factor)
    y = BatchNormalization()(x)
    y = Conv2D(num_filters_bef_dense_block, kernel_size=1,
              padding='same', kernel_initializer='he_normal')(y)
    y = Dropout(0.2)(y)
    x = AveragePooling2D()(y)

# 通过平均池化，将通道的特征大小变为1 x 1，然后再过渡到全连接层
x = AveragePooling2D(pool_size=8)(x)
y = Flatten()(x)
outputs = Dense(num_classes, kernel_initializer='he_normal',
                activation='softmax')(y)

model = Model(inputs=inputs, outputs=outputs)
```

完整代码见文件 chapter6\densenet-cifar10. ipynb。上述模型在 cifar10 数据集上训练 200 个 epoch 后的测试精度达到了 91.85%。如果不用捷径连接,精度只有 39%。由此可见 DenseNet 构建深度神经网络的效果。

实际上,Keras 已经定义并在 ImageNet 数据集上训练了几个 Densenet 模型,包括 Densenet121、Densenet169 和 Densenet201。我们可以直接调用这些模型进行图像的分类预测。例如:

```
from tensorflow.keras.applications import DenseNet169
from keras.utils import image_utils
from tensorflow.keras.applications.densenet import preprocess_input, \
                                   decode_predictions
import numpy as np

model = DenseNet169(weights='imagenet')

img_path = 'elephant.jpg'
img = image_utils.load_img(img_path, target_size=(224, 224))
x = image_utils.img_to_array(img)
x = np.expand_dims(x, axis=0)
x = preprocess_input(x)

preds = model.predict(x)
print('Predicted:', decode_predictions(preds, top=3)[0])
#(class, description, probability)
```

我们也可以将这些模型迁移到新的任务中,这称为迁移学习。比如,先利用 Densenet169 构造一个新的模型(见下面的代码块),然后在 cifar10 数据集上进行训练。经试验,训练 1 个 epoch 测试精度就达到 63.68%,训练 200 个 epoch 后测试精度为 82.9%,而 DenseNet169 在 ImageNet 验证集上的精度是 76.2%。

```
# 实例化不带分类器的DenseNet169模型
base_model = DenseNet169(weights=None, # 模型参数重新初始化
                         input_shape=x_train.shape[1:],
                         include_top=False # 不带分类器
                         )
# 添加全局平均池化层
x = GlobalAveragePooling2D()(base_model.output)
# 添加一个全连接层
x = Dense(1024, activation='relu')(x)
# 添加一个10分类器
predictions = Dense(10, activation='softmax')(x)
# 构建我们需要训练的完整模型
model = Model(inputs=base_model.input, outputs=predictions)
# 确定是否训练DenseNet169中的各层
for layer in base_model.layers:
        layer.trainable = True # 解锁DenseNet169中的各层
```

如果只是对预训练好的模型进行微调,可以通过设定 layer. trainable 变量锁定模型中大部分层。若模型参数重新初始化,则应该解锁所有层。全部代码见文件 chapter6 \ densenet169-cifar10. ipynb。

如果读者关注 Keras 的 applications 包,会发现 Keras 也已经实现并训练了 ResNet 的几个模型。这里之所以对这两个模型进行详细的解构,是因为了解 ResNet 和 DenseNet 的设计思想,可以指导我们构建自己的深度网络模型。事实上,在 DenseNet 与 ResNet 的启发下,大量的深度网络算法已经被开发,如 FractalNet 等。

循环神经网络

在前面的介绍中,神经网络总是单向的,信息从输入层到低层隐藏层,再到高层隐藏层,最后到输出层,不管网络有多少层,都是一层一层地前向输出。这样的前馈网络结构能够解决很多问题。前提是数据必须是独立同分布的。但现实中有很多复杂的数据都不满足这个条件,例如自然语言的文本数据以及音、视频数据等,当我们将一篇英文文本翻译成中文文本时,段落之间、句子之间及单词之间是存在上下文联系的,在不同的情景中同一单词的意义是不一样的。第六章第三节中曾提到过可以将卷积神经网络用于一维(时序)数据,凭直觉这样做应该能够提取数据的整体特征,比如辨别一段语音的说话人,但恐怕难以很好地处理数据中的时间依赖关系。

为了有效地处理这类序列数据,我们允许神经网络进行"横向"连接。这里"横向"不是指空间概念,而是时间概念。当前的网络输出不仅依赖于当前的输入信息,还依赖之前甚至之后的数据信息,而这类网络就是本章要介绍的循环神经网络(Recurrent Neural Network,RNN)。第十一章将介绍处理序列数据的另一种方法。

 ## 循环神经网络的基本结构

循环神经网络的基本结构其实非常简单,相较于典型的前馈神经网络,仅仅是将网络隐藏层的输出重新连接回隐藏层,形成一个闭环(其实输出层也可以这样循环)。我们可以理解成是在前馈神经网络中加入记忆单元,当隐藏层神经元前向传播时,除了向网络的前端输出信息,还会将信息作为自身的状态保存在记忆单元中,当执行下一条数据时,会将下一条数据与当前存储在记忆单元里的状态信息一起输入隐藏层中进行特征提取,然后再次将处理后的信息向前输出并保存在记忆单元中。也可以理解为,循环隐藏层有两个输入,即当前数据和状态,循环隐藏层综合考虑这两个信息后给出输出,并记录状态。

举个例子,某人每个月有工资收入(相当于当前数据)和银行存款(相当于原来状态),消费时会考虑收入和存款,消费后剩下的钱被存入银行(相当于改变了状态),下个月消费时就会考虑下个月的收入和那时的银行存款。显然,这样的网络允许循环隐藏层的两个输入中有一个缺失,缺失的可以看0,或者不存在。就像我们即使失业了,只要银行里有存款,照样可以安排每个月的消费;或者,虽然是月光族,银行里没有存款,但每个月有工资收入,也可以安排消费。

从图7-1可以看出前馈神经网络与循环神经网络的区别。图中,x 表示输入层,h 表示循环隐藏层,o 表示输出层,y 表示实际值,L 表示损失,U、V、W 表示连接权重,黑色方块就是记忆单元,或称记忆体。

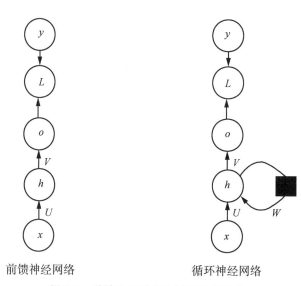

前馈神经网络　　　　　　循环神经网络

图7-1　前馈神经网络和循环神经网络

循环隐藏层在 t 时刻的前馈输出(也是其最新状态)可以表示为

$$b^t = f(Ux^t + Wb^{t-1}) \tag{7-1}$$

不妨设序列 x 的长度为 T,RNN 的输入层单元数量与循环隐藏层单元数量分别为 I 和 H,则在 t 时刻循环隐藏层中第 h 个神经元的最新状态为

$$b_h^t = f(a_h^t) \tag{7-2}$$

其中,a_h^t 是 t 时刻循环隐藏层第 h 个神经元的激活输入,即

$$a_h^t = \sum_{i=1}^{I} u_{ih} x_i^t + \sum_{h'=1}^{H} w_{h'h} b_{h'}^{t-1} \tag{7-3}$$

式中:u_{ih}——输入层第 i 个单元与循环隐藏层第 h 个神经元的连接权重;

x_i^t——在 t 时刻序列数据 x 的第 i 维特征;

$w_{h'h}$——循环隐藏层中,第 h' 个神经元记忆体与第 h 个神经元的连接权重;

$b_{h'}^{t-1}$——在 t 时刻循环隐藏层中第 h' 个记忆体的输出,其等于在 $t-1$ 时刻循环隐藏层

中第 h' 个神经元的输出。在 $t=1$ 时刻,也就是序列第一个数据输入网络时,记忆体里还没有记忆,因此可以设置 $b_{h'}^0 = 0$。

对于数据的理解可以借助三色球。三色球最近开奖 T 期,每期一个数据 x^t,每个 x^t 有百位、十位、个位三位数字,即 $I=3$。x_i^t 表示第 t 期开奖号码的 i 位。T 个 x^t 构成序列 x。根据序列 x 预测下一期的开奖号码。

必须指出的是,同一个循环隐藏层中的各个神经元彼此之间是不相连的,但神经元与记忆体之间是相互连接的,而且这种连接是多对多的,就像普通的前馈神经网络中相邻两层之间的各神经元之间的连接一样。

为了让读者更好地理解循环神经网络的结构,下面分别按空间维度和时间维度对网络进行展开。

一、循环神经元按空间维度展开

为了简单起见,以一个具有两个维度输入特征和两个循环隐藏层神经元的网络为例作出图 7-2。

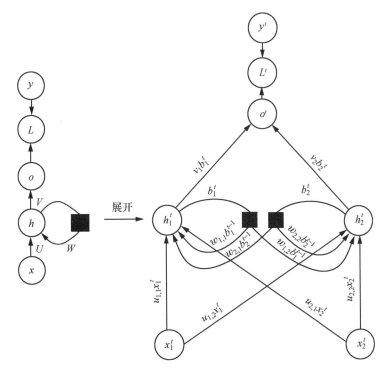

图 7-2 循环神经元按空间维度展开(t 时刻)

图 7-2 中,

$$b_1^t = f(a_1^t) \tag{7-4}$$

$$b_2^t = f(a_2^t) \tag{7-5}$$

而

$$a_1^t = u_{1,1}x_1^t + u_{2,1}x_2^t + w_{1,1}b_1^{t-1} + w_{2,1}b_2^{t-1} \tag{7-6}$$

$$a_2^t = u_{1,2}x_1^t + u_{2,2}x_2^t + w_{1,2}b_1^{t-1} + w_{2,2}b_2^{t-1} \tag{7-7}$$

二、循环神经元按时间维度展开

如图 7-3 所示,将网络按照数据的时间维度展开。循环隐藏层沿空间仍然是一层,只是按时间展开为 T 级。网络还是原来的网络,输入层、隐藏层等各层都没变。参数 U、V 和 W 都只有一套。W 是作用在记忆体输出上的。

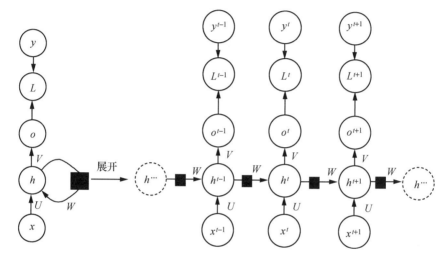

图 7-3　循环神经元按时间维度展开

对于这种参数共享结构,不需要针对每个时间片段配置特定的参数,学习单独的函数,这样既可以节约大量的参数,也有利于提升模型的泛化能力,便于网络处理可变长度的序列数据。初次接触 RNN 可能较难理解。RNN 中的循环实际上是自循环。隐藏层中的每个循环神经元可以被看成是一个含有记忆体的细胞,而且一个神经元只是一个细胞。由于该细胞在不同的时间间隔上被不断地重复使用,容易让人产生是多个细胞的错觉。当然,在后面的几节中我们会看到细胞可以更复杂。

三、循环神经网络的训练与输入输出序列长度

我们使用沿时间反向传播(Back Propagation Through Time,BPTT)算法训练循环神经网络。BPTT 算法是 BP 算法应用在循环神经网络上的一种扩展形式,如果将循环神经网络展开成图 7-3 右侧所示的深层参数共享网络,那么将此算法看作 BP 算法即可。反向传播到 t 时刻的梯度可以按照式(7-8)计算。

$$\frac{\partial L}{\partial b^t} = \frac{\partial L}{\partial b^T}\frac{\partial b^T}{\partial b^t} = \frac{\partial L}{\partial b^T}\prod_{k=t}^{T-1}\mathrm{diag}(f'(b^{k+1}))W^{\mathrm{T}} \tag{7-8}$$

式中, $\mathrm{diag}(f'(b^{k+1}))$ 为激活函数导数的对角矩阵。

假设循环隐藏层只有一个神经元,则式(7-8)可以简化为

$$\frac{\partial L}{\partial b^t} = \frac{\partial L}{\partial b^T}\prod_{k=t}^{T-1}f'(b^{k+1})w = \frac{\partial L}{\partial b^T}w^{T-t}\prod_{k=t}^{T-1}f'(b^{k+1}) \tag{7-8-1}$$

根据网络输入输出序列长度的不同,可以将 RNN 分为三种类型:单一长度到可变长度,可变长度到单一长度,可变长度到可变长度。接下来简单介绍这三种类型。

1. 单一长度到可变长度

如图 7-4(a)所示,固定特征数量的单个数据传入 RNN 后输出为可变长度的序列数据,比如看图说话任务就可以采用这种网络架构。在该任务中,首先将图片经过卷积网络进行图片特征提取,然后将提取到的图片特征向量作为 $t=1$ 时刻的输入,最后 RNN 会输出一段该图片的文字描述。因此,输入数据序列里只有一个元素,而输出序列是多个元素。这里,可变长度的含义要这样来理解:可变长度并不是指模型输出层的神经元数量是变化的,而是指循环的时间步数是可变的。事实上,对于某个确定的任务,循环的时间步数也是确定的,即输出的序列长度也是确定的,但可以将该长度按任务需要设定为一个较大的值,当实际输出的序列长度小于该长度时,多余部分输出占位值。

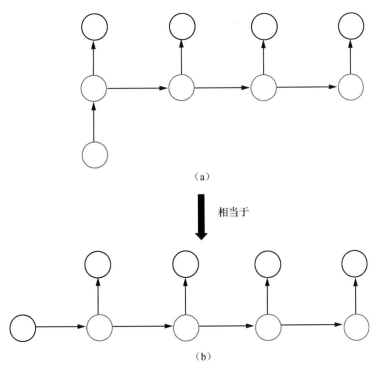

（a）

相当于

（b）

图 7-4 单一长度到可变长度

如果把图 7-4(a)变成图 7-4(b),相当于输入数据序列变成了空序列,原来 $t=1$ 时刻的输入,则变成了 $t=1$ 时刻循环神经元的初始状态,即 b^0 的值。相当于对于循环隐藏层

中的神经元来说,两个输入中缺失了当前数据。

2. 可变长度到单一长度

如图 7-5 所示,将序列数据输入网络,最终得到一个输出值(或向量)。典型的情感分类任务采用的就是这种架构。比如将用户评论分类为赞成或反对(此时对应的输出为一个实值或向量),或者分类为赞成、反对或中立(此时对应的输出是一个向量)。

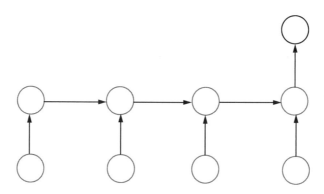

图 7-5　可变长度到单一长度

这种序列到单一长度的学习任务训练起来非常方便,只需要将时间 t 看作原始前馈网络的 t 层,然后使用 BP 算法训练这种按层共享参数的深层神经网络即可。

图 7-5 相当于一个特殊的循环神经网络,序列 x 中输入 $t=1$ 到 $t=T-1$ 时刻的数据时,网络不输出数据,只有当最后一个时刻,即 $t=T$ 时刻的数据输入时,网络才输出。对一段文字进行情感分类时,只有当最后一个字输入后,才做出判断。对垃圾信息的鉴别,也是如此。

3. 可变长度到可变长度

如图 7-6 所示,序列的每一个时间片段都对应着一个输出结果,此时的任务就变成了学习如何映射输入序列到输出序列。

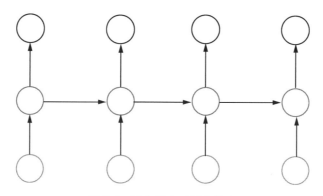

图 7-6　可变长度到可变长度

这类任务的训练方式和前面的方法类似,也是先将整个序列完全输入网络中,然后从序列的最后一个时间片段开始时间反向传播训练,只是在训练每个时间片段时,残差除了来自上一时间片段外,还来自当前时间片段。

$$\delta_h^t = \left(\sum_k \delta_k^t v_{hk} + \sum_{h'} \delta_{h'}^{t+1} w_{hh'} \right) f'(a_h^t) \tag{7-9}$$

式中:δ_h^t——t 时刻隐藏层第 h 个神经元的残差;

δ_k^t——t 时刻输出层第 k 个神经元的残差;

v_{hk}——隐藏层第 h 个神经元与输出层第 k 个神经元之间的连接权重;

$\delta_{h'}^{t+1}$——$t+1$ 时刻隐藏层第 h' 个神经元的残差;

$w_{h'h}$——隐藏层第 h' 个神经元记忆体与第 h 个神经元的连接权重。

如式(7-9)所示,δ_h^t 来自当前时间片段 t 输出层各神经元残差与隐藏层到输出层连接权重乘积的累加,再加上 $t+1$ 时间片段的各隐藏层残差与隐藏层到隐藏层记忆体连接权重乘积的累加。需要说明的是,当 $t=T$,也就是训练序列最后一个时间片段时,没有 $t=T+1$ 时刻的残差,一般情况下会将其设置为 0,因此当 $t=T$ 时,实际上我们仅需要考虑当前时刻的输出层残差即可。这种网络的限制条件是输入序列和输出序列长度必须相同。

基本循环神经网络的几个变种

接下来,我们将介绍基本循环神经网络的一些变种,典型的有双向循环网络、编码-解码网络及深度循环网络等。

一、双向循环网络

到目前为止,本章介绍的 RNN 在处理当前信息时,整合了"过去"的信息。但某些任务可能也需要整合"未来"的信息来处理当前信息。比如,在做英语的完形填空题时,我们不仅要看空格前面的内容,也要看空格后面的内容。双向循环神经网络(Bidirectional Recurrent Neural Network,BRNN)是一种结合过去和未来信息处理当前信息的网络结构,目前该网络结构被广泛地应用于手写识别及语音识别领域。

顾名思义,双向 RNN 其实就是由两个 RNN 同时组成,其中一个 RNN 正向处理序列数据,从序列的起始片段开始顺序处理;另一个 RNN 反向处理序列数据,从序列的末尾片段开始倒序处理。如图 7-7 所示,h^t 表示顺序处理的子 RNN 中 t 时刻的隐藏单元,g^t 表示倒序处理的子 RNN 中 t 时刻的隐藏单元,在计算 t 时刻的输出单元 o^t 时,网络既考虑了之前的信息 h^{t-1},又考虑了之后的信息 g^{t+1}。双向 RNN 的两个相反传播方向的隐藏单元可以被看成一起构成一个复杂的循环神经元细胞。

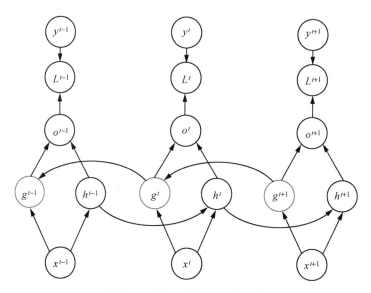

图 7-7　双向 RNN 结构示意图

Keras 中,可以非常方便地通过调用一个包装函数来实现双向循环网络。例如,一个双向的 LSTM 可通过 Bidirectional(LSTM(⋯)) 来实现。

二、编码-解码网络

在前一节的可变长度到可变长度网络中,网络的输入序列和输出序列长度必须是相同的,这样的网络在处理如中译英或者英译中这类输入和输出序列长度不同的问题时不太方便。对这类问题我们可以采用编码-解码网络结构。编码-解码网络结构相当于可变长度到单一长度和单一长度到可变长度的组合。如图 7-8 所示,编码器(Encoder)将可变长度序列转变为一个向量,解码器将该向量转变为另一个可变长度序列。编码器的输入通常被称为"上下文(Context)",其输出的向量被称为"上下文向量"。以英译中为例,相当于听到一段英文后,理解了其意思,再将这个意思表达成中文。这里的意思就是上下文向量。

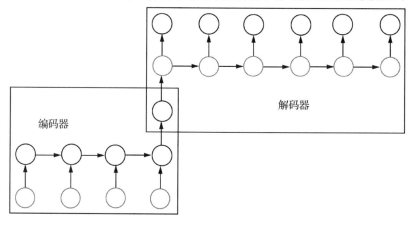

图 7-8　编码-解码网络

如果解码器的输出就是编码器的输入,那么称这样的网络结构为自编码器。

三、深度循环网络

前面介绍的 RNN 虽然可以将隐藏层按时间展开成一个非常深的权重共享网络,但从空间的角度来看,由于其只有一个隐藏层,仍然只能算作浅层的网络。这导致其虽然训练的难度不小(需要克服梯度消失和梯度爆炸等困难),但是模型的能力不足。

为了增强模型的能力,可以增加隐藏层的数量,采用空间意义上的深层网络结构,但时间和空间双重深层叠加将使训练难度成倍增长。

常用的深度循环神经网络结构有以下三种。

第一种:如图 7-9(a)所示,将 RNN 中隐藏层扩展为多层 RNN 的结构,h 和 z 分别表示不同的 RNN 隐藏层,h 层为低层循环网络层,z 层为高层循环网络层,其各自隐藏层的状态在各自的层中循环。也就是说,输入层与输出层之间是多个带记忆体的隐藏层。

第二种:如图 7-9(b)所示,输入层与输出层之间是一个循环的隐藏层 + 多个普通的隐藏层;循环隐藏层中神经元的信息在进入记忆体前先经过一个(也可以是几个)普通的神经元。可见,(b)中循环神经元细胞比(a)中的复杂,权重参数的数量也增加了。

第三种:如图 7-9(c)所示,输入层与输出层之间是一个循环的隐藏层 + 多个普通的隐藏层;循环隐藏层中一部分神经元的信息进入记忆体前先经过一个(也可以是几个)普通的神经元,另一部分神经元的信息直接进入记忆体(相当于越层了)。这种结构虽然看起来似乎比(b)更复杂,但实际上权重参数的数量反而比(b)的少,相对而言反而更容易训练。

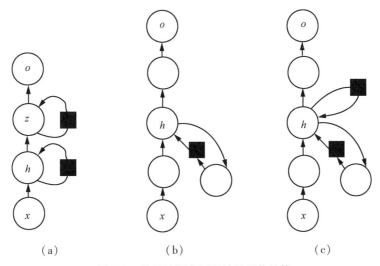

图7-9　常用的深度循环神经网络结构

第三节 门控循环神经网络

以循环隐藏层只有一个神经元的 RNN 网络为例,从式(7-8-1)可以看出,沿时间反向传播的梯度计算依赖于激活函数的导数及循环权重参数的连乘。如果激活函数 f 采用 sigmoid 或 tanh 函数,其导数的取值在绝大多数情况下都小于 1,当循环权重参数被初始化为较小的值时,这样的连乘操作会导致梯度呈指数级下降,从而造成梯度消失。这种情况同样会出现在循环隐藏层神经元不止一个的 RNN 网络中。当序列数据较长时,对于序列的前面,如果梯度很小或者为零,参数 W 的调整就很小或几乎不调整,学习到的 W 就无法有效地反映序列前面的信息。如果数据序列中最重要的信息正好位于序列的前面,那么模型的输出误差就会很大,模型的性能也就很差。这也是一度困扰循环神经网络的长期依赖(Long-Term Dependencies)问题。

解决这个问题的办法是扩大记忆体的功能,让它不是简单机械地接收和传递来自隐藏层神经元的信息,而是有选择性地屏蔽一些不重要的信息,接收那些重要的信息,不管这些信息处于序列的什么位置。这就需要额外的节点和参数来控制信息的流动,就像管路上的阀门控制水流一样。这样的循环神经网络称为门控循环神经网络。最典型的门控循环神经网络叫作长短期记忆网络(Long Short-Term Memory,LSTM),门控循环单元(Gated Recurrent Unit,GRU)则是 LSTM 的改进型。门控循环神经网络是实际应用中较早取得良好效果的序列模型,被广泛应用于语音识别、手写识别、机器翻译、图像说明和语法解析等领域。

一、LSTM

LSTM 的循环神经元是如图 7-10 所示的构成相当复杂的细胞,图中的 cell 是记忆体,当前时刻的输入信息和上一时刻的输出信息经归一化后在输入门的控制下进入记忆体,记忆体上一时刻的信息在遗忘门的控制下被全部或者部分保留,两者叠加得到记忆体当前时刻的信息,该信息经归一化处理后在输出门的控制下作为当前时刻的输出,送往自身以及空间结构意义上的下一个神经元。

图 7-10 中,σ 即 sigmoid 函数,其输出值在 0 ~ 1 之间,0 表示全部阻断,1 表示全部通过,0 ~ 1 之间则表示部分阻断、部分通过。相当于水管上阀门的全开、全关和打开一定的开度,这也是这些控制被称为门的原因。tanh 函数的输出值在 -1 ~ 1 之间,起到归一化的作用。

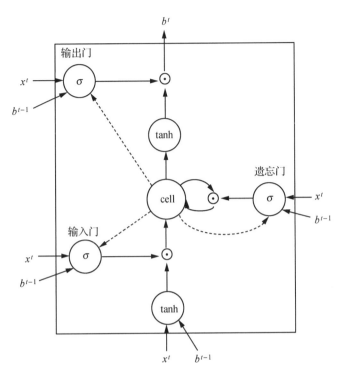

图 7-10 复杂的单个 LSTM 细胞

图 7-10 是循环隐藏层中单个神经元的配置,多个神经元就有多个这样的配置。和简单的 RNN 相似,LSTM 的循环隐藏层也可以按空间和时间维度展开。

输入门、输出门、遗忘门的输入为当前时刻的数据以及前一时刻循环神经元的输出。也可以将记忆体前一时刻或当前的信息同时作为门的输入,如图 7-10 中的虚线所示,这些虚线连接被称为窥视孔或猫眼(peephole)连接。在 t 时刻,输入门、输出门和遗忘门的开度分别可以用下面的公式计算。

$$i^t = \sigma(W_{xi}x^t + W_{bi}b^{t-1} + W_{si}s^{t-1}) \tag{7-10}$$

$$o^t = \sigma(W_{xo}x^t + W_{bo}b^{t-1} + W_{so}s^t) \tag{7-11}$$

$$f^t = \sigma(W_{xf}x^t + W_{bf}b^{t-1} + W_{sf}s^{t-1}) \tag{7-12}$$

其中,x^t 和 s^t 分别是在 t 时刻的输入数据和记忆体信息;b^{t-1} 和 s^{t-1} 分别是在 $t-1$ 时刻循环神经元的输出和记忆体信息;W_{xi}、W_{xo}、W_{xf} 分别是输入数据与输入门、输出门和遗忘门之间连接的权重参数;W_{bi}、W_{bo}、W_{bf} 分别是循环神经元的输出与输入门、输出门和遗忘门之间连接的权重参数;W_{si}、W_{so}、W_{sf} 分别是记忆体与输入门、输出门和遗忘门之间连接的权重参数。s^t 按式(7-13)计算:

$$s^t = f^t \odot s^{t-1} + i^t \odot \tanh(W_{xg}x^t + W_{bg}b^{t-1}) \tag{7-13}$$

式中,$\odot$ 表示矩阵的乘积,W_{xg}、W_{bg} 分别是输入数据和循环神经元的输出与其输入单元之间连接的权重参数。

在 t 时刻，循环神经元的前馈输出为

$$b^t = o^t \odot \tanh(s^t) \tag{7-14}$$

上面的公式采用向量和矩阵表示，比较抽象。为了使读者更好地理解，下面来看一看在 t 时刻，循环隐藏层中第 j 个神经元的前馈过程公式。

在 t 时刻循环隐藏层中第 j 个神经元的输入门的激活输入 $a^t_{InGatej}$ 为

$$a^t_{InGatej} = \sum_{i=1}^{I} w_{iInGatej} x^t_i + \sum_{h=1}^{H} w_{hInGatej} b^{t-1}_h + \sum_{c=1}^{C} w_{cInGatej} s^{t-1}_c \tag{7-15}$$

式中，I——输入数据的特征数量；

x^t_i——在 t 时刻输入数据 x 的第 i 个特征；

$w_{iInGatej}$——输入数据 x 的第 i 个特征与第 j 个神经元输入门之间的连接权重；

H——循环隐藏层中神经元的数量；

b^{t-1}_h——在 $t-1$ 时刻第 h 个神经元的输出；

$w_{hInGatej}$——第 h 个神经元的输出与第 j 个神经元输入门之间的连接权重；

C——记忆体数量，等于 H；

s^{t-1}_c——在 $t-1$ 时刻第 c 个记忆体的信息；

$w_{cInGatej}$——第 c 个记忆体与第 j 个神经元输入门之间的连接权重。

在 t 时刻循环隐藏层中第 j 个神经元的输入门的输出值 $b^t_{InGatej}$ 为

$$b^t_{InGatej} = \sigma(a^t_{InGatej}) \tag{7-16}$$

在 t 时刻循环隐藏层中第 j 个神经元的输入单元的输出值 b^t_{Inputj} 为

$$b^t_{Inputj} = \tanh\left(\sum_{i=1}^{I} w_{iInputj} x^t_i + \sum_{h=1}^{H} w_{hInputj} b^{t-1}_h\right) \tag{7-17}$$

式中，$w_{iInputj}$——输入数据 x 的第 i 个特征与第 j 个神经元输入单元之间的连接权重；

$w_{hInputj}$——第 h 个神经元的输出与第 j 个神经元输入单元之间的连接权重。

在 t 时刻循环隐藏层中第 j 个神经元的遗忘门的激活输入 a^t_{FGatej} 为

$$a^t_{FGatej} = \sum_{i=1}^{I} w_{iFGatej} x^t_i + \sum_{h=1}^{H} w_{hFGatej} b^{t-1}_h + \sum_{c=1}^{C} w_{cFGatej} s^{t-1}_c \tag{7-18}$$

式中，$w_{iFGatej}$——输入数据 x 的第 i 个特征与第 j 个神经元遗忘门之间的连接权重；

$w_{hFGatej}$——第 h 个神经元的输出与第 j 个神经元遗忘门之间的连接权重；

$w_{cFGatej}$——第 c 个记忆体与第 j 个神经元遗忘门之间的连接权重。

在 t 时刻循环隐藏层中第 j 个神经元的遗忘门的输出值 b^t_{FGatej} 为

$$b^t_{FGatej} = \sigma(a^t_{FGatej}) \tag{7-19}$$

在 t 时刻第 c 个记忆体的信息 s^t_c 为

$$s^t_c = b^t_{FGatej} s^{t-1}_c + b^t_{InGatej} b^t_{Inputj} \tag{7-20}$$

式中，$j = c$。

在 t 时刻循环隐藏层中第 j 个神经元的输出门的激活输入 $a_{OutGatej}^t$ 为

$$a_{OutGatej}^t = \sum_{i=1}^I w_{iOutGatej} x_i^t + \sum_{h=1}^H w_{hOutGatej} b_h^{t-1} + \sum_{c=1}^C w_{cOutGatej} s_c^t \qquad (7\text{-}21)$$

式中，$w_{iOutGatej}$——输入数据 x 的第 i 个特征与第 j 个神经元输出门之间的连接权重；

$w_{hOutGatej}$——第 h 个神经元的输出与第 j 个神经元输出门之间的连接权重；

$w_{cOutGatej}$——第 c 个记忆体与第 j 个神经元输出门之间的连接权重。

在 t 时刻第 j 个循环神经元的输出门的输出值 $b_{OutGatej}^t$ 为

$$b_{OutGatej}^t = \sigma(a_{OutGatej}^t) \qquad (7\text{-}22)$$

在 t 时刻第 j 个循环神经元的输出 b_j^t 为

$$b_j^t = b_{OutGatej}^t \tanh(s_c^t) \qquad (7\text{-}23)$$

式中，$j = c$。

下面来看看反向传播时梯度的求法。求某个节点的梯度时，首先应找到该节点的输出节点，然后分别计算所有输出节点的梯度乘以输出节点对该节点的梯度，最后相加即可得到该节点的梯度。为了简单起见，不考虑 peephole 连接，则在 t 时刻 s 的梯度为

$$\frac{\partial L}{\partial s^t} = \frac{\partial L}{\partial s^{t+1}} \frac{\partial s^{t+1}}{\partial s^t} + \frac{\partial L}{\partial b^t} \frac{\partial b^t}{\partial s^t} = \frac{\partial L}{\partial s^{t+1}} \odot \sigma^{t+1} + \frac{\partial L}{\partial b^t} \odot o^t \odot (1 - \tanh^2(s^t)) \qquad (7\text{-}24)$$

从式(7-24)可以看到，s^t 的梯度由两项组成。如果 $\sigma^{t+1} = 1$，那么即使后面的项很小，梯度仍然能很好地传到上一时刻，这也是 LSTM 能够具有长期记忆的奥秘所在。当然 σ^{t+1} 理论上只能接近 1，当序列长度过长时，梯度消失的问题仍会出现（$0.99^{1\,000} \approx 0.000\,043$）。

此外，多层 LSTM 中，依旧采用 tanh 激活函数，层与层之间的梯度消失问题仍未解决，所以 LSTM 一般不宜超过 2~3 层。

图 7-10 中，输入门、输出门和遗忘门的激活函数都采用了 sigmoid 函数，输入单元和状态输出的激活函数都采用了 tanh 函数。实际上也可以采用其他函数。

网上有一篇名为"Understanding LSTM Networks"的博文能帮助你更好地理解 LSTM，因此非常值得一读。

LSTM 是一个不错的模型，但其结构比传统 RNN 复杂得多，所需的参数也更多，即使不采用 peephole 连接，其参数也相当于传统 RNN 的 4 倍。当然，说到底，模型的强大离不开参数的支撑。

二、GRU

GRU 的细胞结构如图 7-11 所示。

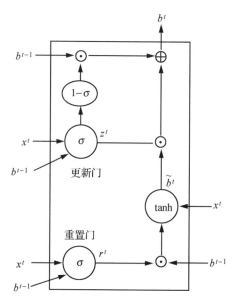

图 7-11　GRU 的细胞结构

其中，r^t 和 z^t 分别表示重置门和更新门的输出。重置门控制前一时刻有多少信息被写入当前时刻的候选集 $\tilde{b}^t$ 上。重置门越小，前一时刻的信息被写入得越少。更新门用于控制前一时刻的信息被放行的程度，同时还控制当前时刻的候选集信息有多少被放行。更新门的值越大，说明前一时刻的信息越少被放行，而候选集的信息越多被放行，这说明当前信息比以前的信息更重要。GRU 用一个门起到了 LSTM 两个门的作用，因此参数比不带 peephole 的 LSTM 要少。可见，GRU 相当于是 LSTM 的简化版本。

GRU 的前向传播公式如下：

$$r_t = \sigma(U_r x^t + W_r b^{t-1}) \tag{7-25}$$

$$z_t = \sigma(U_z x^t + W_z b^{t-1}) \tag{7-26}$$

$$\tilde{b}^t = \tanh(U_{\tilde{h}} x^t + r^t \odot (W_{\tilde{h}} b^{t-1})) \tag{7-27-1}$$

或

$$\tilde{b}^t = \tanh(U_{\tilde{h}} x^t + W_{\tilde{h}} (r^t \odot b^{t-1})) \tag{7-27-2}$$

$$b^t = (1 - z^t) b^{t-1} + z^t \tilde{b}^t \tag{7-28}$$

第四节　IndRNN

李帅等人提出了 IndRNN(Independently RNN)。与传统的 RNN 相比，主要的区别在于同一循环隐藏层内各神经元之间完全独立，即神经元非但不与同一层内的其他神经元相连,也不与其他神经元的记忆体相连,而只与自己的记忆体相连。前面我们讲过 RNN 中的循环是自循环。但实际上,IndRNN 才是纯粹的自循环。

循环隐藏层在 t 时刻的前馈输出可以表示为

$$b^t = f(Ux^t + w \odot b^{t-1}) \tag{7-29}$$

与式(7-1)相比,参数矩阵 W 变成了向量 w。对于第 j 个神经元,

$$b_j^t = f(U_j x^t + w_j b_j^{t-1}) \tag{7-30}$$

IndRNN 的梯度计算公式为

$$\frac{\partial L}{\partial b_j^t} = \frac{\partial L}{\partial b_j^T} \frac{\partial b_j^T}{\partial b_j^t} = \frac{\partial L}{\partial b_j^T} \prod_{k=t}^{T-1} \frac{\partial b_j^{k+1}}{\partial b_j^k} = \frac{\partial L}{\partial b_j^T} \prod_{k=t}^{T-1} f'^{k+1}_j w_j = \frac{\partial L}{\partial b_j^T} w_j^{T-t} \prod_{k=t}^{T-1} f'^{k+1}_j \tag{7-31}$$

通过对 w_j 进行约束,把 $w_j^{T-t} \prod_{k=t}^{T-1} f'^{k+1}_j$ 调节到一个合适的范围,即可避免梯度消失和梯度爆炸的问题。

$$w_j \in \left[\sqrt[T-t]{\frac{\varepsilon}{\prod_{k=t}^{T-1} f'^{k+1}_j}}, \sqrt[T-t]{\frac{\gamma}{\prod_{k=t}^{T-1} f'^{k+1}_j}} \right] \tag{7-32}$$

式中,ε 是梯度的下界,γ 是梯度的上界。

如果激活函数 f 采用 ReLU 函数,则 IndRNN 可以多层堆叠。同时,也考虑到短期记忆的重要性,对参数 w_j 的约束可以放宽为

$$w_j \in \left[0, \sqrt[T-t]{\gamma} \right] \tag{7-33}$$

当某个神经元的循环权重为 0 时,该神经元只利用当前输入的信息,不保留过去的信息。这种情况下,由其他神经元保留过去的信息,不同的神经元学习保留不同长度的记忆。也请读者注意对参数 w_j 进行约束与梯度裁剪之间的区别。

根据李帅等人的试验,IndRNN 可以处理长度 5 000 以上的长序列数据,空间维度上的深度可以达到 21 层,比传统的 RNN、LSTM 能获得更好的结果,而且序列的长度越长,优势越明显。

在第五章参数初始化策略一节提到了用于初始化循环神经网络中循环权重的 Identity 初始化器,这种初始化器生成二维单位矩阵。单位矩阵的主对角线元素均是 1,其余元素均是 0。也就是说,最初,模型中每个循环隐藏层中每个神经元与其自身的记忆体的连接权重是 1,与其他神经元的记忆体的连接权重都是 0,就相当于 IndRNN。当然随着学习过程中参数的调整,不再保持是 IndRNN,但由于训练得到的最终参数可能非常接近初始化时的参数,因此用 Identity 初始化器的结果虽然不如 IndRNN,但也相当不错。

循环权重初始化为单位矩阵的 RNN 有一个专门的名字,叫作 IRNN(Identity Matrix RNN)。IRNN 采用 ReLU 作为激活函数,因此网络可以在空间维度上堆叠成多层。此外,偏置项应初始化为 0。

RNN 的 Keras 实现

从前面几节的介绍来看,循环神经网络无论是其结构还是计算都是比较复杂的。幸运的是,Keras 将这些复杂的内容包装成了极其简单的代码,使得我们用 Keras 实现 RNN 与实现 CNN 一样简单方便。

一、LSTM 的 Keras 实现

LSTM 在 tensorflow. keras. layers 包中,其构造函数如下:

```
tensorflow.keras.layers.LSTM(
    units,
    activation="tanh",
    recurrent_activation="sigmoid",
    use_bias=True,
    kernel_initializer="glorot_uniform",
    recurrent_initializer="orthogonal",
    bias_initializer="zeros",
    unit_forget_bias=True,
    kernel_regularizer=None,
    recurrent_regularizer=None,
    bias_regularizer=None,
    activity_regularizer=None,
    kernel_constraint=None,
    recurrent_constraint=None,
    bias_constraint=None,
    dropout=0.0,
    recurrent_dropout=0.0,
    return_sequences=False,
    return_state=False,
    go_backwards=False,
    stateful=False,
    time_major=False,
    unroll=False,
    **kwargs)
```

对函数中的部分参数说明如下:

● units:隐藏层中循环神经元的个数,即式(7-15)中的 H。

● activation:当前输入和当前状态输出的激活函数。默认为"tanh",如果赋 None,则不用激活函数,相当于线性激活。式(7-13)和(7-14)中都采用了默认函数。

● recurrent_activation：输入门、遗忘门和输出门的激活函数。默认为"sigmoid"。式（7-10）、（7-11）和（7-12）中都采用了默认函数。

● dropout：丢弃率，默认取 0。指图 7-10 中 x^t 与 LSTM 细胞之间的丢弃率。

● recurrent_dropout：丢弃率，默认取 0。指图 7-10 中 b^{t-1} 与 LSTM 细胞之间的丢弃率。

● return_sequences：返回输出序列的最后一个值，还是全部序列，默认为 False。

● return_state：是否同时输出最后的状态，默认为 False。

● go_backwards：是否逆向处理输入序列，返回倒序列，默认为 False。

● stateful：是否将每批数据的第 i 个样本的最后状态用作下一批数据的第 i 个样本的初始状态，默认为 False。

● time_major：输入输出张量的形状。False 为（batch，timesteps，feature），True 则为（timesteps，batch，feature），默认为 False。

● unroll：将网络展开会加快训练速度，但会消耗更多内存，所以只适用于短的序列。默认不展开。

对函数的调用参数说明如下：

● inputs：默认形状为（batch，timesteps，feature）的张量。

● mask：形状为（batch，timesteps）的二元张量，表示某个 timestep 是否应该被掩码。

● training：表示该层为训练模式还是预测模式。这仅在使用 dropout 或 recurrent_dropout 时才相关。默认为 None。

● initial_state：首次调用时传给 cell 的初始状态张量列表，默认初始状态张量零填充。

下面是使用 LSTM 的一个简单例子。

```
from tensorflow import random
from tensorflow.keras.layers import LSTM
inputs = random.normal([32, 10, 8])      #(32, 10, 8)
# 构建第一个实例，并进行计算
lstm = LSTM(4)
output = lstm(inputs)    #(32, 4)   每个神经元有 1 个输出
# 构建第二个实例，并进行计算
lstm = LSTM(4, return_sequences=True, return_state=True)
whole_seq_output, final_memory_state, final_carry_state = lstm(inputs)
# (32, 10, 4),        (32, 4),              (32, 4)     每个神经元有 10 个输出
```

上面的例子中，首先用随机函数生成了一批数据，批大小是 32，每个数据是长度为 10 的序列数据，数据的特征维度为 8。然后构建第一个 LSTM 的实例，循环神经元数量是 4 个，默认返回输出序列的最后一个值，且不同时输出最后的状态。调用该实例进行计算，得到形状为（32，4）的输出结果，即批数据中的每个输入数据输出 4 个值，因为每个神经元

有 1 个输出值。再构造第二个 LSTM 的实例,循环神经元数量仍是 4 个,要求返回全部序列,并且同时输出最后的状态。调用该实例进行计算,得到形状为 $(32,10,4)$ 的输出结果,即批数据中的每个输入数据输出 10×4 个值,因为每个神经元有 10 个输出值。同时还得到两个状态输出,分别对应图 7-10 中的 b^t 和细胞的状态信息 s^t,形状都是 $(32,4)$。因为每个神经元都有 1 个 b^T 和 1 个 s^T。

需要指出的是,若将 stateful 设为 True,则 epochs 取 1,此时,学习多少次通过显式循环来实现。

```python
# 搭建模型
num_classes = 10
model=Sequential()
model.add(LSTM(128, batch_input_shape=(16,10,8), stateful=True))
model.add(Dense(num_classes, activation='softmax'))

# 设置模型训练过程
model.compile(loss='categorical_crossentropy', optimizer='adam',
              metrics=['accuracy'])

# 训练
num_epochs = 1000
for epoch in range(num_epochs):  # 显式循环1000次
    print('epoch: '+str(epoch))
    # epochs取1, 数据不打乱
    model.fit(x_train, y_train, epochs=1, batch_size=16, shuffle=False)
    model.reset_states()  # 每个epoch结束时重置状态
```

Stateful RNN 不仅让模型学习到各个序列中的时间依赖关系,还学习到序列之间的时间依赖关系,适合于处理序列样本来自一个长序列的任务,缺点是批大小需要反映数据的周期性。

如果在 GPU 上运行,建议使用 CuDNNLSTM,其训练、评估和预测的速度都比 LSTM 快得多。

二、GRU 的 Keras 实现

GRU 也在 tensorflow.keras.layers 包中,其构造函数与 LSTM 基本相同。reset_after 是其独有的参数,表示在矩阵相乘之后还是之前使用重置门。默认为 True,即之后,也就是按式 (7-27-1) 计算。

下面是使用 GRU 的一个简单例子。其中第二个实例返回的 final_state 对应图 7-11 中的 b^t。

```
from tensorflow import random
from tensorflow.keras.layers import GRU
inputs = random.normal([32, 10, 8])     #(32, 10, 8)
# 构建第一个实例，并进行计算
gru = GRU(4)
output = gru(inputs)    #(32, 4)    每个神经元有1个输出
# 构建第二个实例，并进行计算
gru = GRU(4, return_sequences=True, return_state=True)
whole_sequence_output, final_state = gru(inputs)
# (32, 10, 4),              (32, 4)    每个神经元有10个输出
```

如果在 GPU 上运行,建议使用 CuDNNGRU,其训练、评估和预测的速度都比 GRU 快得多。

三、传统 RNN 的 Keras 实现——SimpleRNN

SimpleRNN 函数中的参数比 LSTM 和 GRU 的都要少,调用参数则相同。

下面是使用 SimpleRNN 的一个简单例子。

```
from tensorflow import random
import numpy as np
from tensorflow.keras.layers import SimpleRNN
inputs = np.random.random([32, 10, 8]).astype(np.float32)
# 构建第一个实例，并进行计算
simple_rnn = SimpleRNN(4)
output = simple_rnn(inputs)  # output的形状 (32, 4)
# 构建第二个实例，并进行计算
simple_rnn = SimpleRNN(4, return_sequences=True, return_state=True)
whole_sequence_output, final_state = simple_rnn(inputs)# (32,10,4), (32,4)
```

四、IndRNN 的 Keras 实现

Keras 官网上尚未提供 IndRNN 的实现。Github 上有几个 IndRNN 的非官方 Keras 实现,titu1994/Keras-IndRNN 是其中之一。下面是一个简单的调用例子。

```
from ind_rnn import IndRNN
from tensorflow import random
import numpy as np

inputs = np.random.random([32, 1000, 8]).astype(np.float32)
x = IndRNN(128)(inputs)
```

五、案例——用 LSTM 网络预测气温

从某气象网站获得溧阳气象站 2005 年 1 月 2 日 8：00 到 2023 年 7 月 23 日 8：00 间每隔 6 小时的气温数据,经过预处理后存放在 csv 格式的文件中。由于气温具有时序相关性,下面搭建和训练一个 LSTM 神经网络,使该网络能够根据连续 10 条气温数据预测 6 小时后的气温值。代码文件为 chapter7\predict_temperature. ipynb。

（1）利用 pandas 从文件中读入数据,共有 26 820 条记录。

```
df = pd.read_csv('liyang_weather_preprecessed.csv',
                 usecols=[1,2], encoding='ANSI')
df.tail(1) # 查看最后一条数据
```

	当地时间 溧阳市	T
26819	01.02.2005 08:00	0.1

（2）“T”列为气温值。将其转变为 Numpy 数值,并上下翻转,使记录升序排列。

```
df=df["T"]
dataset = df.values
# 上下翻转,行的顺序发生颠倒,每一行的元素不发生改变
dataset = np.flip(dataset,axis=0)
```

（3）从 dataset 中获取输入和输出数据。输入数据的序列长度为 10。

```
look_back = 10 # 输入序列的长度
x_data,y_data = acquire_dataset(dataset, look_back)
```

其中,acquire_dataset 函数的定义如下：

```
# 获取输入和输出数据
def acquire_dataset(dataset, look_back):
    dataX, dataY = [], []
    for i in range(len(dataset)-look_back):
        dataX.append(dataset[i:(i+look_back)])
        dataY.append(dataset[i+look_back])
    return np.array(dataX), np.array(dataY)
```

（4）将输入数据进行归一化处理。

```
# 输入数据归一化
scaler = MinMaxScaler(feature_range=(0, 1))
x_data = scaler.fit_transform(x_data)
```

（5）将输入数据和输出数据按 8:2 的比例分割成训练数据和测试数据,再从训练数据中分出 10% 作为验证数据。

```
from sklearn.model_selection import train_test_split
x_train, x_test, y_train, y_test = train_test_split(
    x_data, y_data, test_size=0.2, random_state=123, shuffle=True)

x_train, x_validation, y_train, y_vaildation = train_test_split\
(x_train, y_train, test_size=0.1, random_state=123, shuffle=True)
```

（6）将输入数据的形状转换为(样本数,时间步数,特征数)。

```
# 将输入数据的形状转换为（样本数,时间步数,特征数）
x_train = np.reshape(x_train, (-1, look_back, 1))
x_test = np.reshape(x_test, (-1, look_back, 1))
x_validation = np.reshape(x_validation, (-1, look_back, 1))
```

（7）搭建和配置模型。

```
# 搭建LSTM网络
LSTM_layers =[24,48] # 每层LSTM的神经元个数
batch_size = 64
model = Sequential()
for i in range(len(LSTM_layers)):
    if len(LSTM_layers) == 1:
        model.add(LSTM(LSTM_layers[i], input_shape=(look_back, 1)))
    else:  # 如果LSTM超过1层
        if i < len(LSTM_layers) - 1:
            if i==0:
                model.add(LSTM(LSTM_layers[i], input_shape=(look_back, 1),
                            return_sequences=True))
            else:
                model.add(LSTM(LSTM_layers[i], return_sequences=True))
        else:
            model.add(LSTM(LSTM_layers[i]))
model.add(Dense(32, activation="relu"))
model.add(Dropout(0.5))
model.add(Dense(1))

# 配置训练过程
model.compile(optimizer='sgd',loss="mean_absolute_error",
            metrics=["mean_absolute_error"])
```

本例采用 2 个 LSTM 层后接 2 个 Dense 层。第一个 LSTM 的 return_sequences 设为 True,第二个设为 False。由于属于回归任务,输出层不用激活函数。损失函数和评价指标都采用 mae。

（8）训练模型。

```
# 训练模型
epochs = 200
history = model.fit(x_train, y_train, epochs=epochs, batch_size=batch_size,
                    verbose=1, validation_data=(x_validation, y_vaildation))
```

（9）评估模型性能。

```
# 评估模型
scores = model.evaluate(x_test, y_test, batch_size=32, verbose=0)
print("%s: %.2f" %(model.metrics_names[1], scores[1]))
```

mean_absolute_error: 1.55

测试集上的绝对平均误差为 1.55。

通过本例可见，采用 Keras 搭建循环神经网络非常方便，主要的工作反而是在数据的获取和处理上。这也正是下一章要介绍的内容。

数据获取与处理

数据的重要性

深度学习是从数据中学习,所以本章讨论有关数据的问题。在讨论如何获取和处理数据之前,笔者想要强调一下数据的重要性。

以烹饪为例,厨师要做出好吃的菜肴,除了煎、炒、蒸、煮、炖、烤要拿捏好,佐料要适当之外,食材也很重要。好的食材,从购买到拣洗、切块、切片、切丝,有的还要浸泡、腌制,一系列的处理过程,都要认真把关。从花费的时间上来看,食材的购买和处理时间一般要大大超过烹制的时间。更别说自己养鸡养猪、自己种菜了。

深度学习也是这样。深度学习的数据必须是好的数据,才能训练得到好的模型。这意味着要认真对待数据获取和处理的各个环节。这些环节也往往是花费时间最多的。

人工神经网络接收的数据是一条一条的,因此我们准备的数据也是一条一条的。通常,每一条数据的 x 是一个特征集合 $\{x_i\}$,若每条数据有 n 个特征值,则 $i=1,2,\cdots,n$。为了使计算机能够处理,特征值只能是实数。所以 x 可以看成一个 n 维的实数向量,也可以简单地理解成一个含有 n 个实数的一维数组。对于图像识别任务,每条数据的 x 由图片中的像素值组成,每一个像素值就是一个特征。大小为 32×32 的灰度图片,相当于 1 024 个特征值。循环神经网络的输入数据比较特殊,是序列数据,序列中每个元素也是由 n 个特征值组成。如果 $n=1$,表示只有一个特征值,就像上一章中的气温预测一样。

数据的条数决定了数据集的规模。深度学习通常用来解决大数据问题,因此数据集的规模往往越大越好。虽然数据集规模越大,模型训练的时间和算力开销也越大,但一旦模型训练好以后,预测的时间和算力开销要小得多。更为重要的是,数据量越大,模型的泛化性能越好,从这个意义上说,数据集的数量本身也是质量。机器学习领域有一句经典格言:数据和特征决定了机器学习的上限,而模型和算法只是逼近这个上限而已。所以在比较不同模型的性能时,应该基于相同的数据集。

当然,并不是所有的机器学习问题都必须用大数据来解决。如第二章介绍的异或问题,数据本来就是有限的,则不必也无法增大数据集的规模。对于这种情况,应该将所有数据准备齐全。另外,下一章将介绍的生成对抗网络,相比于之前介绍的深度神经网络,可以从更小的数据集中学习。您甚至可以看到仅从单条数据学习的例子。

第二节　现成的数据集

现实世界和网络世界中充满着各种数据,大多数数据是分散的,需要人为收集到一起,形成数据集后再使用。但也有一些数据已经由他人以数据集的形式发布,我们只需要下载即可,这可省去很多时间,让我们专注于研究模型算法。了解这些现成的数据集,对今后制作数据集也具有指导意义。因此,本节将对现成的数据集进行介绍。由于现成的数据集很多,无法一一介绍,本节主要介绍一些比较知名的或者本书中用到的数据集。

一、经典图片数据集

1. MNIST 数据集

MNIST 数据集是机器学习领域中入门级的图片类数据集,也是 Keras 内置的数据集中的第一个,在第三章中已经介绍过,这里不再赘述。

2. CIFAR-10 数据集

在第六章中曾用 CIFAR-10 数据集训练深度卷积神经网络。该数据集由 10 个类别的 60 000 张 32×32 彩色图像组成,其中 50 000 张图像构成训练集,其余构成测试集。10 个类别分别为飞机类、汽车类、鸟类、猫类、鹿类、狗类、蛙类、马类、船类、卡车类等。CIFAR-10 也是 Keras 内置的数据集,因此获取 CIFAR-10 数据集非常简单。

```
from tensorflow.keras.datasets import cifar10
(x_train, y_train),(x_test,y_test)=cifar10.load_data()
```

下面的代码画出每类中 2 个数据。

```
# 数据可视化
classes = ['plane', 'car', 'bird', 'cat', 'deer', 'dog',
           'frog', 'horse', 'ship', 'truck']
num_classes = len(classes)
samples_per_class = 2
plt.rcParams['figure.figsize']=(6,1.5)
_, ax = plt.subplots(samples_per_class, num_classes)
for y, cls in enumerate(classes):
    idxs = np.flatnonzero(y_train == y) # 找出标签中y类的位置
    # 从y类中选出我们所需的样本
    idxs = np.random.choice(idxs, samples_per_class, replace=False)
    for i, idx in enumerate(idxs):
        ax[i, y].imshow(x_train[idx].astype('uint8'))
        ax[i, y].axis('off')
        if i == 0:
            ax[i, y].set_title(cls)
plt.show()
```

扫码看彩图

以上代码见文件 chapter8\cifar10. ipynb。

3. ImageNet 数据集

ImageNet 是一个用于视觉对象识别软件研究的大型可视化数据库,包含 1 400 多万幅图片,涵盖 20 000 多个类别。其中,超过百万张图片有明确的类别标注和图像中物体位置的标注。ILSVRC 数据集是 ImageNet 数据集的子集,包含 1 000 个类别、1 281 167 张训练图片、50 000 张验证图片和 100 000 张测试图片,可从 Kaggle 等网站下载。

如果说 MNIST 将初学者领进了深度学习领域,那么 ImageNet 数据集对深度学习的浪潮起到了巨大的推动作用。ImageNet 数据集几乎是深度学习图像领域算法性能检验的标准数据集。

4. LFW 人脸数据库

LFW(Labeled Faces in the Wild) 人脸数据库是由美国马萨诸塞州立大学阿默斯特分校计算机视觉实验室整理完成的数据库,主要用来研究非受限情况下的人脸识别问题。LFW 数据库主要从互联网上搜集图像,一共含有 13 000 多张人脸图像,每张图像都被标识出对应的人的名字,其中有约 1 680 人不只对应一张图像。LFW 数据库可从网上下载。

5. Pascal VOC 数据集

Pascal VOC 是"Pattern Analysis Statistical Modeling and Computational Learning Visual Object Classes"的简称。2005—2012 年,Pascal VOC 挑战赛每年都为比赛者提供一系列类别的、带标签的图片作为数据集。如今,这些数据集已经成为对象检测领域普遍接受的一种标准数据集。Pascal VOC 数据集可以从网上下载。

6. MS COCO 数据集

MS COCO(Microsoft Common Objects in Context)是一个图像识别和图像语义数据集。MS COCO 源于微软在 2014 年出资标注的 Microsoft COCO 数据集,图像中不仅有标注类别、位置信息,还有对图像的语义文本描述。图像包括约 91 类目标、328 000 个影像和 2 500 000 个标签。

MS COCO 数据集虽然比 ImageNet 类别少,但是每一类的图像较多,这有利于更多地获得每类中目标位于某种特定场景的能力。MS COCO 数据集的开源促使了图像分隔语义理解取得巨大的进展,其几乎成了图像语义理解算法性能评价的标准数据集。

二、自然语言数据集

1. NLTK 语料库

NLTK(Natural Language Toolkit)是一个处理自然语言数据的高效平台,也是知名的 Python 自然语言处理工具。它提供了方便使用的接口,通过这些接口可以访问超过 50 个语料库和词汇资源。它还提供了一套用于分类、标记化、词干标记、解析和语义推理的文本处理库以及工业级 NLP 库的封装器。NLTK 是一个免费、开源的社区驱动的项目。

运行以下代码可以下载语料和预训练好的模型等:

```
import nltk
nltk.download()
```

代码会打开 NLTK Downloader 对话框,选择需要下载的内容,然后单击"download"按钮开始下载。如果下载速度慢或者出现其他问题,请将 Server Index 路径改成 NLTK 官网 http://www.nltk.org/nltk_data/。

下载目录中的子目录 corpora 即为语料库。典型的语料库有:

(1) gutenberg:腾堡语料库,该项目大约有 36 000 本免费的电子图书。

(2) webtext:网络和聊天文本,网络聊天中的文本包括 Firefox 论坛。

(3) brown:布朗语料库,一个百万词级的英语电子语料库,包含 500 个不同来源的文本,并且按照文体分类,如新闻、社论等。

(4) reuters:路透社语料库,包含 10 788 个新闻文档,共计 130 万字,这些文档分成 90 个主题,按照"训练"和"测试"分为两组。该语料库也可以通过 keras. datasets. reuters 获取。

（5）inaugural：就职演说语料库。

2. 用于情感分析和自然语言推理的数据集

（1）SemEval 数据集。

SemEval 数据集完成的基本任务是推特的情感分析。基于 SemEval 数据集对推特进行文本情感分析始于 2013 年，之后任务和数据不断发展，变得更为复杂。

（2）Sentiment140 数据集。

Sentiment140 也是一个用于推特情感分析的数据集，可以从 Kaggle 等网站下载。

（3）THUCNews 数据集。

THUCNews 是根据新浪新闻 RSS 订阅频道 2005 至 2011 年间的历史数据筛选过滤生成的数据集，其中包含约 74 万篇新闻文档，均为 UTF-8 纯文本格式。清华 NLP 组在原始新浪新闻分类体系的基础上，重新整合划分出 14 个候选类别：财经、彩票、房产、股票、家居、教育、科技、社会、时尚、时政、体育、星座、游戏、娱乐。

（4）复旦中文文本分类数据集。

复旦中文文本分类数据集是一个小型轻量的数据集，常用于自然语言处理文本分类和文本聚类实验中。原始数据的格式为每个文件夹中有不等量的.txt 文件，每个文件为一篇语料。感兴趣的读者可以从网上下载。

（5）SNLI 自然语言推理数据集。

SNLI 是美国斯坦福大学构建的一个语料库，包含 50 多万条数据。原始语料库中每条数据包含非常丰富的信息。自然语言推理只需要用到其中的 sentence1、sententce2 和标记 similarity。sentence1 给出前提，sentence2 给出假设，similarity 有 contridiction（两者矛盾）、entailment（蕴涵，可以从 sentence1 推出 sentence2）和 neutral（中立，两者没有联系）之分。读者可以定义一个函数从原始数据集中获取需要的数据，即前提、假设和对应的标签；也可以从网上直接下载只包含前提、假设和标签的数据集。

三、声音数据集

1. 16000_pcm_speeches

该数据集包含纳尔逊·曼德拉（Nelson Mandela）和玛格丽特·撒切尔（Magaret Tharcher）等 5 个人的语音资料，每人 1 500 个时长为 1 秒的 wav 文件，另外有两个噪声文件。可以从 Kaggle 等网站下载该数据集。

2. uk_irish_accent_recognition 数据集

该数据集包含 Irish、Scottish、Welsh 等 6 种英语方言口音的 17 800 多个 wav 文件，除 Irish 只有男声外其他方言均包含男声和女声。每个 wav 文件时长不一，并且不同种类的文件数量相差也比较大。

四、财经数据集

1. qstock

qstock 是一个个人量化投研分析开源库,通过其数据模型可以获取包括 A 股历史数据、实时行情数据等在内的许多金融数据。

例如,下面的代码可以获取单只或多只证券(股票、基金、债券、期货)的历史 K 线数据。

```
import qstock as qs
df = qs.get_data(code_list, start='19000101', end=None, freq='d', fqt=1)
```

get_data 函数的参数说明如下:

- code_list:证券列表。
- start 和 end:分别为起始和结束日期,格式为××××年××月××日。
- freq:时间频率,默认日。1:1 分钟;5:5 分钟;15:15 分钟;30:30 分钟;60:60 分钟;101 或"D"或"d":日;102 或"w"或"W":周;103 或"m"或"M":月。注意:1 分钟只能获取最近 5 个交易日的一分钟数据。
- fqt:复权类型。0:不复权;1:前复权;2:后复权。默认为前复权。

qstock 还包括可视化(plot)、选股(stock)和量化回测(backtest)等模块,详细说明请访问其 github 网页。

2. 美国财政部国债收益率数据

通过美国财政部官网可以直接下载 1990 年以来的美国国债收益率数据表(.csv 文件),也可以获取 xml 格式的数据。

3. 波士顿房价回归数据集

通过 keras. datasets. boston_housing 模块可以很方便地获取波士顿房价数据集,用于训练回归模型。

五、气象数据集

有不少网站可以免费下载气象数据集。下面仅介绍两个例子。

(1) WorldClim。这是一个空间高分辨率全球天气和气候数据分享平台。用户可以从该网站下载历史(近当前)和未来的网格化天气及气候数据。

(2) 俄罗斯的 rp5. ru 网站。该网站提供了世界各地气象数据查询和历史气象数据下载服务。上一章中的气温预测数据就是来自该网站。

数据爬取

在解决实际问题时,往往没有现成的数据集可供下载,需要我们根据任务自己获取数据。在很多情况下,可以从互联网上获取这些数据,但往往数据分散在网站的各个网页甚至各个网站中。由于通常需要获取的数据量很大,用人工的方法在浏览器中打开网页逐个抄录数据显然是不现实的,此时可以由程序自动完成相应的任务,这样的程序被称为数据爬虫。

爬虫爬取数据的原理很简单。首先,模拟浏览器发出请求,这时需要用到 Python 的第三方库来实现 HTTP 请求操作。然后,在抓取到网页的源代码后,从源代码中提取信息。提取信息可以用正则表达式,但 Python 有很多第三方解析库,可以高效快捷地从网页中提取到有效的信息。最后,将提取的有效信息存入文件或数据库中。

一、浏览器获取网页信息的原理

通过浏览器获取网页信息时,首先要在地址栏输入网页的地址,这个地址对应网页信息在互联网上的定位,称为统一资源定位符(Universal Resource Locator,URL)。URL 大多以 HTTP、HTTPS 或 FTP 开头。其中,HTTP(Hyper Text Transfer Protocol,超文本传输协议)是互联网上应用十分广泛的一种网络协议,是一个客户端和服务器端请求与应答的标准(TCP),是将超文本从 Web 服务器传输到本地浏览器的传输协议,默认端口是80,目前广泛使用的是 HTTP 1.1 版本。HTTPS 是由 HTTP + SSL(Secure Socket Layer)协议构建的可进行加密传输、身份认证的网络协议,比 HTTP 协议更加安全,默认端口是443。FTP 是 File Transfer Protocol,即文件传输协议。

互联网上的信息大多以超文本(Hyper Text)的形式存放在 Web 服务器上,服务器时刻监听着协议端口,浏览器则是客户端,当通过浏览器访问服务器的端口时,服务器对浏览器的请求产生应答,双方按照协议确定连接,服务器最终按照浏览器请求的内容将相应的信息传输给浏览器,当然服务器也可以从浏览器实现信息的收集。

浏览器向服务器发出 Request 请求最常用的有 GET 和 POST 两种方法。GET 请求时参数直接包含在 URL 中,安全性较差,而 POST 请求时参数不出现在 URL 中,安全性较高。浏览器的请求中包含请求头(Request Headers),通过请求头以键值对的形式告诉服务器浏览器希望接收的数据类型、字符编码集、是否需要持久连接、发出请求的用户信息(User-Agent)等额外信息。在 Edge 的网页中右击,在弹出的快捷菜单中选择"检查"菜单项,会调出浏览器的开发者工具,可以看到元素、控制台、源代码和网络等功能页面。在

"网络"功能页面中,单击"Fetch/XHR",单击列表中显示的请求资源(如果不是空白列表),在标头(Headers)下能找到 User-Agent 的信息,将该信息复制后保存,因为在做数据爬虫时要用到。

服务器收到来自浏览器的请求后,将回送应答,应答中包含响应状态码。响应状态码分为 5 种,由 3 位十进制数字组成。比如,以 2 开头的状态码表示请求被成功接收并处理,以 4 开头的状态码则表示客户端的请求包含语法错误或无法完成请求。应答中还包含服务器名称、文档的编码(Encoding)方法、文档属于什么 MIME 类型等响应头信息。应答的主体部分称为响应体。响应的正文数据就在响应体中。例如,当请求网页时,它的响应体就是网页的 HTML 源代码,也就是前面所说的超文本。超文本中包含了一系列标签,如⟨img⟩显示图片、⟨p⟩显示段落等,浏览器解析这些标签并将结果呈现在屏幕上,就是我们平常看到的网页。

在做爬虫请求网页时,得到的同样是超文本,所不同的是不需要在屏幕上呈现结果,而是解析并提取其中的有用信息。

二、用 requests + BeautifulSoup 爬取网页信息

可以采用 Python 的第三方库 requests 库来模拟浏览器获取网页的源代码。requests 库是采用 Apache 2 Licensed 开源协议的 HTTP 库。它基于 Python 内置的 urllib 网络模块,但增加了很多实用的高级功能,使用起来比 urllib 模块更加简单、方便。

BeautifulSoup 库是一个可以从 HTML 或 XML 文件中提取数据的 Python 库,它能将 HTML 的标签文件解析成树形结构。通过 BeautifulSoup 库,可以将指定的 class 或 id 值作为参数,来直接获取对应标签的相关数据,这样的处理方式与用正则表达式进行处理相比,不仅简便,而且代码的可阅读性好。BeautifulSoup 库在 beautifulsoup4 包中。注意:导入 beautifulsoup4 包时使用的是 bs4。

下面的代码利用 Beautifulsoup,轻松地从 hypertext 的超文本中提取了数据 4.42。

```
from bs4 import BeautifulSoup
hypertext = '<td class="bc1month">4.20  </td>\
            <td class="bc2month">4.42  </td>'
soup = BeautifulSoup(hypertext, 'html.parser')
td_rate = soup.find_all("td", attrs={"class": "bc2month"})
rate = td_rate[0].get_text().strip()
print(rate)
```

4.42

html.parser 为 HTML 和 XHTML 文本文件解析提供基础,虽然效率可能会比 lxml 低一些,但是不会有信息丢失的问题。

下面来看一个利用 requests 和 BeautifulSoup 从某国财政部网站抓取 30 年国债收益率

数据的例子。主要功能定义在函数 get_yield_data 中。代码文件为 chapter8\catch_yield_curve_rate. ipynb。

```
import requests
from bs4 import BeautifulSoup

def get_yield_data(year):
    bet_header={'User-Agent':'Mozilla/5.0 (Windows NT 10.0;Win64; x64)'+\
    'AppleWebKit/537.36 (KHTML, like Gecko)Chrome/103.0.5060.53 Safari/'+\
    '537.36 Edg/103.0.1264.37'}

    url='https://home.treasury.gov/resource-center/'+\
    'data-chart-center/interest-rates/TextView?'+\
    'type=daily_treasury_yield_curve&field_tdr_date_value='+year
    #print(url)

    # 获取网页源代码
    try:
        yield_req = requests.get(url, headers=bet_header, timeout=100)
        #print(yield_req.text)
    except Exception as e:
        print(e)
        return -1

    # 提取信息
    try:
        soup = BeautifulSoup(yield_req.text, 'html.parser')
        tablesoup = soup.find_all("table",attrs={"class":
            "usa-table views-table views-view-table cols-23"}) #23可能随年变化
        tbodysoup =tablesoup[0].findAll("tbody")
        trsoup = tbodysoup[0].findAll("tr")

        for tr in trsoup:
            td_time = tr.findAll("td", attrs={"class":
                            "views-field views-field-field-tdr-date"})
            date = td_time[0].get_text().strip()

            td_yield = tr.findAll("td", attrs={"class":
                            "bc30year views-field views-field-field-bc-30year"})
            rate = td_yield[0].get_text().strip()
            print(date,end="   ")
            print(rate)
    except Exception as e:
        print(e)
        return -1
```

上述代码中的 User-Agent 使用前面从 Edge 中复制后保存的信息。

三、用 selenium 对动态加载的内容进行爬取

上网搜索信息时通常需要输入搜索关键词并点击搜索按钮,也有不少网页通过用户滚动鼠标滚轮实现对内容的动态加载,这些情况可以用 selenium 来处理。

selenium 是 Web 自动化测试工具,可启动和操作浏览器,必须与第三方浏览器结合使用。本书以 Edge 浏览器为例,首先需要下载 Edge 浏览器驱动 msedgedriver. exe。

在 Edge 地址栏输入 edge://version/,得到如下版本信息(您的信息可能有所不同):

```
Microsoft Edge: 103.0.1264.37 (正式版本) (64 位) 🗐
        修订: e3a6d3b5b3c3fc0540649e828d8cef033ae236ce
      操作系统: Windows 10 Version 21H2 (Build 19044.1766)
```

接下来下载相应版本的驱动 msedgedriver. exe。驱动下载地址如下:

https://developer.microsoft.com/en-us/microsoft-edge/tools/webdriver/。下载界面中展示的部分内容如下(访问的日期不同,版本号和信息布局可能不同):

```
Stable Channel

Current general public release channel.
Version: 103.0.1264.37: x86 | x64 | Mac |
Linux | ARM64
```

如果 Stable Channel 中的 Version 号对不上,可以在下面的 Recent Versions 中找。

下载完成后解压,把 msedgedriver. exe 拷贝到 python 安装目录的 Scripts 目录(\Anaconda3\Scripts)下(添加到系统环境变量)。

下面的代码从某图书网站上抓取图书名称、价格和商家等信息并打印后三条记录。主要代码定义在 DDSpider 类里。代码文件为 chapter8\DD. ipynb。

```python
class DDSpider(object):
    def __init__(self):
        self.browser = webdriver.Edge()  # 新版的selenium已弃用PhantomJS
        self.url = 'https://www.dangdang.com/'

    # 获取商品页面
    def get_page(self):
        self.browser.get(self.url) # 打开网站
        self.browser.find_element(By.XPATH,r'//*[@id="key_S"]').\
            send_keys('锅壳式燃油燃气锅炉原理与设计')  # 输入搜索内容
        btn = self.browser.find_element(By.CLASS_NAME,"button")
        self.browser.execute_script("arguments[0].click();", btn)  # 点击搜索
        time.sleep(2) # 留出时间给页面加载
        self.parse_page()
```

```
# 解析页面
def parse_page(self):
    li_list = self.browser.find_elements(By.XPATH,
        r'//*[@id="search_nature_rg"]/ul/li')   # 匹配所有图书节点对象列表

    for li in li_list[-3:]:   # 解析并打印后3条信息
        html = li.get_attribute("outerHTML")
        soup = BeautifulSoup(html, 'html.parser')
        name = soup.find("p", attrs={"class":"name"})
        price = soup.find("p", attrs={"class":"price"})
        seller = soup.find("p", attrs={"class":"search_shangjia"})

        if name != None:
            print(name.get_text().strip())
        if price != None:
            print(price.get_text().strip())
        if seller != None:
            print(seller.get_text().strip(), '\n')
        else:
            print('自营\n')

def main(self):
    self.get_page()

# 抓取某图书网站上的图书信息——>selenium+edge
from selenium import webdriver
from selenium.webdriver.common.by import By
from bs4 import BeautifulSoup
import time

if __name__ == "__main__":
    spider = DDSpider()
    spider.main()
```

代码中的 By 是 selenium 中内置的一个 class,在这个 class 中有各种方法来定位元素。By 所支持的定位器的分类如下:

- CLASS_NAME = 'class name'
- CSS_SELECTOR = 'css selector'
- ID = 'id'
- LINK_TEXT = 'link text'
- NAME = 'name'
- PARTIAL_LINK_TEXT = 'partial link text'
- TAG_NAME = 'tag name'
- XPATH = 'xpath'

运行结果如下：

速发 锅壳式燃油燃气锅炉原理与设计 9787567235915
¥37.80定价：¥45.00 （8.4折）
荣桢图书专营店

锅壳式燃油燃气锅炉原理与设计 陶永明主编 苏州大学出版社
¥48.00定价：¥48.00
迪曼图书专营店

锅壳式燃油燃气锅炉原理与设计 陶永明 苏州大学出版社 9787567235915
¥30.00定价：¥30.00
营口旺京图书专营店

《锅壳式燃油燃气锅炉原理与设计》是笔者之前编写的一本教材。通过这个例子也想告诉大家，研究人工智能并不局限于 AI 专业的人，而是一件大家都可以做的事情。

下面给出了在某报网站上抓取财汇新闻标题和对应时间的例子。代码文件为chapter8\Yangzi.ipynb。

```python
class YangziSpider(object):
    def __init__(self, max_scrolls):
        self.browser = webdriver.Edge()
        self.url = 'http://www.yzwb.net/znlist/6.html'
        self.count = 0
        scrolls = 0 # 虚拟点击 "加载更多" 按钮的次数
        self.browser.get(self.url)
        time.sleep(1)
        while True:
            self.browser.execute_script(
                'window.scrollTo(0, document.body.scrollHeight)'
            )
            time.sleep(1)
            scrolls +=1
            if(scrolls>max_scrolls):
                break
    def parse_page(self): # 解析页面
        # 匹配所有新闻节点对象列表
        div_list = self.browser.find_elements(By.CLASS_NAME,r'box')
        for div in div_list: # 遍历新闻列表
            info = div.text.split('\n')
            title = info[0]
            datetime = info[1]
            print(title, datetime)
            self.count += 1
    def main(self):
        self.parse_page()
        print("下载了",self.count,"条新闻标题")
```

```
'''抓取某报财汇信息——>selenium+edge'''
from selenium import webdriver
from selenium.webdriver.common.by import By
import time

if __name__ == "__main__":
    max_scrolls = 100
    spider = YangziSpider(max_scrolls)
    spider.main()
```

　　必须指出的是,上述爬虫例子都是基于本书出版之前相应网站的内容进行编写的。如果网站的内容发生了变化,运行这些例子可能会出现异常。您可能需要针对网页的实际源代码对爬虫代码稍作修改。当然也不排除某些网站已经无法访问。另外,要提醒一点,有些网站有明确禁止用户使用爬虫软件进行数据下载的声明,从这些网站爬取数据可能会带来麻烦。

四、信息的保存

　　提取的信息应保存下来,以便后续训练模型时使用。图片信息和文本信息可以以图片文件和文本文件的形式直接保存在磁盘的相关文件夹中;数据信息则可以存储在 CSV 文件、Excel 文件或数据库文件中。

　　1. 保存到 CSV 文件

　　CSV(Comma-Separated Values),意思是逗号分隔值,其文件以纯文本形式存储表格数据(数字和文本)。下面就是一个 CSV 文件的例子:

01/02/1990,8.00

01/03/1990,8.04

01/04/1990,8.04

01/05/1990,8.06

01/08/1990,8.09

……

07/19/2023,3.84

07/20/2023,3.91

07/21/2023,3.91

07/24/2023,3.92

07/25/2023,3.95

　　文件中每行是一条记录,保存了某一天某国财政部 30 年国债收益率数据,日期和收益率之间用逗号分隔。这种文件形式十分简单,可以用 Excel、记事本等软件打开,在程序中可以用 Pandas 读取。

```
import pandas as pd
data = pd.read_csv('bond_rates.csv')
```

也可以用 numpy 包提供的 loadtxt 函数读取,由于该函数返回的数据类型是 Numpy 数组,因此需要将文本信息转换为数值。

```
import numpy as np
from datetime import datetime

# 将日期转化为日期码: 0 (星期一) 到6 (星期日)
def datestr2num(s):
    return datetime.strptime(s.decode('ascii'),
                    "%m/%d/%Y").date().weekday()

data =np.loadtxt('bond_rates.csv', delimiter=',',
                converters={0:datestr2num})
```

如果要将数据保存到 CSV 文件中,只要先将数据存入 Pandas 的 DataFrame 数据结构中,然后调用 to_csv 函数即可,具体做法见本章第五节。CSV 文件可以存储上亿行数据。

2. 保存到 Excel 文件

将信息保存在 Excel 文件中与保存在 CSV 文件中类似(具体例子见本章第五节)。不同的是 Excel 文件只能用 Excel 软件打开。在程序中也可以用 Pandas 读取。

```
data = pd.read_excel(file_name)
```

Excel 文件最多只能存储 100 多万行数据。

3. 保存到数据库文件

需要考虑高并发处理、数据复用、数据冗余、数据安全性等问题时,可以将数据存储在数据库文件中。最常用的关系型数据库是开源的 MySQL。其余常用的关系型数据库有 SQLServer、Oracle 和 SQLite 等。非关系型数据库有 MongoDB、Redis 等。

(1) Windows 系统下安装 MySQL8.0。

首先从 MySQL 官网下载安装包。如果没有 MySQL 账号,则需要注册账号后再下载。下载完成后,双击安装包,每一步默认单击"Next"按钮即可。如果提示需要安装 Visual C ++ Redistributable Packages for Visual Studio 2013,可以从以下地址下载安装。注意:即使是 64 位操作系统也是选择 32 位的安装包。

https://www.microsoft.com/zh-cn/download/confirmation.aspx? id = 40784

在 Accounts and Roles 界面,输入根用户密码,并根据需要创建用户账号,如图 8-1 所示。

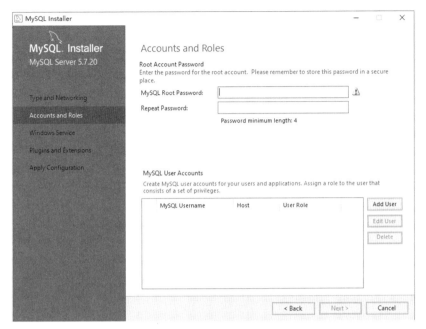

图 8-1　MySQL 的安装界面

安装完成后,检查计算机的"服务"页面(在 Windows 任务栏搜索"服务")确保 MySQL 的服务已正常开启。接下来,还需要安装接口 PyMySQL 才可以用 Python 连接 MySQL。在 Ancaconda Prompt 界面中输入命令 pip install pymysql==1.1.0 即可完成 PyMySQL 的安装。

(2)下面将某国财政部国债收益率数据保存到 mysql 数据库文件中。

首先运行 MySQL Workbench,登录一个实例,然后创建数据库 YieldRates,并在该数据库下创建一个名为 yr_historydata_tbl 的数据表。

```
CREATE DATABASE IF NOT EXISTS YieldRates;
use YieldRates;
create table if not exists yr_historydata_tbl
(
id integer(11) not null primary key auto_increment,
date char(10) COMMENT '日期',
rate decimal(5,2) COMMENT '收益率'
)ENGINE=InnoDB DEFAULT CHARSET=utf8;
```

通过调用以下函数即可插入数据。

```
def insert_data(date,rate):
    # 连接数据库YieldRates
    conn=pymysql.connect(user='root',passwd='123456',host='localhost',
        charset='utf8',db='YieldRates',port=3306,connect_timeout=30)
    curs =conn.cursor()
    tb_name = "yr_historydata_tbl" # 数据表名称
    count_sql1=("SELECT COUNT(ID) FROM "+str(tb_name)) # 查询语句
    count_sql2=("SELECT COUNT(ID) FROM "+str(tb_name)+" WHERE date=%s")
    try: # 查询数据库中是否存在记录
        curs.execute(count_sql1)
        id_data = curs.fetchone()
    except Exception as e:
        print(e)
    try: # 查询是否存在相同日期的记录
        curs.execute(count_sql2, str(date))
        count_data = curs.fetchone()
    except Exception as e:
        print(e)
    if (count_data[0] ==0): # 确定序号
        if (id_data[0]== 0):
            yr_id=1
        else:
            id_sql=("SELECT ID FROM "+ str(tb_name)+\
                " ORDER BY id DESC LIMIT 1")
            try:
                curs.execute(id_sql)
                ids=curs.fetchone()
            except Exception as e:
                print(e)
            yr_id=ids[0]+1
    else:
        print("记录已存在!")
        return # 同一个日期不能有重复数据
    inse_sql=("INSERT INTO "+str(tb_name)+"(`id`,`date`,`rate`)\
                VALUES (%s,%s,%s)")   # 插入语句
    try: # 将数据插入数据表中
        sta =curs.execute(inse_sql, (yr_id, str(date),rate))
        conn.commit()
    except Exception as e:
        print(e)
```

chapter8\save2mysql.ipynb 展示了往数据库中插入单个数据的代码。您可以很轻松地在 catch_yield_curve_rate.ipynb 中调用上述函数以完成多个数据的插入。将数据插入数据库后,可以用 select 语句查询 yr_historydata_tbl 数据表中的内容,最简单的查询语句是

select * from yr_historydata_tbl;

第四节　其他数据获取方法

一、用 random 生成模拟数据集

模拟数据集也称为玩具数据集（Toy Dataset），用于算法演示和研究，第二章讨论神经网络时曾用过这种方法。这里再举一个例子。

使用 numpy 包中的随机数生成器，创建一个 1 000 人的模拟训练数据集及一个 500 人的模拟测试数据集，每个数据包含三个特征值（比如年龄、身高、体重），再生成每人的标签（比如是否患高血压）。下面的代码在 chapter8\random. ipynb 文件中。

```
import numpy as np
#np.random.seed(2018)

# 生成1000个虚拟的训练数据和500个虚拟的测试数据，每个数据3个特征
x_train, x_test = np.random.random((1000,3)), np.random.random((500,3))

# 生成数据标记
y_train, y_test = np.random.randint(2,size=(1000,1)),\
                        np.random.randint(2,size=(500,1))
```

二、系统采集数据

近几年，工业互联网新基建蓬勃发展，一些头部的工业互联网企业采集了大量的工业生产相关的数据，这些数据都是深度学习的优质材料。另外，企业还拥有大量的离线（Off-line）数据。

三、问卷调查

问卷调查是社会调查中普遍使用的一种方法。通过问卷调查搜集到的信息针对性强，而且比较可靠。过去一般用邮寄、个别分送或集体分发等方式发送书面问卷。随着电子信息技术的普及，大量的问卷调查借助 App、网页等手段实现，使这一信息采集方式更高效，成本更低，收集到的信息也更及时。

四、利用 AI 获取数据

随着人工智能技术的发展，已经可以利用 AI 生成高质量的数据。例如，第九章将介绍的生成对抗网络可以生成逼真的图像；第十一章将介绍的大语言模型可以生成高质量

的文本。利用 AI 不仅可以生成大量的数据,而且数据的成本(包括标记成本)低。对于某些因个人隐私、商业秘密等原因而难以获得真实数据的场景,更是一种有效的替代方案。事实上,已经有一些企业开始尝试利用 AI 生成的数据训练深度学习模型,并取得了很好的效果。还有一些企业开发了利用大语言模型从非结构化数据中提取结构化数据的工具。比如从 PDF 格式的财务报表中提取各种会计数据。这种工具大大简化了结构化数据的获取过程。

 数据清洗

一、数据清洗目的及工具

数据清洗(Data Cleaning)是将重复、多余的数据筛选清除,将缺失的数据补充完整,将错误的数据纠正或删除,以及对噪声数据进行处理。

Pandas 包提供了可用于数据导入、探索、操作、转换、可视化和按所需格式导出数据的功能。前面我们已不止一次利用过其数据导入功能。runoob 网站上有"学习 Pandas"教程。本节将对 Pandas 做进一步介绍。

Pandas 主要的数据结构有如下两种:

1. Series(序列)

Series 是一维标记数组,能够保存任何数据类型,有索引,可以简单理解为一个向量,但是普通向量中的数据不带索引。Series 中的数据索引可以自动生成,也可以显式地设定。例如:

```
import pandas as pd
a=pd.Series(["2023-4-26","sunny",False,600]) # 默认索引从0开始
b=pd.Series(["2023-4-26","sunny",False,600],
        index=['date','weather','promotion','visitors']) # 可设置索引
c=pd.Series({'date':"2023-4-26",'weather':"sunny"
            ,'promotion':False, 'visitors':600})  # 可结合字典
print(a, end='\n\n')
print(b, end='\n\n')
print(c)
```

```
0      2023-4-26
1         sunny
2         False
3           600
dtype: object

date          2023-4-26
weather           sunny
promotion         False
visitors            600
dtype: object

date          2023-4-26
weather           sunny
promotion         False
visitors            600
dtype: object
```

2. DataFrame(数据表)

DataFrame 是 Pandas 库的另一种数据结构,类似于 Excel,是一种二维表格型的数据结构,既有行索引 Index,也有列索引 Columns。Pandas 中的 DataFrame 构建函数为

```
pandas.DataFrame(data,index,columns,dtype,copy)
```

其中的参数说明如下:

● data:数据源。数据源可以是 numpy ndarray、Iterable、dict 或 DataFrame,dict 可以包含 Series、arrays、constants 或类似 list 的对象。

● index:行索引。如果没有指定索引值,取默认值"np. arrange(n_rows)"。

● columns:列索引。如果没有指定索引值,取默认值"np. arrange(n_columns)"。

● dtype:每列的数据类型。

● copy:是否从输入中复制数据。默认是 None,对于 dict 数据,表示复制;对于 DataFrame 和二维 ndarray 数据,则表示不复制。

用下面的代码可以生成某景点的 DataFrame 数据:

```
import numpy as np
import pandas as pd
df=pd.DataFrame([['2023-04-23','drizzle',False,800],
                ['2023-04-24','overcast',False,950],
                ['2023-04-25','drizzle',False,3000],
                ['2023-04-26','cloudy',False,600],
                ['2023-04-27','cloudy',False,700]],
                columns=['date','weather','national_holiday','visitors'])
print(df)
```

```
        date   weather  national_holiday   visitors
0  2023-04-23   drizzle             False        800
1  2023-04-24  overcast             False        950
2  2023-04-25   drizzle             False       3000
3  2023-04-26    cloudy             False        600
4  2023-04-27    cloudy             False        700
```

在上述数据表中插入一列,以表示当天的随机免票人数:

```
free_tickets = np.random.randint(0, 21, size=5)
df.insert(len(df.columns)-1, column="free_tickets", value=free_tickets)
print(df)
        date   weather  national_holiday  free_tickets   visitors
0  2023-04-23   drizzle             False             6        800
1  2023-04-24  overcast             False             9        950
2  2023-04-25   drizzle             False            18       3000
3  2023-04-26    cloudy             False             2        600
4  2023-04-27    cloudy             False            19        700
```

虽然可以通过赋值和插值的方式生成 DataFrame 数据,但是最常见的还是直接从 Excel 文件或 CSV 文件中导入数据到 DataFrame。

```
# 从Excel文件导入
df = pd.DataFrame(pd.read_excel('visitors.xlsx'))

# 从CSV文件导入
df = pd.DataFrame(pd.read_csv('visitors.csv'))
print(df)
          date   weather national_holiday  free_tickets anti_covid  visitors
0    2022/12/1    cloudy            False           4.0         on       2.0
1    2022/12/2     rainy            False           8.0         on       0.0
2    2022/12/3     rainy            False          12.0         on      17.0
3    2022/12/4    cloudy            False           8.0         on       0.0
4    2022/12/5    cloudy            False          15.0         on      16.0
..         ...       ...              ...           ...        ...       ...
152   2023/5/1    cloudy             True          18.0        off    1902.0
153   2023/5/2  overcast             True           5.0        off    1981.0
154   2023/5/3  overcast             True           0.0        off    1980.0
155   2023/5/4     rainy            False          17.0        off    1535.0
156   2023/5/5    cloudy            False          12.0        off    1376.0

[157 rows x 6 columns]
```

可以使用 head 查看前几行的数据,使用 tail 查看后几行的数据。默认看 5 行,也可以自己设置行数。

比如,查看前 8 行,代码如下:

```
print(df.head(8))
```

	date	weather	national_holiday	free_tickets	anti_covid	visitors
0	2022/12/1	cloudy	False	4.0	on	2.0
1	2022/12/2	rainy	False	8.0	on	0.0
2	2022/12/3	rainy	False	12.0	on	17.0
3	2022/12/4	cloudy	False	8.0	on	0.0
4	2022/12/5	cloudy	False	15.0	on	16.0
5	2022/12/6	rainy	False	0.0	on	15.0
6	2022/12/7	drizzle	False	4.0	on	17.0
7	2022/12/8	rainy	False	4.0	on	9.0

若只看后 3 行,则代码如下:

```
print(df.tail(3))
```

	date	weather	national_holiday	free_tickets	anti_covid	visitors
154	2023/5/3	overcast	True	0.0	off	1980.0
155	2023/5/4	rainy	False	17.0	off	1535.0
156	2023/5/5	cloudy	False	12.0	off	1376.0

可以通过 shape 查看行列数。

```
print(df.shape)
```

```
(157, 6)
```

可以通过 index 查看行名,columns 查看列名,dtypes 查看数据表中每列的数据类型。

```
print(df.index, end="\n\n")
print(df.columns, end="\n\n")
print(df.dtypes)
```

```
RangeIndex(start=0, stop=157, step=1)

Index(['date', 'weather', 'national_holiday', 'free_tickets', 'anti_covid',
       'visitors'],
      dtype='object')
```

```
date                object
weather             object
national_holiday    object
free_tickets        float64
anti_covid          object
visitors            float64
dtype: object
```

定位或读取数据表中的数值时,可以使用 loc 或 iloc。区别在于前者根据标签定位,后者根据数字索引定位。此外，区间取值时，前者左右封闭，后者左闭右开。因此，同样的区间，后者获取的数据量少一个。

```
print(df.loc[1:3,'weather'],end="\n\n")  # 按标签，区间左右封闭
print(df.iloc[1:3,1])                     # 按数字索引，区间左闭右开
```

```
1     rainy
2     rainy
3     cloudy
Name: weather, dtype: object

1     rainy
2     rainy
Name: weather, dtype: object
```

使用 unique 函数可以得到所选列中唯一元素的列表，例如：

```
df['weather'].unique()
```

```
array(['cloudy', 'rainy', 'drizzle', 'sunny', 'overcast', nan],
      dtype=object)
```

使用 value_counts 函数可以得到所选列中不同的值的记录数量，例如：

```
df['weather'].value_counts()
```

```
cloudy     38
rainy      35
drizzle    29
overcast   28
sunny      26
Name: weather, dtype: int64
```

使用 max、min、mean、idxmax 和 idxmin 函数可以分别得到所选列（数值列）的最大值、最小值、平均值、最大值的索引和最小值的索引。下面的代码打印出数据表中所有数值列的上述信息。

```
print('{0:20s}{1}\t\t{2}\t{3}\t\t{4}\t{5}'.
           format('name','max','min','average','id_max','id_min'))
for c in df.columns.values.tolist():
    if df[c].dtype == "float64":
        print('{0:20s}{1}\t{2}\t{3:.1f}\t\t{4}\t{5}'.
               format(c,df[c].max(),df[c].min(),df[c].mean(),
                   df[c].idxmax(),df[c].idxmin()))
```

name	max	min	average	id_max	id_min
free_tickets	20.0	0.0	9.3	9	5
visitors	1993.0	0.0	968.9	77	1

数值列的统计信息也可以用 describe 函数来获取，在本节异常值处理部分的代码中

将用到该函数。

　　hist 函数以直方图的形式显示所有数值列,有助于直观了解数据的分布情况。而且可以将这些数值列转化为 numpy 数值。

```
data = df.hist(figsize=(6,2))
data.shape
```

(1, 2)

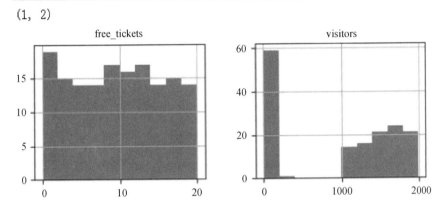

　　利用 pandas 可以很方便地将 DataFrame 数据输出为 xlsx 格式或 csv 格式的文件。

```
# 写入到Excel文件
df.to_excel('visitors1.xlsx', sheet_name='random')
# 写入到CSV文件
df.to_csv('visitors1.csv')
```

通常采用下面的方法将 DataFrame 数据转化为 numpy 数组,供模型使用。

```
data = df.values
print(type(data))
print(data.shape)
```

```
<class 'numpy.ndarray'>
(157, 6)
```

上述代码在文件 chapter8\pandas.ipynb 中。

二、缺失值处理

　　由于种种原因,爬取数据时经常会遇到数据缺失问题。数据缺失会影响数据分析的质量,因此需要进行处理。典型的处理方法包括删除缺失数据列、删除缺失数据行、为缺失数据赋默认值等。本节剩余的示例代码均在文件 chapter8\data_clean.ipynb 中。

1. 缺失值判断

　　可以通过 DataFrame.isna 函数来判断数据中是否有缺失值。该函数返回一个与输入大小相同的布尔值 DataFrame,若输入中的值为 NA(如 None 或 numpy.NaN),则输出中为 True,否则为 False。示例如下:

```
import pandas as pd
import numpy as np
df = pd.DataFrame(pd.read_csv('visitors.csv'))
print(df[40:45],end="\n\n")
print(df.isna()[40:45])
```

	date	weather	national_holiday	free_tickets	anti_covid	visitors
40	2023/1/9	overcast	False	9.0	off	71.0
41	NaN	NaN	NaN	NaN	NaN	NaN
42	2023/1/11	drizzle	False	4.0	off	77.0
43	2023/1/12	sunny	NaN	NaN	off	31.0
44	2023/1/13	cloudy	False	11.0	off	79.0

	date	weather	national_holiday	free_tickets	anti_covid	visitors
40	False	False	False	False	False	False
41	True	True	True	True	True	True
42	False	False	False	False	False	False
43	False	False	True	True	False	False
44	False	False	False	False	False	False

下面的代码可以显示某列有缺失数据的行。

```
rows = df[df['weather'].isnull()]
print(rows)
```

	date	weather	national_holiday	free_tickets	anti_covid	visitors
41	NaN	NaN	NaN	NaN	NaN	NaN

下面的代码可以查看各列的缺失数据比例。

```
df.isnull().sum()/df.shape[0]*100 #查看缺失数据比例
```

```
date                0.636943
weather             0.636943
national_holiday    1.273885
free_tickets        1.273885
anti_covid          0.636943
visitors            0.636943
dtype: float64
```

根据经验,如果存在0% ~10%的缺失,可以尝试填补缺失点并使用该特征。若缺失达30%以上,则超出了技术上的可用范围。

2. 删除 NaN 所在的列

删除一列相当于删除全部数据的一个特征,因此执行此操作时应十分谨慎。删除表中全部值都为 NaN 的列:df. dropna(axis =1,how = 'all')。删除表中任何含有 NaN 的列:df. dropna(axis =1,how = 'any')。示例代码如下:

```
df = df.dropna(axis =1,how='all')
print(df[40:45])
```

	date	weather	national_holiday	free_tickets	anti_covid	visitors
40	2023/1/9	overcast	False	9.0	off	71.0
41	NaN	NaN	NaN	NaN	NaN	NaN
42	2023/1/11	drizzle	False	4.0	off	77.0
43	2023/1/12	sunny	NaN	NaN	off	31.0
44	2023/1/13	cloudy	False	11.0	off	79.0

3. 删除 NaN 所在的行

删除一行相当于删除数据集中的一个数据。示例代码如下：

```
# 先修改行标签为41的行的值
df.loc[41]=['2023/1/9', 'rainy', np.nan, 10.0, 'off', 83]
df = df.dropna(axis =0,how='all')
print(df[40:45],end="\n\n")
df = df.dropna(axis =0,how='any')
print(df[40:45])
```

	date	weather	national_holiday	free_tickets	anti_covid	visitors
40	2023/1/9	overcast	False	9.0	off	71.0
41	2023/1/9	rainy	NaN	10.0	off	83.0
42	2023/1/11	drizzle	False	4.0	off	77.0
43	2023/1/12	sunny	NaN	NaN	off	31.0
44	2023/1/13	cloudy	False	11.0	off	79.0

	date	weather	national_holiday	free_tickets	anti_covid	visitors
40	2023/1/9	overcast	False	9.0	off	71.0
42	2023/1/11	drizzle	False	4.0	off	77.0
44	2023/1/13	cloudy	False	11.0	off	79.0
45	2023/1/14	drizzle	False	15.0	off	48.0
46	2023/1/15	sunny	False	13.0	off	69.0

4. 填充 NA/NaN 值

如果不想删除 NaN 所在的行，可以使用 fillna 函数填充。函数形式为

```
fillna(value=None,method=None,axis=None,
       inplace=False,limit=None,downcast=None,**kwargs)
```

参数 value 为用于填充空值的值。下面的代码先在最后添加一行带缺失值的数据，然后用 0 填充缺失值。

175

```
# 新建一个df2
df2 = pd.DataFrame(['2023/5/6', 'rainy', False, np.nan, 'off', np.nan]).T
df2.columns = df.columns   # 修改df2的column和df的一致
# 把两个dataframe合并，需要设置ignore_index=True
df = pd.concat([df,df2], axis=0 ,ignore_index=True)
print(df.tail(2),end="\n\n")
df = df.fillna(0)   # 用0填充缺失值
print(df.tail(2))
```

	date	weather	national_holiday	free_tickets	anti_covid	visitors
154	2023/5/5	cloudy	False	12.0	off	1376
155	2023/5/6	rainy	False	NaN	off	NaN

	date	weather	national_holiday	free_tickets	anti_covid	visitors
154	2023/5/5	cloudy	False	12.0	off	1376
155	2023/5/6	rainy	False	0.0	off	0

除了用 0 替换外，通常的做法是替换为均值或众数（mode，即出现次数最多的值），这样易于使用且往往能取得相当好的效果。但这完全取决于所处理的特征。如果一个非常关键的特征有 2% 的缺失点，那么可能希望利用更好的估算方法来填补缺失点。流行的估算方法有缺失值聚类处理、开发用于估算缺失值的回归模型等。

用众数填补缺失值的代码如下：

```
# 在最后添加一行数据
df2 = pd.DataFrame(['2023/5/7', 'rainy', False, np.nan, 'off', np.nan]).T
df2.columns = df.columns
df = pd.concat([df,df2], axis=0 ,ignore_index=True)
print(df.tail(4),end="\n\n")
# 用众数填补缺失值
df["free_tickets"] = df["free_tickets"].fillna(df["free_tickets"].mode()[0])
print(df.tail())
```

	date	weather	national_holiday	free_tickets	anti_covid	visitors
153	2023/5/4	rainy	False	17.0	off	1535
154	2023/5/5	cloudy	False	12.0	off	1376
155	2023/5/6	rainy	False	0.0	off	0
156	2023/5/7	rainy	False	NaN	off	NaN

	date	weather	national_holiday	free_tickets	anti_covid	visitors
152	2023/5/3	overcast	True	0.0	off	1980
153	2023/5/4	rainy	False	17.0	off	1535
154	2023/5/5	cloudy	False	12.0	off	1376
155	2023/5/6	rainy	False	0.0	off	0
156	2023/5/7	rainy	False	1.0	off	NaN

也可以通过字典一次性为不同的列填充不同的值，代码如下：

```
# 在最后添加一行数据
df2 = pd.DataFrame(['2023/5/8', 'rainy', False, np.nan, np.nan,  np.nan]).T
df2.columns = df.columns
df = pd.concat([df,df2], axis=0 ,ignore_index=True)
print(df.tail(4),end="\n\n")
# 为不同的列填充不同的值
df = df.fillna({'free_tickets':10,'anti_covid':'off','visitors':80})
print(df.tail(3))
```

	date	weather	national_holiday	free_tickets	anti_covid	visitors
154	2023/5/5	cloudy	False	12.0	off	1376
155	2023/5/6	rainy	False	0.0	off	0
156	2023/5/7	rainy	False	1.0	off	NaN
157	2023/5/8	rainy	False	NaN	NaN	NaN

	date	weather	national_holiday	free_tickets	anti_covid	visitors
155	2023/5/6	rainy	False	0.0	off	0
156	2023/5/7	rainy	False	1.0	off	80
157	2023/5/8	rainy	False	10.0	off	80

三、去重处理

在很多情况下需要去掉数据中的重复数据,Pandas 中有两个函数专门用来处理重复数据。第一个是 duplicated 函数,该函数用来查找并显示数据表中的重复数据。第二个是 drop_duplicates 函数,用于删除重复数据。下面是 duplicated 函数:

```
DataFrame.duplicated(subset=None, keep='first')
```

参数 subset = None 表示当数据表中两条数据间所有列的内容都相等时,才判断为重复数据,subset = 列标签或标签序列则表示相应列相等就判断为重复数据。keep = 'first' 表示从前向后查找,即将后出现的相同数据判断为重复数据。keep = 'last',则相反。keep = False 表示所有相同数据都判断为重复数据。

示例代码如下:

```
print(df[df.duplicated()==True])
```

	date	weather	national_holiday	free_tickets	anti_covid	visitors
36	2023/1/5	rainy	False	17.0	off	59.0

下面是 drop_duplicates 函数:

```
DataFrame.drop_duplicates(subset=None, keep='first', inplace=False)
```

参数 subset 和 keep 的含义同上。inplace 默认为 False,表示删除重复项后返回一个副本。若为 True,则表示直接在原数据上删除重复项。

示例代码如下：

```
df = df.drop_duplicates()
print(df[33:38])
```

	date	weather	national_holiday	free_tickets	anti_covid	visitors
33	2023/1/3	cloudy	False	1.0	off	79.0
34	2023/1/4	sunny	False	10.0	off	51.0
35	2023/1/5	rainy	False	17.0	off	59.0
37	2023/1/6	overcast	False	9.0	off	31.0
38	2023/1/7	drizzle	False	7.0	off	74.0

四、异常值处理

严格来讲，在数据集中存在的不合理值都可以被称为异常值，包括 None、null 和 NaN 这些典型的错误值的类型。但这里的异常值特指数值大小明显不合理的值，在统计分析中也称为离群点。例如，对于正态分布，超过均值加减三倍标准差的数据点称为离群点。

异常值的处理方法有如下几种：

（1）删除含有异常值的记录。

（2）将异常值视为缺失值，按照处理缺失值的方法来处理。

（3）不处理。这主要考虑到异常值并不一定都是由错误引起的。

下面的例子的做法是将含异常值的噪声数据从数据集中剔除。

```
# 去除异常噪声数据
def drop_noisy_data(df,columns):
    df_copy=df.copy()
    df_describe= df_copy.describe()                              # 返回数据表的统计信息
    for column in columns:
        mean = df_describe.loc['mean',column]       # 某列的均值
        std = df_describe.loc['std',column]          # 某列的标准差
        minvalue = mean-3*std
        maxvalue = mean + 3*std
        df_copy = df_copy[df_copy[column] >= minvalue]     # 去除偏小的数据行
        df_copy = df_copy[df_copy[column] <= maxvalue]     # 去除偏大的数据行
    return df_copy

df = pd.read_csv('visitors.csv')
columns = ['free_tickets','visitors']
df_denoised = drop_noisy_data(df,columns)                # 要检查的列
print(df_denoised)
```

五、匿名数据和加密数据

在实际工作中经常会遇到一些数据是匿名的，或者是被加密的。数据匿名是指特征

名称未知,被加密则是特征值大小发生了改变。这样的数据会给数据分析造成一定的难度。对于这类数据,首先应该与数据提供者(通常是您的客户)进行必要的沟通,即使不能掌握其全部含义,至少也能更好地了解这些数据。这些数据都是可以用来开发模型的。

数据预处理

清洗数据后,在将数据输入模型进行训练前往往还需要对数据做进一步处理,包括创建特征、将分类特征数值化、将数据标准化、特征选择、文本数值化等。其中,文本数值化将在下一节专门讨论。

一、创建特征

这里举一个利用日期创建特征的例子。例如,要根据历史数据预测将来某一天景区的游客人数,如果利用日期创建周、月、日、季节、星期几等更多特征,就可以帮助模型更好地发现数据中的规律。利用 Pandas 和 Numpy 的一些函数可以方便地提取与日期相关的特征,例如:

```
import numpy as np
import pandas as pd
df = pd.read_csv('visitors.csv')
df = df.dropna(axis=1,how='all')
# 从日期中抽取年、月、日、周和季度等特征
df['date']= pd.to_datetime(df['date'], infer_datetime_format=True)
df["Month"]= df["date"].dt.month
df["Quarter"]=df["date"].dt.quarter
df["Year"]=df["date"].dt.year
df["Day"] = df["date"].dt.day
df["Week"]= df["date"].dt.isocalendar().week
df["Season"] = \
    np.where(df["Month"].isin([3,4,5]),"Spring",\
        np.where(df["Month"].isin([6,7,8]),"Summer",\
            np.where(df["Month"].isin([9,10,11]),"Fall",\
                np.where(df["Month"].isin([12,1,2]),"Winter","None"))))
df["Is_Weekend"] = df["date"].dt.day_name().isin(['Saturday', 'Sunday'])
print(df.iloc[np.r_[0:2,-2:0]]) # 同时显示首2行和末2行
```

	date	weather	national_holiday	free_tickets	anti_covid	visitors	\
0	2022-12-01	cloudy	False	4.0	on	2.0	
1	2022-12-02	rainy	False	8.0	on	0.0	
155	2023-05-04	rainy	False	17.0	off	1535.0	
156	2023-05-05	cloudy	False	12.0	off	1376.0	

```
      Month  Quarter    Year   Day  Week  Season  Is_Weekend
0     12.0      4.0   2022.0   1.0    48  Winter       False
1     12.0      4.0   2022.0   2.0    48  Winter       False
155    5.0      2.0   2023.0   4.0    18  Spring       False
156    5.0      2.0   2023.0   5.0    18  Spring       False
```

二、分类特征数值化

由于深度学习模型仅能理解数值数据,因此所有以文本形式存储的分类特征都需要转变为数值的形式。当数据表中特征非常多时,可以借助以下代码查看是否有非数值形式的特征值:

```
print(df.dtypes.unique()) # 特征的不同类型列表
```

```
[dtype('<M8[ns]') dtype('O') dtype('float64') UInt32Dtype() dtype('bool')]
```

接着查看哪些列的数据类型是 object。

```
print(df.columns[df.dtypes=="object"]) # 检查哪些列的数据类型是object
```

```
Index(['weather', 'national_holiday', 'anti_covid', 'Season'], dtype='object')
```

查看特征 weather 的内容。

```
df['weather'].unique()
```

```
array(['cloudy', 'rainy', 'drizzle', 'sunny', 'overcast'], dtype=object)
```

发现 weather 这一特征共有 5 个不同的值,均为文本格式,要将其转变为数值,最容易想到的是转变为 1、2、3、4、5。另一种方法是转变为独热(one-hot)编码的形式,如图 8-2 所示。

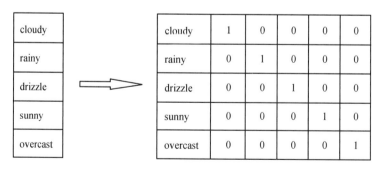

图 8-2　分类特征转变为独热编码形式

如果预计不同的类存在显著差异,那么将该分类变量表示为一个数值列可能不是一个好主意。很明显对于景区来说,雨天对游客的吸引力远不如晴天和多云的天气,但 1、2、3、4、5 之间的步增是相同的。这种情况下,采用独热编码表示分类将是一个很好的做法。但是当某个特征的分类数量非常多时,采用独热编码可能会带来维度灾难。在内存有限的普通机器中,训练模型可能是一个挑战。

一条简单的经验法则是如果拥有强大的硬件资源(GPU、RAM 和计算能力),就尽量进行独热编码转换。但是,如果资源有限,就只转换那些看起来最重要且分类数量相对较少的特征,而把分类数量多的那些特征保留为数值,然后验证所做的尝试是否能满足对模型性能的要求。如果模型的性能达不到预期效果,那么可能需要重新考虑对这些特征也进行独热编码,必要时还要考虑升级硬件设施。

利用 sklearn 包中的 LabelEncoder 和 OneHotEncoder 模块可以方便地将分类特征转换为独热编码。以下代码可以将 weather、season 和 anti_covid 三个特征一次性地转变为独热编码。

```python
from sklearn.preprocessing import LabelEncoder
from sklearn.preprocessing import OneHotEncoder
# 要独热编码的分类特征列表
categorical_columns=["weather","Season","anti_covid"]
def create_ohe(df,col): # 将一个分类特征转变为独热编码
    le = LabelEncoder()
    a = le.fit_transform(df[col]).reshape(-1,1)
    ohe = OneHotEncoder(sparse=False)
    column_names = [col+"_"+ str(i) for i in le.classes_]
    return(pd.DataFrame(ohe.fit_transform(a),columns = column_names))

temp = df.drop(labels=categorical_columns,axis=1) # 暂存不需要转化的数据
for column in categorical_columns:
    temp_df = create_ohe(df,column) # 转化
    temp = pd.concat([temp,temp_df],join="inner",axis=1) # 合并

print(temp.iloc[np.r_[0:2,-2:0]]) # 同时显示首2行和末2行
```

	date	national_holiday	free_tickets	visitors	Month	Quarter
0	2022-12-01	False	4.0	2.0	12.0	4.0
1	2022-12-02	False	8.0	0.0	12.0	4.0
153	2023-05-02	True	5.0	1981.0	5.0	2.0
154	2023-05-03	True	0.0	1980.0	5.0	2.0

	Year	Day	Week	Is_Weekend	weather_cloudy	weather_drizzle
0	2022.0	1.0	48	False	1.0	0.0
1	2022.0	2.0	48	False	0.0	0.0
153	2023.0	2.0	18	False	0.0	0.0
154	2023.0	3.0	18	False	1.0	0.0

	weather_overcast	weather_rainy	weather_sunny	Season_Spring
0	0.0	0.0	0.0	0.0
1	0.0	1.0	0.0	0.0
153	0.0	1.0	0.0	1.0
154	0.0	0.0	0.0	1.0

	Season_Winter	anti_covid_off	anti_covid_on
0	1.0	0.0	1.0
1	1.0	0.0	1.0
153	0.0	1.0	0.0
154	0.0	1.0	0.0

三、布尔型特征的转化

布尔型特征以 True 或 False 表示,需要将其转换为数值 1 或 0,以便模型能够处理该数据。以下代码将数据集中的布尔特征转换为数值 1 或 0。

```
boolean_columns = df.columns[df.dtypes=="bool"]
# 将所有布尔型特征转变为0或1
for column in boolean_columns:
    df[column]=np.where(df[column]==True,1,0)
```

注意:CSV 文件中的 True 和 False 在 Pandas 中不被自动看作布尔型数据。

以上示例代码在文件 chapter8\feature.ipynb 中。

四、数据标准化

第五章第八节中介绍了数据标准化处理,前面的多个例子也对数据进行了归一化处理,这里将对数据标准化处理做进一步介绍。

常见的数据标准化方法有区间缩放方法和 Z-分布方法。这两种标准化方法分别按照式(8-1)和式(8-2)计算。

$$X = \frac{X - \min(X)}{\max(X) - \min(X)} \tag{8-1}$$

$$X = \frac{X - \mathrm{mean}(X)}{\mathrm{SD}(X)} \tag{8-2}$$

其中,$\max(X)$ 为数据中的最大值,$\min(X)$ 为数据中的最小值,$\mathrm{mean}(X)$ 为数据的均值,$\mathrm{SD}(X)$ 为数据的标准差。

按区间缩放方法缩放后的数据的取值范围为 $[0,1]$,按 Z-分布方法处理后的数据符合标准正态分布,即均值为 0,标准差为 1。再按上一节方法剔除离群点后的取值范围则为 $[-3,3]$。

还记得在第三章进行阿拉伯数字图像识别时将每个像素值除以 255 吗?由于图像像素值的范围为 0~255,即 $\min(X)=0$,因此该处理实际上就是采用了区间缩放方法。

sklearn.preprocessing 包提供了对数据进行标准化处理的模块 MinMaxScaler 和 StandardScaler。

MinMaxScaler 实现了区间缩放功能。其构造函数如下:

```
sklearn.preprocessing.MinMaxScaler(feature_range=(0,1),copy=True)
```

参数说明如下：
- feature_range：元组(min,max)，默认为(0,1)，即所需的转换数据范围。
- copy：布尔型，是否将转换后的数据覆盖原数据，默认为 True。

常被调用的函数有：
- fit(self,X[,y = None])，计算缩放用的最大值和最小值。
- fit_transform(self,X[,y = None])，计算缩放用的最大值和最小值，并返回转换后的 X。其中，y = None 称为无监督变换，否则称为监督变换。

StandardScaler 实现了 Z-分布功能。其构造函数如下：

```
sklearn.preprocessing.StandardScaler(copy=True,with_mean=True,with_std=True)
```

参数说明如下：
- copy：布尔型，默认为 True，保存副本；若为 False，则不保存副本。
- with_mean：布尔型，默认为 True，表示将数据均值规范到 0。
- with_std：布尔型，默认为 True，表示将数据标准差规范到 1。

常被调用的函数有：
- fit(self,X[,y = None])，计算缩放用的均值和标准差。
- fit_transform(self,X[,y = None])，计算缩放用的均值和标准差，并返回转换后的 X。

对用于模型开发的输入数据进行处理时，应该仅使用训练数据来对 scaler 进行 fit，然后使用该 scaler 来转换验证和测试数据。以下代码段先用 x_train 数据集 fit，然后转换所有三个数据集，即 x_train、x_val 和 x_test。

```
from sklearn.preprocessing import StandardScaler
scaler = StandardScaler()
scaler.fit(x_train)
x_train_scaled = scaler.transform(x_train)
x_val_scaled = scaler.transform(x_val)
x_test_scaled = scaler.transform (x_test)
```

注意：这里并未对标签或目标进行任何转换。如果需要，也可以把标签或目标单独进行标准化处理，就像第二章最后的回归例子一样。另外，需要保存相应的属性数据，以便在对新数据预测时按式(8-3)进行同样的标准化处理。

```
Xmean = scaler.mean_
Xstd = scaler.scale_
```

$$x\_scaled = \frac{x\_new - X\text{mean}}{X\text{std}} \tag{8-3}$$

若 y 也进行了标准化处理，则预测值需要被还原。

五、特征选择

先来分析一个人工智能技术＋大数据在发电厂中的应用实例。某电厂通过锅炉燃烧煤产生蒸汽,蒸汽推动汽轮机旋转,带动发电机发电。为了实现煤的高效燃烧,需要控制好烟气中氧气的含量(目标值)。现在要建立一个人工神经网络模型来预测氧气的含量,用大数据来训练这个模型。训练数据可以从电厂的 DCS(Distributed Control System,分布式控制系统)导出。但是,运行参数很多,包括煤的各种成分,各个给煤机的给煤量,各处水、蒸汽、空气和烟气的温度、压力及流量,各种阀门的开度等,总共 170 多个参数。这些参数与目标值之间的关系非常复杂。其中有些参数对目标值影响较大,有些可能没有什么影响。有些参数之间可能是冗余的。如果把无关和冗余的参数都纳入为特征值,虽然不至于像在传统机器学习中那样容易引起维度灾难问题,但是会增加模型的复杂度和训练时间,还可能影响模型的性能。因此,有必要对特征做一个筛选,把无关和冗余的特征剔除,只把有用的特征作为神经网络模型的输入。

特征选择的方法很多。Lasso 就是其中之一。

Lasso 本身是一个线性回归模型,与简单的线性回归相比,损失函数中增加了惩罚项。以 L1 惩罚为例:

$$L(w,b) = \frac{1}{2N}\sum_{i=1}^{N}(w^{T}x_i + b - y_i)^2 + \alpha(\sum_{i=1}^{m}|w_i| - c) \tag{8-4}$$

惩罚项迫使模型去寻找较小的系数,使某些特征的系数被压缩为 0 而被筛选掉。α 取值越大,系数被压缩为 0 的特征越多。

笔者认为将通过线性模型筛选的结果用于非线性模型,特别是解决高度非线性问题的深度神经网络上,可靠性值得注意。最可靠的办法无疑是将每一个待选的特征子集,都在目标模型上训练一遍,根据性能指标的好坏选出最终的特征子集。但这种暴力搜索的方法效率低下,只能在特征数和样本量相对较少的时候使用。

sklearn. linear_model 包中提供了 Lasso 算法。下面的代码从 178 个特征中筛选出 130 个作为模型输入。完整的代码(包括目标模型的搭建、训练和评估部分)见文件 chapter8\feature\Lasso. ipynb。

```python
# 从Excel文件导入数据
df = pd.read_csv("某电厂锅炉运行数据-已脱敏.csv", encoding="ansi")
df = df.drop(columns=['Unnamed: 0'])

# 归一化
scaler=MinMaxScaler()
df_scaled= scaler.fit_transform(df)
df_scaled = pd.DataFrame(df_scaled, columns=df.columns)
```

```
# 分割目标值与其他变量
y = df_scaled['#6炉炉膛出口氧量']
X = df_scaled.drop(columns=['#6炉炉膛出口氧量'])
print("原有特征数：", X.shape[1])

del df_scaled # 腾出内存

# 分割为训练数据和测试数据
X_train, X_test, y_train, y_test = train_test_split(X, y,
                                    test_size=0.2, random_state=12345)

# 设定alpha的值，进行特征提取
lasso = Lasso(alpha=0.00001, random_state=1)
model_lasso = lasso.fit(X_train, y_train)
coef = pd.Series(model_lasso.coef_, index=X_train.columns)

# 得到系数不为0的特征的列表
selected_features = coef[coef != 0].index.values.tolist()

# 所选特征数据
df_selected = df[selected_features]
print("保留的特征数：", df_selected.shape[1])
```

```
原有特征数： 178
保留的特征数： 130
```

六、特征降维

与特征选择不同,特征降维是将特征从高维空间映射到低维空间,得到的是不同于原来特征的新特征。降维后的数据有助于降低模型的复杂度,减少训练时间,提高模型的性能。降到两维或三维的特征还可以用于数据可视化,像下一节图 8-4 中展示的那样。当然,前提条件是在维度减少的情况下,仍然保留重要的信息。

特征降维的方法很多。PCA(Principal Components Analysis,主成分分析)是其中较为常用的一种。PCA 是一种无监督的数据降维方法。通过将数据线性投映到 k 个正交基上而降至 k 维。

sklearn. decomposition 包中提供了 PCA 算法。

```
# 降维
pca = PCA(n_components=140) # 设定主成分的个数, 即目标维数
pca.fit(x_train)
x_train=pca.transform(x_train)
x_test=pca.transform(x_test)
```

上面的代码将输入数据从 178 维降至 140 维。PCA 函数中的参数 n_components 也可以设为 float、None 或 str,其意义分别如下:

- n_components = 0.98。返回满足主成分方差累计贡献率达到 98% 的主成分。
- n_components = None。返回所有主成分。
- n_components = 'mle'。自动选取主成分个数,使得满足所要求的方差百分比。

完整代码见文件 PCA. ipynb。从广义上来说,大多数的人工神经网络模型都属于特征降维算法。下一节的 word2vec 和第十一章中将介绍的 BERT 是在自然语言处理方面的特征降维模型。

第七节 文本数值化

人工神经网络不能直接接收文本信息(也称为"语料")作为网络的输入,无论是英文的单词和词组,还是中文的字和词语,都必须先转化为数值,才能送入人工神经网络处理。下面以英文为例介绍文本数值化的一些方法。

一、one-hot 编码

多分类问题中的类标和输入数据中的分类特征都可以用 one-hot 编码形式表示。对于文本信息,如果把字典(根据语料统计得到,不同于传统意义上的字典)中的每个单词看作一个类别,字典的大小看作总的类别数,那么将单词用 one-hot 编码形式表示也就顺理成章了。这样,字典中的每个单词都变成了一个维度等于字典大小的稀疏向量。以字典中第一个单词为例,其向量中的第一个元素是 1,其他元素均为 0。one-hot 编码至少有以下两个缺点:

(1)由于字典通常比较大,因此向量很稀疏。

(2)各个单词虽然从字典中词条的意义上可以看成相互独立的类,但在实际的文本信息中,相互之间或多或少有语法或语义等方面的关联。比如,有些单词经常一起出现,有些单词则词义相近或相反。向量之间的相关性用点积进行计算,即把向量的各对应元素相乘后求和。如果采用 one-hot 编码,那么语料中任意两个单词之间的点积总为 0。换句话说,one-hot 编码无法体现出英文单词之间的这种相关性。

在自然语言文本处理中,通常不会显式地通过 np_utils. to_categorical 函数将单词转换为独热编码后输入某个网络层,而是通过 Keras 的 Embedding 层(称为嵌入层)将单词从字典索引转换为低维向量,然后再输入某个网络层。例如:

```
model = Sequential()
model.add(Embedding(vocab_size, embed_size, input_length=1))
model.add(LSTM(128)
```

Embedding 函数的主要参数有：

- input_dim：字典的大小，上例中等于 vocab_size。
- output_dim：输出向量的维度，上例中等于 embed_size。
- input_length：输入序列的长度，上例中等于 1。假设每个句子被转换成长度为 maxlen 的索引列表（相当于单词数量为 maxlen，多余的截断，不足的用空白填充），input_length = 1 意味着 LSTM 的 timesteps 是 maxlen。如果 Embedding 后面跟的是 Conv1D，那么 input_length 取 maxlen 即可。例如：

```
model = Sequential()
model.add(Embedding(vocab_size, embed_size, input_length=maxlen))
model.add(Conv1D(filters=256, kernel_size=3, activation="relu"))
```

Embedding 的输出向量与独热编码相比，不仅维度要小得多，而且稠密。完成这一转换需要 vocab_size × embed_size 个权重参数，权重参数矩阵的形状是（vocab_size, embed_size）。

二、word2vec

从字面上来看，word2vec 是将单词（word）转化为（2 即 to）向量（vector）。实际上，word2vec 也是通过 Embedding 将单词的索引转化为一个低维稠密向量。所不同的是，word2vec 基于大型语料库学习词与词之间的相关性，获得的向量代表词汇在向量空间的分布式表示，能表达其在文本中与其他词汇在语法和语义等方面的相关性。

word2vec 有两种实现方式，即连续词袋模型（Continuous Bag Of Words，CBOW）和 skip-gram 模型。这两种方式没有本质的区别，CBOW 用周围词预测中心词，属于多分类模型。这里仅介绍 skip-gram 模型（代码见 chapter8\skip_gram.ipynb）。

skip-gram 模型通过学习当前词与语料中其他词之间的相关性来实现当前词的向量化。以下面的句子为例：

I love Chinese food so much.

I 与 love 紧挨着，而 I 与 food 离得较远，因此可以认为 I 与 love 比 I 与 food 的相关度要大，而 I 与 much 离得最远，因此 I 与 much 的相关度最小。

把每个词与其左右紧邻的词的组合标记为1，即正样本，与其他词（包括它本身）的组合标记为0，即负样本，那么可以得到如下样本数据：

((I,love),1),((love,I),1),((love,Chinese),1),((Chinese,love),1),((Chinese,food),1),((food,Chinese),1),((food,so),1),((so,food),1),((so,much),1),((much,so),1),((I,I),0),((I,Chinese),0),((I,food),0),((I,so),0),((I,much),0),((love,love),0),((love,food),0),((love,so),0),((love,much),0),((Chinese,I),0),((Chinese,Chinese),0),((Chinese,so),0),((Chinese,much),0),((food,I),0),

$((food,love),0),((food,food),0),((food,much),0),((so,I),0),((so,love),0),$ $((so,Chinese),0),((so,so),0),((much,I),0),((much,love),0),((much,Chinese),$ $0),((much,food),0),((much,much),0)$

　　显然,skip-gram 模型是两个输入,一个输出。负样本的两个输入除了由当前词和语料中非紧邻的词组成外,也可以由当前词和它本身组成。正样本当前词左右紧邻词汇的取词数称为窗口大小,因此,在上面的例子中窗口大小为1。显然,窗口大小取值越大,得到的正样本数量越多。

　　前面我们通过手动的方式取得了 skip-gram 的样本数据,其实,Keras 为此提供了更为便捷的方法。首先将文本转化为单词索引列表,然后调用 skipgrams 函数即可得到词组合和标记。请注意,由于有随机操作,每次运行下面的代码时可能得到不一样的结果。

```
from tensorflow.keras.preprocessing.text import *
from tensorflow.keras.preprocessing.sequence import skipgrams
# 文本，这里仅一句话，实际任务中是整个预料库
text = "I love Chinese food so much."
# 获取[单词:索引]字典
tokenizer =Tokenizer()
tokenizer.fit_on_texts([text])
word2id = tokenizer.word_index
# 获取[索引:单词]字典
id2word = {v:k for k, v in word2id.items()}
# 将文本转化为索引列表
wids=[word2id[w] for w in text_to_word_sequence(text)]
# 得到词组合和标记
pairs, labels = skipgrams(wids, vocabulary_size=len(word2id),
                          window_size=1,negative_samples=1)
for i in range(len(pairs)):
    print("({:s} ({:d}), {:s} ({:d})) -> {:d}".format(
            id2word[pairs[i][0]], pairs[i][0],
            id2word[pairs[i][1]], pairs[i][1],
            labels[i]))

(love (2), chinese (3)) -> 1
(food (4), so (5)) -> 0
(chinese (3), love (2)) -> 0
(so (5), i (1)) -> 0
(so (5), food (4)) -> 1
(chinese (3), food (4)) -> 1
(love (2), i (1)) -> 1
(food (4), so (5)) -> 1
(love (2), food (4)) -> 0
(food (4), love (2)) -> 0
(food (4), chinese (3)) -> 1
(so (5), love (2)) -> 0
(i (1), i (1)) -> 0
```

```
(chinese (3), so (5)) -> 0
(chinese (3), love (2)) -> 1
(much (6), so (5)) -> 1
(i (1), love (2)) -> 1
(love (2), so (5)) -> 0
(much (6), i (1)) -> 0
(so (5), much (6)) -> 1
```

skipgrams 函数中的 negative_samples 参数是大于等于 0 的浮点数,等于 0 代表没有负样本,等于 1 代表负样本与正样本数目相同,以此类推(负样本的数目是正样本的 negative_samples 倍)。

代码运行结果中有(food (4), so (5)) -> 0,food 和 so 这两个紧邻的词的组合的标记应该是 0,这看起来与 skip-gram 的原理相矛盾。造成这种情况的原因是,与前面的手动方式不同,skipgrams 函数的负样本是由当前词与字典中的词随机组成的,当字典很小时,出现这种错误标记的可能性就比较高。在实际应用中,字典总是比较大的,因而出现错误标记的可能性也就大大降低。第四章第三节的最后提到,给少量数据做错误的标记,能增强模型的泛化能力,因此您可以放心地使用 skipgrams 函数。

图 8-3 是 skip-gram 模型结构图。

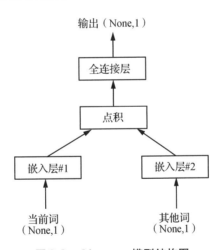

图 8-3　skip-gram 模型结构图

从图 8-3 中可以看出,该模型只是一个浅层神经网络。在 Keras 中可以很方便地实现该网络,具体代码如下:

```
from tensorflow.keras.layers import Input, Dot, Dense, Reshape
from tensorflow.keras.layers import Embedding
from tensorflow.keras.models import Model

vocab_size = 5000
embed_size = 300
input_shape = (1,)
```

```
input1 = Input(shape=input_shape,name="input_1")          # (None,1)
x1 = Embedding(vocab_size,embed_size,input_length=1,
               name='embedding_1')(input1)                 # (None,1,300)
x1 = Reshape((embed_size,))(x1)                            # (None,300)

input2 = Input(shape=input_shape,name="input_2")           # (None,1)
x2 = Embedding(vocab_size,embed_size,input_length=1,
               name='embedding_2')(input2)                 # (None,1,300)
x2 = Reshape((embed_size,))(x2)                            # (None,300)

x = Dot(axes=1,name="dot")([x1, x2])                       # (None,1)

outputs = Dense(1,activation="sigmoid")(x)                 # (None,1)

model = Model(inputs=[input1,input2],outputs=outputs)
model.compile(loss="mean_squared_error",optimizer="adam")
```

前面在生成样本数据时将相关度设定为 0 或 1,但实际上相关度是 0 ~ 1 之间的连续数值。因此,本质上该问题并不是二分类问题,而是回归问题,这也是上面代码中损失函数采用均方误差函数,而不是二元交叉熵函数的原因。

通过下面的代码将 skipgrams 函数输出的词组合和标记进一步转变为训练用的数据集。

```
x_train = np.array(pairs)
x_train_1 = x_train[:,0]
x_train_2 = x_train[:,1]
y_train = np.array(labels)
```

然后,通过下面的语句进行模型训练。

```
model.fit([x_train_1,x_train_2], y_train, epochs=100, batch_size=16)
```

与以前介绍的模型不同的是,训练好 skip-gram 模型后,我们并不用该模型去预测两个单词是否紧挨(尽管也可以这样做),相反,只是对训练产生的副产品,即把字典中的单词转换成稠密的低维的分布式表示时所用的权重矩阵感兴趣。更确切地说,对图 8-3 中嵌入层#1 的权重参数感兴趣。可以通过下面的代码来获取这些权重参数。

```
embedding_layer = model.get_layer(name="embedding_1")
weights = embedding_layer.get_weights()[0]
weights.shape
```

```
(5000, 300)
```

可见,权重参数的形状是(vocab_size, embed_size)。如果要获得字典中某个单词的分布式表示,只要在一个大小为 vocab_size 的零向量中将词索引位置设为 1 来构造一个

one-hot 向量,并将它和矩阵相乘,结果是大小为 embed_size 的向量。该向量既是 weights
的子集,也是该单词的嵌入层输出(词向量,也叫词嵌入向量)。

```
from keras.utils import np_utils
def word_weights(word):
    id1 = word2id[word]
    one_hot = np_utils.to_categorical(id1, vocab_size)
    word_weights = np.dot(one_hot, weights)
    return word_weights
word_weights("food").shape
```

(300,)

上面的例子中由于语料的量很少,得到的词向量意义不大。如果是在大型语料库中
实现,那就不一样了。图8-4是谷歌公司的托马斯·米科洛夫(Tomas Mikolov)等人根据
word2vec 模型训练的结果将一些单词的词向量降维后在二维空间的展示,看起来机器很
懂得这些单词之间的关系。由于整个算法没有依赖人工打标签,而是机器自动在语料库
中学习,这样的结果应该说是惊人的。

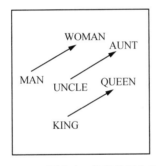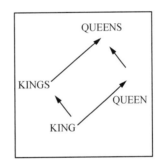

图 8-4　单词的词向量降维后在二维空间的展示

一旦有了在大型语料库中预训练好的 word2vec 模型,就可以利用该模型的嵌入层权
重矩阵来初始化自己的嵌入层。与随机初始化嵌入层相比,在训练模型时,嵌入层权重参
数只是微调,模型也收敛得更快。

第三方库 Gensim 实现了 word2vec 模型,并且将预训练好的词向量打包成
KeyedVectors 格式的文件供用户加载使用。KeyedVectors,顾名思义是词向量与键的映射,
一个键(字符串,比如一个单词)对应一个向量。知名的词向量文件 GoogleNews-vectors-
negative300.bin 是利用有 100 亿个单词且字典大小为 300 万的谷歌文章训练得到的。
Tencent_AILab_ChineseEmbedding.txt 则是腾讯提供的开源、大规模、高质量的中文词向量
数据集,包含 800 万个中文词汇。

下面的代码首先将谷歌的词向量文件载入内存,然后为字典中的单词逐一查找对应
的词向量,并将其写入权重矩阵中,最后用权重矩阵初始化模型的嵌入层权重参数。字典
中的某些单词有可能在谷歌的词向量文件里找不到对应的键,对于这些词,其权重参数取

0(初始值)。

```
from gensim.models import KeyedVectors
from tensorflow.keras.layers import Embedding,Conv1D
from tensorflow.keras.models import Sequential
# 谷歌词向量文件的本地路径
vec_path = "GoogleNews-vectors-negative300.bin"
# 载入谷歌词向量文件
word2vec = KeyedVectors.load_word2vec_format(vec_path, binary=True)
# 初始化权重矩阵，全部赋0
embedding_weights = np.zeros((vocab_size, embed_size))

for word, index in word2index.items(): # 针对字典中的每个单词及其索引
    try:
        # 将谷歌词向量逐词写入权重矩阵
        embedding_weights[index, :] = word2vec[word]
    except KeyError:
        pass # 谷歌中查不到的，保持初始值0

model = Sequential()
model.add(Embedding(vocab_size, embed_size, input_length=maxlen,
            weights=[embedding_weights])) # 初始化模型的嵌入层权重参数
model.add(Conv1D(filters=256, kernel_size=3, padding='same',
            activation="relu"))
```

也可以把嵌入层参数 trainble 设置为 False,这样模型训练时嵌入层参数将不被更新。

```
model.add(Embedding(vocab_size, embed_size, input_length=maxlen,
            weights=[embedding_weights],trainable=False))
```

既然嵌入层参数在训练时不被更新,为何不索性将嵌入层取消呢? 这时模型的结构将得到简化,不再包含 Embedding 层。我们需要做的是根据预训练好的词向量文件将数据集转换成词向量的形式,直接作为模型的输入。这样做模型的结构是简化了,但增加了数据集转换的麻烦。

上述代码见文件 chapter8\keyed_vectors.ipynb。由于这里要求谷歌的词向量文件是本地文件,运行上述代码前需要先将它下载到计算机中。

三、字节对编码

在将英文文本数值化时,最容易想到的就是把一个个英文单词数值化,也就是将单词作为文本单位进行编码。事实上,谷歌的 word2vec 就是这么做的。我们用以下代码打印出与单词 wait 和 pick 相关的文本单位词向量的第一维数值。实际上,与 wait 相关的还有 waitress 等,与 pick 相关的还有 pickup 等,不止代码中的这些。

```
wait_list = ['wait','waits','waited','waiting','waiter']
pick_list = ['pick','picks','picked','picking','picker']
for i in range(5):
    print(wait_list[i],end=' ')
    print(word2vec[wait_list[i]][0])
for i in range(5):
    print(pick_list[i],end=' ')
    print(word2vec[pick_list[i]][0])
```

```
wait 0.050048828
waits 0.038330078
waited 0.08300781
waiting 0.06542969
waiter −0.23144531
pick 0.11669922
picks −0.016967773
picked 0.013305664
picking 0.07763672
picker 0.014831543
```

不难看出,由于时态变化等原因,一个单词可能会派生出几个甚至更多的单词,这就大大增加了字典的大小,对模型的训练和使用都提出了巨大的挑战。难怪谷歌的词向量有 300 万个之多,文件大小达到 3.39 GB。

换一种思路,如果把"wait、pick、s、ed、ing、er"作为字典单词,那么单词数量将从 10 个降到 6 个,这也许并不令人印象深刻。但想想这只涉及 wait 和 pick 两个单词,字典中有大量的单词都有类似的派生现象,因此最终下降的幅度应该远超该比例。这种思路的编码就是 Byte Pair Encoding(字节对编码)。它是自然语言处理任务中最重要的编码方式之一,其有效性已经被第十一章将介绍的大语言模型所证实。

第八节 声音数据预处理

声音数据以文件的形式广泛存在于互联网世界中。最常见的声音文件后缀名有 wav、mp3 等。librosa 提供了音频读写、重采样、绘制波形图、短时傅里叶变换等多种功能。tensorflow. signal 和 scipy. signal 等包也提供了一些信号处理功能。本节仅介绍 librosa 的用法。示例代码见文件 chapter8\audio\audio. ipynb。

下面的代码读入声音文件,得到振幅信号和采样率,计算声音时长,并显示音频播放器。

```
from IPython.display import Audio
import librosa
file_path = "myvoice.wav"
# 获取音频的振幅（类型是ndarray）和采样率（类型是int）
samples, sampling_rate = librosa.load(file_path, sr = None, # 采样率
                              mono = True, # true是单通道，False是双通道
                              offset = 0.0, # 偏移多少秒开始读
                              duration = None) # 加载多少秒时长的音频
duration_of_sound = len(samples)/sampling_rate
print('数据量 %s；采样率 %s；声音时长 %s秒'%
      (len(samples),sampling_rate,round(duration_of_sound,1)))
Audio(file_path)
```

数据量 245760；采样率 48000；声音时长 5.1秒

▶ 0:05 / 0:05 ━━━━━━━━━ ◀)) ⋮

接着，对音频数据进行重采样。

```
from librosa import display
orig_sr = librosa.get_samplerate(file_path)    # 读取采样率
target_sr = orig_sr*2    # 目标采样率
re_samples = librosa.resample(samples,
                              orig_sr=orig_sr,
                              target_sr=target_sr,
                              fix=True,        # 调整重采样信号的长度
                              scale=False      # 不缩放重新采样的信号
                             )
Audio(re_samples, rate=target_sr)
```

▶ 0:05 / 0:05 ━━━━━━━━━ ◀)) ⋮

有了振幅和采样率，可以很轻松地画出振幅随时间变化的图像。

```
import matplotlib.pyplot as plt
from librosa import display
plt.figure(figsize=(5,4))
plt.rcParams['font.sans-serif']=['SimHei']
librosa.display.waveshow(samples, sr = sampling_rate)
plt.xlabel('时间（秒）')
plt.ylabel('振幅')
plt.show()
```

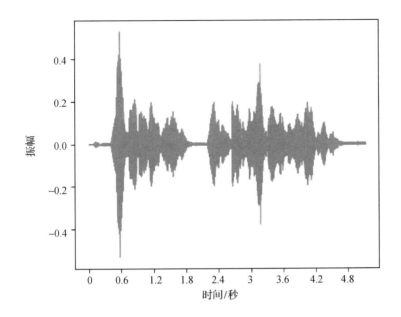

音频信号是由多种不同频率的声音波形构成的复杂信号,这些波形通过对空气造成扰动(改变压力)而共同传播,形成了人们听到的声音。振幅信息只表示声音的响度。为了更好地理解音频信号,需要将振幅转换到频率域。一个音频信号的频率域代表其中总共有多少种不同的频率组成。通过傅里叶变换(FT)可以将一段连续的信号从时间域转换为频率域。

在实际应用中,采用离散傅里叶变换(DFT),将离散信号从时间域转换为频率域,常用的快速傅里叶变换(FFT)则是 DFT 的快速算法。

通常傅里叶变换只适合处理平稳信号。对于非平稳信号,由于频率特性会随时间变化,为了捕获这一时变特性,需要对信号进行时频分析,短时傅里叶变换(STFT)将信号的时域和频域联系起来,据此可对信号进行时频分析。

```python
import numpy as np
file_path = "myvoice.wav"
# 获取音频的振幅(类型是ndarray)和采样率(类型是int)
samples , sampling_rate = librosa.load(file_path,
                          sr = None, # 采样率
                          mono = True, # true是单通道,False是双通道
                          offset = 0.0, # 音频读取的时间
                          duration = None) #获取音频的时长
D = np.abs(librosa.stft(samples))  # STFT
print(D.shape)
```

(1025, 481)

根据 STFT 的结果可以进一步绘制声谱图。

```
plt.figure(figsize=(5,4))
librosa.display.specshow(librosa.amplitude_to_db(D,ref=np.max),
                         y_axis='log',x_axis='time',sr=sampling_rate)
plt.colorbar(format='%+2.0f dB')
plt.title('对数频率功率谱')
plt.xlabel('时间（秒）')
plt.ylabel('频率（Hz）')
plt.tight_layout()
```

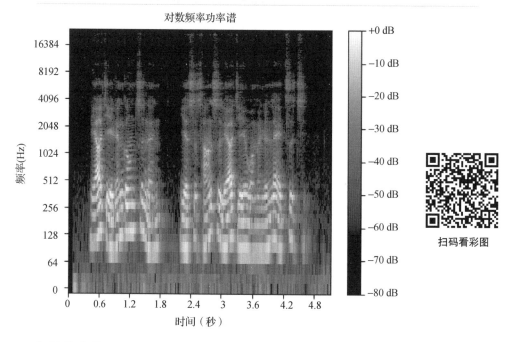

扫码看彩图

如果将声谱图看作一幅图像,也就是把音频文件转变成了图像文件。那么能不能按照图像的处理方法来处理声音问题呢? 下面来做一个有趣的实验,将 16000_pcm_speeches 数据集中的声音文件全部转化为图像文件,然后对这些图像文件进行分类处理,看能不能获得好的结果。下面的代码实现了从声音到图像的批量转换。

```
%%capture
sub_folders =os.listdir('16000_pcm_speeches')    # 获取子文件夹
for sub in sub_folders:
    if sub not in ['Benjamin_Netanyau', 'Jens_Stoltenberg', 'Julia_Gillard',
                'Magaret_Tarcher', 'Nelson_Mandela']:
        continue # 不考虑噪音
    if not os.path.isdir('img/train/'+sub):
        os.mkdir('img/train/'+sub)
    if not os.path.isdir('img/test/'+sub):
        os.mkdir('img/test/'+sub)
    voices = os.listdir('16000_pcm_speeches/'+sub)
    j=0
    for i in voices:
        plt.figure(figsize=(3,3))
```

```
plt.axis('off')
auido_file = '16000_pcm_speeches/'+sub+'/'+i
if j<1200: # 作为训练数据
    img_file  = 'img/train/'+sub+'/'+i.strip('.wav')+'.png'
else:       # 作为测试数据
    img_file  = 'img/test/'+sub+'/'+i.strip('.wav')+'.png'
samples , sampling_rate = librosa.load(auido_file,
                sr = None, # 采样率
                mono = True, # true是单通道，False是双通道
                offset = 0.0, # 音频读取的时间
                duration = None) # 获取音频的时长
D = np.abs(librosa.stft(samples))  # STFT
librosa.display.specshow(librosa.amplitude_to_db(D,ref=np.max),
                ax = None,  sr=sampling_rate)

plt.savefig(img_file,bbox_inches='tight',pad_inches=0) # 图片四周不留白
j+=1
```

上述代码中第一行是 IPython 的一个"魔法"命令，可以关闭所在单元格的输出，防止 .ipynb文件越来越大而出现卡顿。

然后搭建模型。

```
# 构建不带分类器的预训练模型
base_model = DenseNet169(weights=None ,input_shape=(230, 230, 3),
                include_top=False)
# 添加全局平均池化层
x = GlobalAveragePooling2D()(base_model.output)
# 添加一个全连接层
x = Dense(1024, activation='relu')(x)
# 添加一个5分类器
predictions = Dense(5, activation='softmax')(x)
# 构建我们需要训练的完整模型
model = Model(inputs=base_model.input, outputs=predictions)
for layer in base_model.layers:
        layer.trainable = True # 训练DenseNet169的卷积层


# 配置模型训练过程（一定要在锁层以后操作）
model.compile(loss='categorical_crossentropy',
            optimizer=RMSprop(1e-3),
            metrics=['acc'])
```

上面的代码与第六章中最后的例子基本一样，主要差别在于输入数据形状与数据类别数不同。模型的配置和训练过程也基本相同，这里不再赘述。最后看一下对模型的评估。

```
model.evaluate(test_data, batch_size=32, verbose=0)
```

```
[0.03883497416973114, 0.9973351359367371]
```

模型的测试精度达到 99.7%！效果非常好。这说明声谱图很好地保留了原始声音文件中的信息。上述实验的完整代码见文件 chapter8\audio\audio2img. ipynb。

16000_pcm_speeches 数据集中的声音文件都是等长的。如果声音文件不等长，可以先分割为等长的文件。下面的代码提供了对. wav文件的分割方法，其中用到了 pydub 包。

```python
from pydub import AudioSegment
import math
class SplitWavAudio():
    def __init__(self, folder, filename):
        self.folder = folder
        self.filename = filename
        self.filepath = folder+'\\'+filename
        self.audio = AudioSegment.from_wav(self.filepath)
    def get_duration(self):
        return self.audio.duration_seconds
    def single_split(self, from_sec, to_sec, split_filename):
        t1 = from_sec * 1000
        t2 = to_sec * 1000
        split_audio = self.audio[t1:t2]
        split_audio.export(self.folder+'\\'+split_filename, format="wav")
    def multiple_split(self, sec_per_split):
        print("原声音文件时长: "+str(round(self.get_duration(),1)))
        total_secs = int(self.get_duration())
        residue = False
        if total_secs<self.get_duration():
            residue = True
        for i in range(0, total_secs, sec_per_split):
            if i+sec_per_split>total_secs:
                residue = True
                break
            split_fn = self.filename.replace(".wav",
                            '_'+str(int(i/sec_per_split))+".wav")
            self.single_split(i, i+sec_per_split, split_fn)
            print('Part ' + str(int(i/sec_per_split)) + ' Done')
        print('分割完成。', end='')
        if residue:
            print("文件最后不足"+str(sec_per_split)+"秒的部分被舍弃。")
folder = '.'
file = 'myvoice.wav'
split_wav = SplitWavAudio(folder, file)
split_wav.multiple_split(sec_per_split=2)
```

原声音文件时长: 5.1
Part 0 Done
Part 1 Done
分割完成。文件最后不足2秒的部分被舍弃。

数据的调整和数据集的划分

本章最后就数据的调整和数据集的划分再进行一些讨论。

一、数据的调整

1. 输入数据形状的调整

模型的输入数据往往需要根据输入层结构进行形状调整(Reshape)。以图像数据为例,对于 3×3 的灰度图像,其原始数据是二维张量,输入 MLP 时要调整为(None,9),输入 CNN 时通常要调整为(None,3,3,1)。

2. 文本序列数据长度的调整

文本序列数据往往长短不一,比如文章中各个句子总是有长有短,因此需要统一为相同的长度,过短的序列要填充,过长的序列要截断。通过 tensorflow. keras. preprocessing. sequence 的 pad_sequences 函数可以轻松地一次性对多个序列(序列的列表)执行该任务。

```
tensorflow.keras.preprocessing.sequence.pad_sequences(
    sequences,          # 序列的列表
    maxlen=None,        # 输出序列的统一长度,默认为所有序列中的最大长度
    dtype='int32',      # 输出序列的类型
    padding='pre',      # 'pre'或'post',在序列前填充或在序列后填充
    truncating='pre',   # 'pre'或'post',从序列前端截取或者从序列后端截取
    value=0.0           # 填充值,单精度浮点数或者字符串
)
```

若序列长度小于 maxlen 的值,则用参数 value 的值填充序列;若序列长度大于 maxlen 的值,则截断序列使其长度为 maxlen。填充和截断的位置取决于参数 padding 和 truncating。

pad_sequences 函数返回形状为(len(sequences), maxlen)的 Numpy 数组。

3. 对于多分类模型,整数标签数据经常被转化为 one-hot 向量

```
y_train = np_utils.to_categorical(y_train)
y_test = np_utils.to_categorical(y_test)
```

这里需要强调的是,整数标签应该从零开始。

顺便提一下,用下面的代码可以方便地统计标签的数量。

```
num_labels = len(np.unique(y_train))
```

二、数据集的划分

模型的训练和评估都依赖于数据,因此也受到数据集划分的影响。通常把大部分数据用来训练模型,把小部分数据用来评估模型。在本书之前的案例中都是这样做的。比如,在第七章最后的案例中通过下面的代码利用 sklearn 包把数据集按照 8 : 2 分割为训练集和测试集,然后再把训练集按照 9 : 1 划分为训练集和验证集。

```
from sklearn.model_selection import train_test_split
x_train, x_test, y_train, y_test = train_test_split(
    x_data, y_data, test_size=0.2, random_state=123, shuffle=True)

x_train, x_validation, y_train, y_vaildation = train_test_split\
(x_train, y_train, test_size=0.1, random_state=123, shuffle=True)
```

注意:将上述代码中的 random_state 参数设置为 123,是为了使实验结果具有复现性。random_state 的默认值是 0,在默认状态下,数据被随机划入不同的数据集中,因此每次调用以上代码都将得到不同的训练集、测试集和验证集。这意味着模型的训练会得到不同的结果,评估得到的性能指标也会不同。如果和前面的案例中一样只分割一次,那么有可能评估得到的性能指标是不可靠的。一个解决方案是随机分割若干次,并进行相应的训练和评估,将这若干次评估结果的平均值作为最终的结果。这种做法称为多次留出法。

另一种经典的划分方法叫作交叉验证法。先将数据分为大小相同的 K 份,即 K 个子集。然后,每次用 $K-1$ 个子集的并集作为训练集,余下的一个子集作为验证集和测试集,这样得到 K 个组合,从而可以对模型进行 K 次训练和评估,并把 K 个测试结果的平均值作为最终的评估结果。这种方法又称为 K 折交叉验证法。下面是 K 折交叉验证法的一个简单例子。代码在文件 chapter8\k_fold_validation. ipynb 中。

```
from sklearn.model_selection import KFold
from sklearn.metrics import accuracy_score
import numpy as np
from tensorflow.keras.models import Sequential
from tensorflow.keras.layers import Dense,Activation
# 准备模型
model = Sequential()
model.add(Dense(64,input_dim=2,activation='relu'))
model.add(Dense(1,activation='sigmoid'))
model.compile(loss='binary_crossentropy',optimizer='sgd',metrics=['accuracy'])
# 生成随机数据集
x_data = np.random.random((100,2))
y_data = np.random.randint(2,size=(100,1))
# 5折交叉验证
kf = KFold(n_splits=5,shuffle=False)
```

```
for train_index , test_index in kf.split(x_data, y_data):
    # 获取本组训练集和测试集
    x_train, y_train = x_data[train_index], y_data[train_index]
    x_test, y_test = x_data[test_index], y_data[test_index]
    # 在本组的数据上训练模型
    model.fit(x_train, y_train)
    # 预测
    prediction = model.predict(x_test)
    # 评估
    score = accuracy_score(y_test,np.where(prediction> 0.5, 1, 0))
    # 打印本次评估结果
    print(score)
```

到目前为止,我们都是准备好了所有的数据,并对数据进行划分后才开始训练模型。在接下来的两章中,我们将看到部分甚至全部数据是边训练边产生的。

人工智能技术
Artificial Intelligence Technology

高级篇

生成对抗网络

设想我们让计算机创作一幅画,比如画一匹马。画是由像素组成的,最直接的方法是让计算机掌握画中像素(特征)的分布规律,就像画家一样。但对计算机来说,要显式地表达这一分布规律是非常困难的。一个变通的办法是搭建两个神经网络,其中一个神经网络负责作画,另一个神经网络负责判断画的真伪。这两个神经网络分别称为生成器和判别器。判断真伪实质上就是一个二分类问题,因此这里的判别器实际上就是一个二分类器。通过监督学习的方法训练判别器,使其具有很好的判别能力。当生成器作的画被判为伪作时(说明画的不像马),对生成器神经网络中的参数进行调整,直到判别器无法判断真伪为止。此时我们可以认为生成器近似掌握了画中像素(特征)的分布规律。

上述方法由伊恩·古德费罗在 2014 年首次提出,称为 Generative Adversarial Nets(GAN),即生成对抗网络。随后,GAN 逐渐流行。各种改进方案也陆续出现,GAN 的应用也从伪造图像拓展到图像风格转换等领域。

 经典 GAN

经典 GAN 的架构可以用图 9-1 形象地表示。

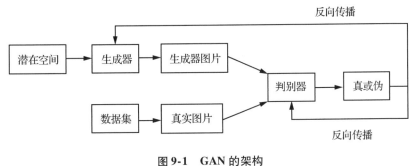

图 9-1　GAN 的架构

GAN 之所以被称为生成对抗网络,是因为生成器和判别器之间是一种对抗的关系。我们可以把生成器比喻成伪造钞票的团伙,把判别器比喻成验钞机开发团队。伪造钞票的团伙希望能够伪造出验钞机无法识破的钞票,验钞机开发团队则希望能够研发出能识别伪钞的验钞机。两个团队都在相互较劲中不断地提高自身的水平。

这种相互较劲在 GAN 中体现为:在 GAN 的训练过程中,判别器先从已知的真钞和伪钞中学习,提高判别能力,在此过程中,真钞和伪钞分别标记为 1 和 0,生成器的参数保持不变,如图 9-2 所示。这个过程相当于伪造钞票的团伙把新伪钞投入市场后,验钞机开发团队对验钞机进行改进。改进的过程中假设没有更新的伪钞出现。由于验钞机既要能够识破伪钞,又要能够认出真钞,因此训练时既要提供真实数据,又要提供伪数据。

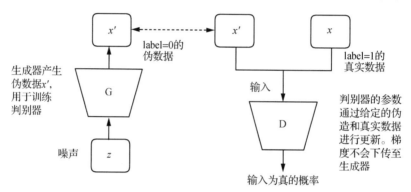

图 9-2　训练判别器

更新判别器参数同样是采用梯度下降法。因此,关键是确定损失函数。根据第二章中式(2-21),设 batch_size 等于 m,则

$$L^{(D)}(\theta^{(G)},\theta^{(D)}) = -\frac{1}{m}\sum_{i=1}^{m/2}\{\ln D(x^{(i)}) + \ln(1 - D(G(z^{(i)})))\} \tag{9-1}$$

改进的验钞机投用后,伪造钞票的团伙将按照新的验钞机改进其伪造技术,他们把伪钞当成真钞去骗验钞机,希望验钞机相信验到的是真钞,在此过程中,假设没有更新的验钞机出现。由于伪造钞票的团伙对验钞机能否认出真钞不感兴趣,因此他们懒得去测试真钞。这个过程相当于对生成器进行训练,训练过程中只用了伪数据,并且伪数据被标记为 1,判别器输出的是输入为真的概率,并且判别器的参数被冻结。这个过程可以用图 9-3 来描述。

训练生成器的损失函数也是交叉熵函数,由于只有标记为 1 的伪数据,按式(9-2)确定:

$$L^{(G)}(\theta^{(G)},\theta^{(D)}) = -\frac{1}{m}\sum_{i=1}^{m}\ln D(G(z^{(i)})) \tag{9-2}$$

就像伪造钞票团伙改进伪造技术与验钞机研发团队改进验钞机的对抗是"你来我往"的过程一样,GAN 中判别器和生成器的学习也是交替进行的。不同的是,对于 GAN 来说,当训练进行到判别器无法很好地识别真假时,对抗训练就结束了,此时的生成器就是以后用来作画的工具。所谓判别器无法很好地识别真假,相当于图 9-2 中判别器 D 的输出非常接近 0.5。

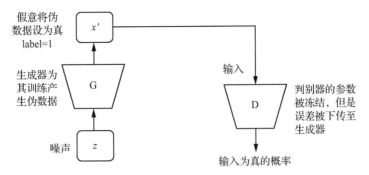

图 9-3　训练生成器

了解了训练的过程,编程实现就很简单了。下面的代码试图让 GAN 学习画《蒙娜丽莎》。判别器和生成器的定义如下:

```
def discriminator():
    model = Sequential(name='discriminator_model')
    model.add(Flatten(input_shape=SHAPE))
    model.add(Dense(CAPACITY, input_shape=SHAPE))
    model.add(LeakyReLU(alpha=0.2))
    model.add(Dense(int(CAPACITY/2)))
    model.add(LeakyReLU(alpha=0.2))
    model.add(Dense(1, activation='sigmoid'))
    model.compile(loss='binary_crossentropy',
                  optimizer=OPTIMIZER, metrics=['accuracy'])
    return model

def generator(block_starting_size=128, num_blocks=4):
    model = Sequential(name='generator_model')
    block_size = block_starting_size
    model.add(Dense(block_size, input_shape=(LATENT_SPACE_SIZE,)))
    model.add(LeakyReLU(alpha=0.2))
    model.add(BatchNormalization(momentum=0.8))
    for i in range(num_blocks-1):
        block_size = block_size * 2
        model.add(Dense(block_size))
        model.add(LeakyReLU(alpha=0.2))
        model.add(BatchNormalization(momentum=0.8))
    model.add(Dense(CAPACITY, activation='tanh'))
    model.add(Reshape(SHAPE))
    model.compile(loss='binary_crossentropy', optimizer=OPTIMIZER)
    return model
```

其中:

```
SHAPE = (W,H,C)              # 图像的宽度、高度和通道数
CAPACITY = W*H*C
LATENT_SPACE_SIZE = 100      # 潜在空间大小
```

在第三章阿拉伯数字识别的例子中,在预处理数据时将图像像素从多维数据 reshape 为一维。这里的判别器模型中则采用 Flatten 层将数据压平成一维。生成器中通过 Reshape 层将数据从一维转为多维后再输出。

有了判别器和生成器,就可以定义 GAN 了。注意将判别器的参数冻结。

```
def gan(discrimator, generator):
        model = Sequential()
        model.add(generator)
        discriminator.trainable = False # 将判别器的参数冻结
        model.add(discriminator)
        model.compile(loss='binary_crossentropy', optimizer=OPTIMIZER)
        return model
```

接下来准备真实的数据。注意:这里只用了一张真实的图片。

```
filename = os.path.join('data-mengnalisa', 'Mona_Lisa_Smile-small.jpg')
img = tf.keras.preprocessing.image.load_img(filename, target_size=(W,H,C))
img = tf.keras.preprocessing.image.img_to_array(img)        # (64, 64, 3)
img = (img-127.5)/127.5        # 数据归一化
# 先增加一个维度,然后进行重复操作,相当于所有真实的图片都是同一张图片
X_train = np.expand_dims(img,0).repeat(batch_size/2,axis=0) # (16, 64, 64, 3)
```

然后定义训练过程。

```
for e in range(EPOCHS):
    # 取每批数据的一半作为真实数据,标记打为1
    half_batch_size = int(batch_size/2)
    real_images_raw = X_train
    x_real_images = real_images_raw.reshape(half_batch_size,
                                        SHAPE[0],SHAPE[1],SHAPE[2])
    y_real_labels = np.ones([half_batch_size,1])

    # 每批数据的另一半(即伪数据)由生成器产生,标记打为0
    latent_space_samples = sample_latent_space(half_batch_size)
    x_generated_images = generator.predict(latent_space_samples)
    y_generated_labels = np.zeros([half_batch_size,1])

    # 真伪数据合并
    x_batch = np.concatenate( [x_real_images, x_generated_images] )
    y_batch = np.concatenate( [y_real_labels, y_generated_labels] )

    # 用以上数据训练判别器
    discriminator.trainable = True # 解冻判别器
    discriminator_out = discriminator.train_on_batch(
                        x_batch, y_batch, return_dict=True)
    discriminator_loss_history[e] = discriminator_out["loss"]
```

```
# 训练生成器
discriminator.trainable = False  # 冻结判别器
# 将随机信号送入生成器产生伪数据，打上标记1，进行训练
x_latent_space_samples = sample_latent_space(batch_size)
y_generated_labels = np.ones([batch_size,1])
gan_out = gan.train_on_batch(
    x_latent_space_samples,y_generated_labels, return_dict=True)
generator_loss_history[e]=gan_out["loss"]

# 保存训练数据到记录文件
fout = open(TRAIN_LOG_PATH, "a+")  # 打开训练记录文件
if e==0:
    fout.write("{0}\t{1}\t{2}\t{3}\n".format("epoch",
               "discriminator_loss", "discriminator_accuracy",
               "gan_loss"))
fout.write("{:05d}\t{:.5f}\t{:.5f}\t{:.5f}\n".format(
    e + 1, discriminator_out["loss"],
    discriminator_out["accuracy"], gan_out["loss"]))
fout.close()

# 每隔一定的训练次数，检查伪造图片
if e % CHECKPOINT == 0 :
    plot_checkpoint(e)
```

注意：因为这里是交替进行训练，训练模型用的是 model.train_on_batch 函数，而不是 model.fit 函数。

潜在空间取样就是在正态分布中随机取样。

```
def sample_latent_space(instances):
    return np.random.normal(0, 1, (instances, LATENT_SPACE_SIZE))
```

通过下面的代码在训练过程中定期查看生成器生成图片的质量。

```
def plot_checkpoint(e):
    noise = sample_latent_space(3)       # 每次生成的画的数量为3
    images = generator.predict(noise)    # 生成画
    for i in range(images.shape[0]):
        filename=os.path.join('out',
                              'sample_'+str(e)+'_'+str(i)+'.png')
        image = images[i, :, :, :]
        image = image*127.5+127.5        # 数据还原
        image = Image.fromarray(image.astype('uint8')).convert('RGB')
        image.save(filename)             # 将画保存到文件
    return
```

图 9-4 展示了《蒙娜丽莎》原图与训练开始、训练 1 000 次、10 000 次、20 000 次、30 000 次、40 000 次和 50 000 次时模型生成的图片。

原图　　训练开始　　1 000次　　10 000次　　20 000次　　30 000次　　40 000次　　50 000次

图 9-4　训练过程中生成器生成图片质量的变化

完整的代码在文件 chapter9\gan\gan_mengnalisa. ipynb 中。利用训练好的模型画《蒙娜丽莎》的代码在文件 chapter9\gan\draw_mengnalisa. ipynb 中。

扫码看彩图

第二节　DCGAN

DCGAN 是 Deep Convolutional GAN 的缩写。顾名思义,DCGAN 将深度卷积神经网络用于 GAN。GAN 的应用领域以图像为主,涉及图像的分类和生成,而卷积神经网络在图像处理方面具有独特的优势,因此将两者结合也是顺理成章的事。

DCGAN 与经典 GAN 的区别主要在判别器和生成器的具体实现上。下面是判别器的实现代码。

```
def discriminator():
    model = Sequential()
    model.add(Convolution2D(64, (5, 5), strides=(2,2), input_shape=(W,H,C),
                           padding='same',activation=LeakyReLU(alpha=0.2)))
    model.add(Dropout(0.3))
    model.add(BatchNormalization())
    model.add(Convolution2D(128, (5, 5), strides=(2,2),
                           padding='same',activation=LeakyReLU(alpha=0.2)))
    model.add(Dropout(0.3))
    model.add(BatchNormalization())
    model.add(Flatten())
    model.add(Dense(1, activation='sigmoid'))
    model.compile(loss='binary_crossentropy',
                optimizer=OPTIMIZER, metrics=['accuracy'] )
    return model
```

下面是生成器的实现代码。

```python
def generator():
    model = Sequential()
    model.add(Dense(256*int(W/8)*int(H/8), activation=LeakyReLU(0.2),
                    input_dim=LATENT_SPACE_SIZE))
    model.add(BatchNormalization())
    model.add(Reshape((int(W/8), int(H/8), 256)))
    model.add(UpSampling2D())
    model.add(Convolution2D(128, (5, 5), padding='same',
                            activation=LeakyReLU(0.2)))
    model.add(BatchNormalization())
    model.add(UpSampling2D())
    model.add(Convolution2D(64, (5, 5), padding='same',
                            activation=LeakyReLU(0.2)))
    model.add(BatchNormalization())
    model.add(UpSampling2D())
    model.add(Convolution2D(C, (5, 5), padding='same',
                            activation='tanh'))
    model.compile(loss='binary_crossentropy', optimizer=OPTIMIZER)
    return model
```

Reshape 得到的张量形状为(8,8,256),通过 3 次 UpSampling2D 将 shape[0]和 shape[1]扩展到 64,64。通道数则通过 Convolution2D 从 256 调整到 3,最后得到形状为(64,64,3)的图像数据。Convolution2D 等同于第六章中介绍的 Conv2D。您也可以尝试使用反卷积函数 Conv2DTranspose 代替 UpSampling2D 和 Convolution2D 来实现生成器模型。

与 GAN 生成器的输出做比较,DCGAN 的输出收敛得更快,如图 9-5 所示。

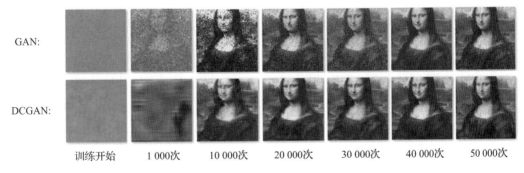

图 9-5　GAN 与 DCGAN 收敛过程比较

完整的代码见文件 chapter9\dcgan\dcgan-mengnalisa.ipynb。

扫码看彩图

211

第三节 利用条件 GAN 架构实现图像风格转换

菲利普·伊索拉(Phillip Isola)等人提出了 Pix2Pix 技术,利用该技术可以通过 GAN 架构对图像进行风格转换。例如,将图 9-6 中左侧梦幻风格的街景转变为右侧的实景,将白天的景色转变为夜景,将灰度图像转变为彩色图像等。下面以将灰度图像转变为彩色图像为例来说明其工作原理。实现代码见文件 chapter9\pix2pix_bw2color\pix2pix.ipynb。

扫码看彩图

图 9-6 梦幻风格的街景转变为实景

与基础 GAN(包括经典 GAN 和 DCGAN)不同的是,生成器的输入不是随机噪声,而是灰度图像,输出的是与灰度图像大小和内容相同的彩色伪图像。判别器的输入不是单个图像,而是一对图像。在每一个 epoch 训练时,首先将灰度图像与它对应的彩色伪图像结对作为伪样本,将灰度图像与它对应的真实彩色图像结对作为真实样本,训练判别器(图 9-7);然后将灰度图像与它对应的彩色伪图像结对作为真实样本,训练生成器(图 9-8),在此期间临时冻结判别器的参数。训练完成后,生成器自然就变成了能将灰度图像转变为彩色图像的图像风格转换器。

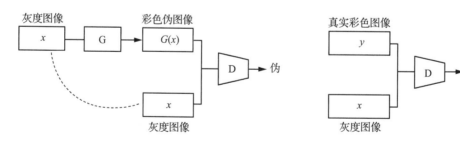

图 9-7 训练判别器

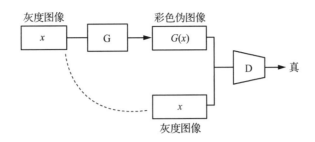

图 9-8　训练生成器

以下是训练代码。

```
for e in range(EPOCHS): # 每一轮训练
    x_train_temp = deepcopy(x_train) # 将彩色数据集复制到临时变量
    x_train_gray_temp = deepcopy(x_train_gray)
    number_of_batches = int(len(x_train) / BATCH_SIZE)

    # 每隔2个epoch，将学习率减小为原来的1/2
    if e % 2 == 0 and e != 0:
        for model in [gan, discriminator]:
            lr = K.get_value(model.optimizer.lr)
            K.set_value(model.optimizer.lr, lr * 0.5)

    for b in range(number_of_batches): # 逐批训练
        # 获取本批图像
        starting_id = randint(0, (len(x_train_temp)-BATCH_SIZE))
        original_images_color=x_train_temp[starting_id:
                                    (starting_id+BATCH_SIZE)]
        original_images_gray=x_train_gray_temp[starting_id:
                                    (starting_id+BATCH_SIZE)]

        # 删除本轮训练过的图像
        x_train_temp = np.delete(x_train_temp,
                        range(starting_id, (starting_id+BATCH_SIZE)),0)
        x_train_gray_temp = np.delete(x_train_gray_temp,
                        range(starting_id, (starting_id+BATCH_SIZE)),0)

        # 改变形状
        batch_color = original_images_color.reshape(BATCH_SIZE, W, H, C)
        batch_gray = original_images_gray.reshape(BATCH_SIZE, W, H, C)

        # PatchGAN, shape:(BATCH_SIZE, 4, 4, 1)
        y_valid = np.ones((BATCH_SIZE,)+(4, 4, 1))
        y_fake = np.zeros((BATCH_SIZE,)+(4, 4, 1))

        # 生成彩色伪图像
        fake_color = generator.predict(batch_gray)
```

```
# 训练判别器
discriminator.trainable = True # 解冻判别器的参数
discriminator_out_real = discriminator.train_on_batch(
        [batch_color,batch_gray],y_valid,return_dict=True)
discriminator_out_fake = discriminator.train_on_batch(
        [fake_color,batch_gray],y_fake,return_dict=True)

# 训练生成器
discriminator.trainable = False # 冻结判别器的参数
gan_out = gan.train_on_batch([batch_color, batch_gray],
                        [y_valid,batch_color],return_dict=True)
```

训练过程中，每隔 2 个 epoch，将学习率减小为原来的 1/2。由于 train_on_batch 函数无法如 fit 函数那样通过回调函数来自定义学习率调整策略，所以这里通过 Keras 后端实现了学习率的动态调整。

另外，这里采用了 PatchGAN 技术，判别器首先将图像卷积成若干图像块（Image Patches），然后对每一块判断真伪。这意味着对于每一个图像，有多少图像块就需要多少标记。这一技术尤其适用于较大的图像。

你可以把输入判别器的灰度图像看成是约束条件，因此这种架构属于条件 GAN（Conditional GAN，CGAN）。

生成器可以采用普通的 encoder-decoder 架构，前面若干层通过跨步卷积或卷积加下采样将图像压缩，后面若干层通过卷积加上采样或反卷积从压缩信息中重新构建图像。生成器也可以采用带捷径链接（skip-connection）的 encoder-decoder 架构，如果是在 encoder 和 decoder 的镜像层之间进行捷径链接，那么该架构称为 U-Net 架构（图 9-9）。采用捷径链接时 encoder 的层数一般要适应图像的大小。

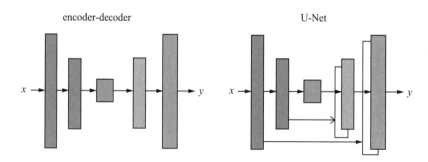

图 9-9　普通的 encoder-decoder 架构与 U-Net 架构

生成器的实现代码如下：

```
def generator():
    input_layer = Input(shape=SHAPE, name='generator_input')

    down_1 = Convolution2D(64, kernel_size=4, strides=2,
        padding='same', activation=LeakyReLU(alpha=0.2))(input_layer)

    down_2 = Convolution2D(64*2, kernel_size=4, strides=2,
        padding='same', activation=LeakyReLU(alpha=0.2))(down_1)
    norm_2 = InstanceNormalization()(down_2)

    down_3 = Convolution2D(64*4, kernel_size=4, strides=2,
        padding='same', activation=LeakyReLU(alpha=0.2))(norm_2)
    norm_3 = InstanceNormalization()(down_3)

    down_4 = Convolution2D(64*8, kernel_size=4, strides=2,
        padding='same', activation=LeakyReLU(alpha=0.2))(norm_3)
    norm_4 = InstanceNormalization()(down_4)

    upsample_1 = UpSampling2D(size=2)(norm_4)
    up_conv_1 = Convolution2D(64*8, kernel_size=4, strides=1,
        padding='same', activation='relu')(upsample_1)
    norm_up_1 = InstanceNormalization()(up_conv_1)
    add_skip_1 = Concatenate()([norm_up_1,norm_3])

    upsample_2 = UpSampling2D(size=2)(add_skip_1)
    up_conv_2 = Convolution2D(64*8, kernel_size=4, strides=1,
        padding='same', activation='relu')(upsample_2)
    norm_up_2 = InstanceNormalization()(up_conv_2)
    add_skip_2 = Concatenate()([norm_up_2,norm_2])

    upsample_3 = UpSampling2D(size=2)(add_skip_2)
    up_conv_3 = Convolution2D(64*8, kernel_size=4, strides=1,
        padding='same', activation='relu')(upsample_3)
    norm_up_3 = InstanceNormalization()(up_conv_3)
    add_skip_3 = Concatenate()([norm_up_3,down_1])

    last_upsample = UpSampling2D(size=2)(add_skip_3)
    output_layer = Convolution2D(C, kernel_size=4, strides=1,
        padding='same', activation='tanh', name='generator_output')\
            (last_upsample)

    model = Model(input_layer,output_layer, name='generator_model')
    model.compile(loss='binary_crossentropy',
                optimizer=OPTIMIZER, metrics=['accuracy'])
    return model
```

判别器的实现代码如下,注意其输出的形状应与训练代码中 PatchGAN 标记的一致。

```
def discriminator():
    def conv2d(layer_input, filters, kernel_size=(4,4),
            strides=(2,2), nomalization=True):
        d = Convolution2D(filters=filters, kernel_size=kernel_size,
                    strides=strides, padding="same")(layer_input)
        d = LeakyReLU(alpha=0.2)(d)
        if nomalization:
            d = InstanceNormalization()(d)
        return d

    input_A = Input(shape=SHAPE, name='discriminator_input_A')
    input_B = Input(shape=SHAPE, name='discriminator_input_B')
    input_layer = Concatenate(axis=-1)([input_A, input_B])

    d = conv2d(input_layer, 64, nomalization=False)
    d = conv2d(d, 128)
    d = conv2d(d, 256)
    d = conv2d(d, 512, strides=(1,1))

    output_layer = Convolution2D(1, kernel_size=4, strides=1,
                    padding='same')(d)      # (None, 4, 4, 1)

    model = Model([input_A, input_B], output_layer,
                name='discriminator_model')
    model.compile(loss='mse', optimizer=OPTIMIZER, metrics=['accuracy'])
    return model
```

在基础 GAN 中,判别器都采用二元交叉熵误差函数作为损失函数。毛旭东等人研究发现,该损失函数可能导致学习过程中出现梯度消失问题,采用 MSE 损失函数使学习过程更加稳定,产生的图像质量也更好,因此这里损失函数采用 MSE。采用 MSE 损失函数的 GAN 被称为 LSGAN(Least Squares GAN)。

您可能还注意到,在生成器和判别器的定义中都采用了 InstanceNormalization,而不是 BatchNormalization。两者的区别在于,BN 对一批图像在同一通道上的特征进行归一化操作,而 IN 是对单个图像在同一通道上的特征进行归一化操作。在图像风格转换任务中,为了保留每个图像实例的独特性,适合采用 IN,而在图像分类任务中,由于分类结果取决于数据的整体分布,因此适合采用 BN。本例中如果采用 BN,那么为了每幅图像中的特有细节不至于丢失,BATCH_SIZE 只能取 1。由于这里采用了 IN,BATCH_SIZE 可以根据算力选择(本例中取 128),这样,充分利用了 GPU 的性能,大大加快了训练的速度。

图像风格转换 GAN 与基础 GAN 的另一个不同之处是,为了最小化所生成图像中的模糊效果,增加了基于彩色伪图像和真实彩色图像的 MAE 损失。

下面是 GAN 的定义。

```
def gan(inputs=[], outputs=[]):
    model = Model(inputs = inputs, outputs = outputs, name='gan_model')
    model.compile(loss=['mse', 'mae'],     # 两个输出的损失函数
                  loss_weights=[1, 100],     # 计算总损失时,两个输出的损失的权重
                  optimizer=OPTIMIZER)
    return model
```

生成器、判别器和对抗网络的实例化代码如下:

```
generator = generator() # 实例化生成器

orig_color = Input(shape=(W, H, C), name='orig_color') # 真实彩色图像
orig_gray = Input(shape=(W, H, C), name='orig_gray') # 灰度图像
fake_color = generator(orig_gray) # 彩色伪图像

discriminator = discriminator() # 实例化判别器
discriminator.trainable = False
valid = discriminator([fake_color,orig_gray]) # 判别器将彩色伪图像判别为真的概率

gan_inputs  = [orig_color, orig_gray] # 对抗网络的输入
gan_outputs = [valid, fake_color] # 对抗网络的输出
gan = gan(inputs=gan_inputs,outputs=gan_outputs) # 实例化对抗网络
```

您可能会对对抗网络的定义和实例化的过程感到困惑。下面是一种更友好的方式:

```
def gan(discriminator, generator):
    orig_color = Input(shape=(W, H, C), name='orig_color') # 真实彩色图像
    orig_gray = Input(shape=(W, H, C), name='orig_gray') # 灰度图像
    fake_color = generator(orig_gray) # 彩色伪图像
    discriminator.trainable = False
    valid = discriminator([fake_color,orig_gray]) # 判别器将彩色伪图像判别为真的概率

    inputs  = [orig_color, orig_gray] # 对抗网络的输入
    outputs = [valid, fake_color] # 对抗网络的输出

    model = Model(inputs = inputs, outputs = outputs, name='gan_model')
    model.compile(loss=['mse', 'mae'],     # 两个输出的损失函数
                  loss_weights=[1, 100],     # 计算总损失时,两个输出的损失的权重
                  optimizer=SGD(learning_rate=2e-4,nesterov=True))
    return model

generator = generator() # 实例化生成器
discriminator = discriminator() # 实例化判别器
gan = gan(discriminator, generator) # 实例化对抗网络
```

这里的对抗网络是一个具有两个输入和两个输出的结构。两个输出的损失函数分别是 MSE 和 MAE,总的损失是两个输出的损失的加权求和,权重通过 loss_weights 参数设定。从前面的训练代码中可以看到,训练生成器时输入数据采用的是数据集中的真实彩色图像和灰度图像,输出数据则是为了骗过判别器而故意给错的概率值,以及用于提高生

人工智能技术

成器输出图片质量的真实彩色图像。也就是说,用于训练对抗网络的各个输出数据是与模型定义中的各个输出相对应的期望值。需要我们做的就是这些,除此之外,与以前的神经网络并无多大差别。第三章介绍了 Model 类模型的灵活性,本例很好地印证了这一点。在下一节中,我们还将看到具有三个输出的网络架构。

利用条件 GAN 架构实现图像风格转换的缺点是对数据的要求比较苛刻,需要图 9-6 中那样的成对图像。不过灰度图像转变为彩色图像的情况属于例外,只要有彩色图像,灰度图像就可以方便地从彩色图像转换而来。下面的代码可以从 cifar10 获取需要的彩色图像和灰度图像数据。

```python
def rgb2gray(rgb):
    # 加权平均法转灰度
    x = np.dot(rgb[...,:3], [0.299, 0.587, 0.114])    # ...等于:
    # 增加一维
    x = np.expand_dims(x, axis=3)
    # 单通道转成三通道
    x = np.concatenate((x, x, x), axis=-1)
    return x

(x_train, _), (x_test, _) = cifar10.load_data()

# 彩色图像转为灰度图像
x_train_gray = rgb2gray(x_train)
x_test_gray = rgb2gray(x_test)
```

 CycleGAN

CycleGAN 由 Jun-Yan Zhu(朱俊彦)等人在论文 Unpaired Image-to-Image Translation using Cycle-Consistent Adversarial Networks 中提出。其优点是训练数据集中的源图像和目标图像不需要成对,而且数量也可以不同。CycleGAN 在许多情况下能取得相当好的图像风格转换效果,但与 Pix2Pix 相比,在转换的质量和一致性方面还有或大或小的差距。模型效果也受到测试数据与训练数据集分布特征相似度的影响。一个典型的例子是用"野马→斑马"模型将有人骑着的马转换为斑马时,骑马人也被渲染了斑纹。此外,CycleGAN 在处理苹果变香蕉这种源图像与目标图像之间的几何变换上的能力非常差。但正如论文作者指出的,在许多情况下不成对的数据大量存在而且应该被利用,而 CycleGAN 正是推进了这种"非监督"场景应用的可能边界。

CycleGAN 由两个生成器和两个判别器组成,分别是生成器 G_A2B、生成器 G_B2A、判别器 D_B 和判别器 D_A(图 9-10)。判别器 D_B 鼓励生成器 G_A2B 将风格 A 的图像转变为风格 B 的图像,判别器 D_A 则鼓励生成器 G_B2A 将风格 B 的图像转变为风格 A 的图像。从直觉上来说,风格 A 的图像经生成器 G_A2B 转变为风格 B 的图像后,再经过生成器 G_B2A 应能够转变回风格 A,相当于从起点出发,循环一圈后能够回到起点。反之亦然。从风格 A 出发回到风格 A,称为前向循环,反过来称为后向循环。这也是这种架构被称为 CycleGAN 的原因。损失函数在 LSGAN 的基础上相应地增加一项,称为一致性损失,包括前向循环的一致性损失和后向循环的一致性损失。

$$L_{cyc}\left(\theta^{(G\_A2B)}\right) = -\frac{1}{m}\sum_{i=1}^{m}\left|G\_B2A\left(G\_A2B\left(x^{(i)}\right)\right)-x^{(i)}\right| \tag{9-3-1}$$

$$L_{cyc}\left(\theta^{(G\_B2A)}\right) = -\frac{1}{m}\sum_{i=1}^{m}\left|G\_A2B\left(G\_B2A\left(y^{(i)}\right)\right)-y^{(i)}\right| \tag{9-3-2}$$

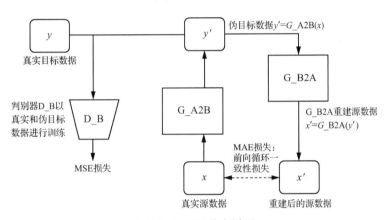

(a) CycleGAN 前向循环

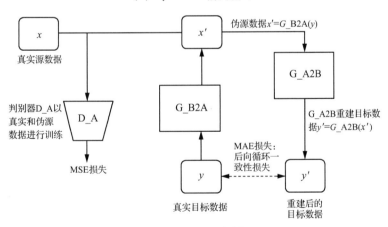

(b) CycleGAN 后向循环

图 9-10 CycleGAN 架构

另一个直觉告诉我们,风格 A 的图像经过生成器 G_A2B 转变为风格 B 的图像的同时,最好风格 B 的图像经过生成器 G_A2B 能够保留风格 B,反之亦然。图 9-11 考虑了这一点,在架构中增加了从真实目标数据直接重建目标数据,从真实源数据直接重建源数据的机制,并且增加了一项损失,称为识别损失。

$$L_{\text{identity}}(\theta^{(G\_A2B)}) = -\frac{1}{m} \sum_{i=1}^{m} |G\_A2B(y^{(i)}) - y^{(i)}| \qquad (9\text{-}4\text{-}1)$$

$$L_{\text{identity}}(\theta^{(G\_B2A)}) = -\frac{1}{m} \sum_{i=1}^{m} |G\_B2A(x^{(i)}) - x^{(i)}| \qquad (9\text{-}4\text{-}2)$$

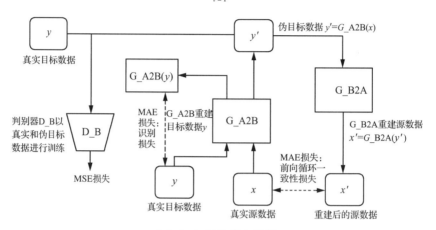

(a) CycleGAN 前向循环

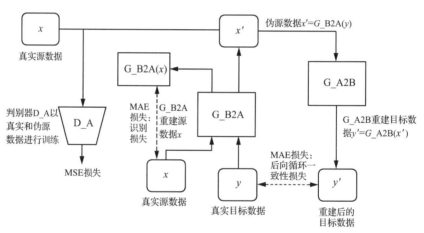

(b) CycleGAN 后向循环

图 9-11　增加了识别损失的 CycleGAN

CycleGAN 的训练过程分为四步:

第 1 步:按前向循环训练生成器 G_A2B。训练过程中冻结生成器 G_B2A 和判别器 D_B的参数,训练输入数据为风格 A 的真实图像和风格 B 的真实图像的列表,训练输出数据为真实样本标签、风格 A 的真实图像和风格 B 的真实图像的列表。

第 2 步:解冻判别器 D_B 的参数,以风格 B 的真实图像作为真实样本,以风格 B 的伪图像作为伪样本,训练判别器 D_B。

第 3 步:按后向循环训练生成器 G_B2A。训练过程中冻结生成器 G_A2B 和判别器 D_A的参数,训练输入数据为风格 B 的真实图像和风格 A 的真实图像的列表,训练输出数据为真实样本标签、风格 B 的真实图像和风格 A 的真实图像的列表。

第 4 步：解冻判别器 D_A 的参数，以风格 A 的真实图像作为真实样本，以风格 A 的伪图像作为伪样本，训练判别器 D_A。

以上训练过程的 keras 代码实现如下：

```
# 按前向循环训练生成器A2B
generator_A2B.trainable = True # 确保生成器A2B可以被训练
discriminator_B.trainable = False  # 冻结判别器B的参数
generator_B2A.trainable = False # 冻结生成器B2A的参数
gan_forward_loss, gan_forward_loss_discrimator,\
    gan_forward_loss_cycle, gan_forward_loss_identity = \
    gan_forward.train_on_batch([orig_A, orig_B], [valid, orig_A, orig_B])

# 训练判别器B
discriminator_B.trainable = True # 解冻判别器B
discriminator_B_loss_real, discriminator_B_accuracy_real = \
    discriminator_B.train_on_batch(orig_B,valid)
discriminator_B_loss_fake, discriminator_B_accuracy_fake = \
    discriminator_B.train_on_batch(fake_B,fake)

# 按后向循环训练生成器B2A
generator_B2A.trainable = True # 解冻生成器B2A
discriminator_A.trainable = False  # 冻结判别器A
generator_A2B.trainable = False # 冻结生成器A2B
gan_backward_loss, gan_backward_loss_discrimator,\
    gan_backward_loss_cycle, gan_backward_loss_identity = \
    gan_backward.train_on_batch([orig_B, orig_A], [valid, orig_B, orig_A])

# 训练判别器A
discriminator_A.trainable = True # 解冻判别器A
discriminator_A_loss_real, discriminator_A_accuracy_real = \
    discriminator_A.train_on_batch(orig_A,valid)
discriminator_A_loss_fake, discriminator_A_accuracy_fake = \
    discriminator_A.train_on_batch(fake_A,fake)
```

在数据准备上，考虑到源数据和目标数据在数量上不一定相同，在将数据集复制到临时变量后，将其打乱，这样可以保证所有的数据都有机会被训练到。

```
X_train_A_temp = deepcopy(X_train_A)
X_train_B_temp = deepcopy(X_train_B)
# 由于源数据和目标数据数量不同，打乱顺序可以使所有的数据都被训练到
np.random.shuffle(X_train_A_temp)
np.random.shuffle(X_train_B_temp)
```

为了减少模型振荡，训练判别器时使用的伪图像按照一定的概率采用其历史数据，而不全用最新的生成器模型生成的数据。

```
def get_fake_image(fake_image, buffer):
    if(len(buffer)<buffer.maxlen): # 首先将数据池装满
        buffer.append(fake_image)
    elif random.random() < 0.5: # 数据池装满后50%的概率不采用
        pass
    else: # 采用伪图像的历史数据而不是最新数据更新判别器，以减少模型振荡
        ix = randint(0, buffer.maxlen-1)
        temp = buffer[ix]
        buffer[ix] = fake_image # 将伪图像的最新数据保存为历史数据
        fake_image = temp
    return fake_image
```

训练时前 100 个 epoch 学习率保持不变,后 100 个 epoch 学习率线性衰减到 0。

```
# 前面100个epoch，学习率保持不变，后100个epoch，学习率线性衰减到0
if e >100:
    for model in [gan_forward, gan_backward, discriminator_A, discriminator_B]:
        lr =0.0002*(200-e)/100
        K.set_value(model.optimizer.lr, lr)
        print("lr changed to {}".format(lr))
```

判别器由输入层、4 个 Convolution-InstanceNormalization-LeakyReLU 块和 1 个 Convolution 层组成。为了减慢判别器的学习速度,这里还将判别器的损失函数减半。

```
def discriminator(input_height, input_width, channels, label='A'):
    def conv2d(layer_input, filters, kernel_size=(4,4),
               strides=(2,2), nomalization=True):
        d = Conv2D(filters=filters, kernel_size=kernel_size, strides=strides,
                   padding="same", kernel_initializer=INITIALIZER)(layer_input)
        if nomalization:
            d = InstanceNormalization(gamma_initializer=gamma_initializer)(d)
        d = LeakyReLU(alpha=0.2)(d)
        return d

    img_input = Input(shape=(input_height, input_width, channels),
                      name='discriminator'+label+'_input_layer')
    d = conv2d(img_input, 64, strides=(2,2), nomalization=False) # C64
    d = conv2d(d, 128) # C128
    d = conv2d(d, 256) # C256
    d = conv2d(d, 512, strides=(1,1)) # C512
    patch_out = Conv2D(filters=1, kernel_size=(4,4), padding="same",
                       kernel_initializer=INITIALIZER)(d) # patch output

    model = Model(img_input, patch_out, name='discriminator'+label+'_model')
    model.compile(loss='mse', optimizer=Adam(learning_rate=0.0002, beta_1=0.5),
                  loss_weights=[0.5], # 将判别器的损失函数减半以减慢判别器的学习速度
                  metrics=['accuracy'])
    return model
```

生成器由若干下采样编码块、若干残差块和若干上采样解码块组成。为了简单起见,

这里卷积操作中的填充模式采用了 same，而论文中建议的是 Reflection。

```python
# 下采样编码
def encode(layer_input, filters, kernel_size=(3, 3), strides=(1, 1),
           activation='relu',nomalization=True):
    x = Conv2D(filters=filters, kernel_size=kernel_size, strides=strides,
           padding='same', kernel_initializer=INITIALIZER)(layer_input)
    if nomalization:
        x = InstanceNormalization(gamma_initializer=gamma_initializer)(x)
    x = Activation(activation)(x)
    return x

# 残差块
def residual_block(input_layer, filters, block_num):
    con_name_base = 'res_' + block_num + '_branch_'
    in_name_base = 'in_' + block_num + '_branch_'
    # 第一层
    x = Conv2D(filters=filters, kernel_size=(3,3), padding='same',
        kernel_initializer=INITIALIZER, name=con_name_base + 'a')(input_layer)
    x = InstanceNormalization(gamma_initializer=gamma_initializer,
                              name=in_name_base + 'a')(x)
    x = Activation('relu')(x)
    # 第二层
    x = Conv2D(filters=filters, kernel_size=(3,3), padding='same',
               kernel_initializer=INITIALIZER, name=con_name_base + 'b')(x)
    x = InstanceNormalization(gamma_initializer=gamma_initializer,
                              name=in_name_base + 'b')(x)
    # 残差连接
    x = layers.add([x, input_layer])
    return x

# 上采样解码
def decode(layer_input, filters):
    x = Conv2DTranspose(filters=filters, kernel_size=(3,3), strides=(2,2),
            padding='same', kernel_initializer=INITIALIZER)(layer_input)
    x = InstanceNormalization(gamma_initializer=gamma_initializer)(x)
    x = Activation('relu')(x)
    return x

def generator(input_height, input_width, channels, resnets=9, label='A2B'):
    img_input = Input(shape=(input_height, input_width, channels))
    g = encode(img_input, filters=64, kernel_size=(7, 7)) # c7s1-64
    g = encode(g, filters=128, kernel_size=(3, 3), strides=(2,2)) # d128
    g = encode(g, filters=256, kernel_size=(3, 3), strides=(2,2)) # d256
    for i in range(resnets):
        g = residual_block(g, filters=256, block_num=str(i))        # R256
    g = decode(g, filters=128) # u128
    g = decode(g, filters=64) # u64
    img_output = encode(g, filters=channels, kernel_size=(7, 7),
                        activation='tanh', nomalization=False) # c7s1-3

    model = Model(img_input, img_output, name='generator'+label+'_model')
    return model
```

前向循环 GAN 和后向循环 GAN 共享一个定义函数。

```python
def gan(generator_1, generator_2, discriminator, image_shape,
        label='forward'):
    generator_1.trainable = True # 确保当前被更新的生成器可以被训练
    discriminator.trainable = False  # 冻结判别器
    generator_2.trainable = False # 冻结另一个生成器

    orig_1 = Input(shape=image_shape, name='orig_1') # 真实源或目标图像
    orig_2 = Input(shape=image_shape, name='orig_2') # 真实目标或源图像

    fake_image = generator_1(orig_1) # 伪图像
    valid = discriminator(fake_image)  # 判别器将伪图像判别为真的概率
    reconstructed_image = generator_2(fake_image) # 由伪图像重建的图像
    identity_image = generator_1(orig_2)  # 直接重建的图像

    inputs  = [orig_1, orig_2] # 对抗网络的输入
    outputs = [valid, reconstructed_image, identity_image] # 对抗网络的输出

    # 构造模型
    model = Model(inputs = inputs, outputs = outputs,
                  name='gan_'+label+'_model')

    # 配置模型，设定损失函数列表、损失权重列表和优化器
    model.compile(loss=['mse', 'mae', 'mae'],
                  loss_weights=[1., 10., 5],
                  optimizer=Adam(learning_rate=0.0002, beta_1=0.5))
    return model
```

生成器、判别器和对抗网络的实例化代码如下。需要注意的是实例化前向循环 GAN 和后向循环 GAN 时,传入函数的生成器和判别器的名称和顺序都不能搞错。

```python
discriminator_A = discriminator(input_height=H_A, input_width=W_A,
                                channels=C_A, label='A')
discriminator_B = discriminator(input_height=H_B, input_width=W_B,
                                channels=C_B, label='B')
generator_A2B = generator(input_height=H_A, input_width=W_A, channels=C_A,
                          resnets=6, label='A2B')
generator_B2A = generator(input_height=H_B, input_width=W_B, channels=C_B,
                          resnets=6, label='B2A')
gan_forward = gan(generator_A2B, generator_B2A, discriminator_B,
                  image_shape, label='forward')
gan_backward = gan(generator_B2A, generator_A2B, discriminator_A,
                   image_shape, label='backward')
```

本例的完整代码请见文件 chapter9\cyclegan\cyclegan. ipynb。下面是经过 189 轮训练后得到的结果。

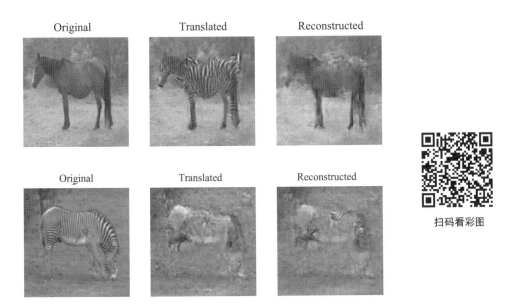

扫码看彩图

　　总的来说,CycleGAN 的代码实现还是比较复杂的,除了整个架构比较复杂之外,训练时还需要一些技巧,回想在第五章中我们曾说过,人工神经网络的优化训练既是科学,又是艺术,看来此言不虚!

第十章
深度强化学习

前面学习了多种人工神经网络的结构和算法,这些算法使机器具备了智能识别和智能生成的能力。本章将通过让 AI 玩游戏来探讨如何使机器具备智能决策的能力。为此,首先简要介绍一下强化学习。

 强化学习

强化学习(Reinforcement Learning)能让 AI 掌握序贯决策的能力。现实中很多任务都属于序贯决策范畴,比如爬山、骑车、下棋、玩游戏等。通常一项任务由一系列决策过程组成,假设在 t 时刻,AI 观察到对象的状态 s_t,通过决策从动作集 $A = \{a_0, a_1, \cdots, a_N\}$ 中选择一个动作 a_t,受到 a_t 的作用后,对象的状态变为 s_{t+1},并给出回报 r_{t+1},如图 10-1 所示。

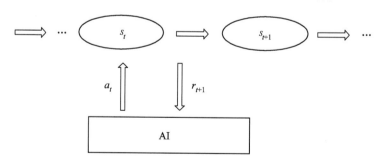

图 10-1 强化学习中的状态、动作和回报

AI 在 t 时刻决策的目标是使得在状态 s_t 时采取动作 a_t 能够得到最大的总回报,该总回报相当于在状态 s_t 时采取动作 a_t 的最大价值,用 Q 函数表示:

$$Q(s_t, a_t) = r_{t+1} + \gamma \max_{a_{t+1}} Q(s_{t+1}, a_{t+1}) \tag{10-1}$$

式中,γ 是折扣因子,$0 \leqslant \gamma \leqslant 1$。$\gamma = 0$ 表示完全不考虑未来回报,只考虑当前回报;$\gamma = 1$ 表

示把未来回报与当前回报同等看待;$0 < \gamma < 1$ 表示相对于未来回报,更看重当前回报。γ 通常取 0.9 或 0.99。

如果掌握了 Q 函数,那么在状态 s_t 时的最优动作就是最大 Q 值对应的那个 a_t。

$$a_t = \mathrm{argmax}_{a_t \in A} Q(s_t, a_t) \tag{10-2}$$

该算法也称为 Q 学习(Q-learning)。

以上算法认为状态的变化只与当前状态有关,实际上在很多情况下还与之前的状态有关。以爬山为例,爬的时间越久爬得越慢。如果考虑之前的状态,可以将其与当前状态合并,这样做的缺点是神经网络的输入特征数量将成倍增长,运算量相应增加,优点是拓宽了 AI 的视野,有利于 AI 正确做出决策。

第二节　深度强化学习

根据上一节的分析可知,强化学习的关键是求解 Q 函数。对于一些简单的任务,求解 Q 函数并不难。但对于复杂的问题,这非常困难。因此,强化学习一直没有取得突破性的进展,直到其与深度学习技术相结合。

我们可以把 s_t 作为输入,各个 a_t 下的 Q 值作为输出,用深度神经网络来逼近两者之间的关系。由于深度神经网络具有强大的拟合能力,理论上只要有足够多的数据,就能训练出 s_t 与各个 a_t 下的 Q 值之间的关系,也就可以用深度神经网络来帮助决策了。以让 AI 学习玩游戏为例,只要让 AI 尝试各种玩法,甚至可以的话把所有的情景都玩个遍,就可以得到大量的数据,进而训练出一个深度神经网络。这种方法简单又暴力,我们把这样的网络称为深度 Q 网络(Deep Q-Network, DQN)。

强化学习过程中采集的数据之间具有关联性,而 Q 网络训练的数据应该是独立同分布的,解决这个矛盾的办法是经验回放。具体做法是先将数据存储起来,训练时再从存储的数据(经验)中随机采样抽取数据。

强化学习的过程中,AI 如果每次都按照式(10-2)选择动作,称为贪婪策略。贪婪策略完全利用 Q 网络给出的预测结果,但是在刚开始训练次数不多时,Q 网络给出的预测质量较差,贪婪策略可能导致训练效果很差。为此,可以给算法一些探索的机会,即从动作集中随机选取一个动作。这种动作策略称为探索-利用策略,比如 ε-greedy 策略。随着训练的深入,Q 网络给出的预测质量越来越好,再逐步增加利用的机会,减小探索的机会。

另外,在计算决策的目标(Q 值)时,只考虑最大值,如式(10-1)中 max 所示。亦即目标策略是贪婪策略。这种动作策略和目标策略不相同的算法,称为异策略(off-policy)算法。

教 AI 玩球碰球游戏

一、球碰球游戏

球碰球游戏是在 catch 游戏的基础上修改而成的。如图 10-2 所示,屏幕大小为 400 × 400 像素。游戏开始时,红球从屏幕上方的一个随机位置掉落,蓝球在屏幕下方左侧位置。通过向右的方向键可以使蓝球沿着水平方向向右移动,如果蓝球在红球掉到屏幕下方前碰到红球则得分。动作数量为 2 个,蓝球要么不动,要么向右移动,而且一旦移动到屏幕最右侧就不能再移动。

游戏用 Pygame 编写。Pygame 是一个开源的 Python 模块,可用于 2D 游戏制作,支持图像、声音、视频、事件等。游戏定义在 chapter10\ball-hit-ball\manual-game.ipynb 文件的 Ball_Hit_Ball_Game 类中。

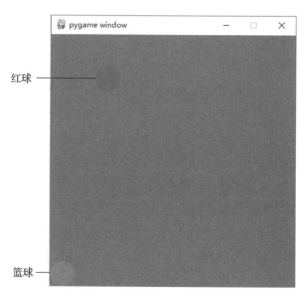

红球

篮球

图 10-2　球碰球游戏截图

下面是 Ball_Hit_Ball_Game 类的初始化函数。

```
def __init__(self):
    # 设置常量
    self.RED = (213, 50, 80)
    self.BLUE = (50, 153, 213)
    self.GRAY = (128,128,128)
    self.GAME_WIDTH, self.GAME_HEIGHT = 400, 400
```

```
self.TARGET_RADIUS, self.BULLET_RADIUS = 20, 20
self.TARGET_VELOCITY = 10
self.BULLET_VELOCITY = 20
# 初始化变量
self.game_over = False
self.init_ball_location()
# 初始化pygame
self.screen = pygame.display.set_mode((self.GAME_WIDTH, self.GAME_HEIGHT))
self.clock = pygame.time.Clock()
pygame.init()
pygame.key.set_repeat(10, 100)
```

其中,蓝球(bullet)和红球(target)的位置通过以下函数进行初始化。

```
def init_ball_location(self):
    self.bullet_x = self.BULLET_RADIUS
    self.bullet_y = self.GAME_HEIGHT-self.BULLET_RADIUS
    self.target_x = random.randint(self.TARGET_RADIUS,
                        self.GAME_WIDTH-self.TARGET_RADIUS)
    self.target_y = self.TARGET_RADIUS
```

游戏的主要内容定义在 play 函数的 while 循环中。事件处理的代码如下:

```
for event in pygame.event.get():
    if event.type == pygame.KEYDOWN and event.key == pygame.K_ESCAPE:
        self.game_over = True
        break
    if event.type == pygame.KEYDOWN and event.key == pygame.K_RIGHT:
        self.bullet_x += self.BULLET_VELOCITY
        if self.bullet_x>self.GAME_WIDTH-self.BULLET_RADIUS:
            self.bullet_x=self.GAME_WIDTH-self.BULLET_RADIUS
```

下面的代码更新红球的位置并重画红球和蓝球。

```
self.target_y += self.TARGET_VELOCITY
target = pygame.draw.circle(self.screen, self.RED,
        (self.target_x, self.target_y), self.TARGET_RADIUS)
bullet = pygame.draw.circle(self.screen, self.BLUE,
        (self.bullet_x, self.bullet_y), self.BULLET_RADIUS)
```

检查蓝球是否碰到红球,必要时反馈回报并重新初始化球的位置。

```
# 检查蓝球是否碰到红球，必要时反馈回报并更新球的位置
if self.collide():
    self.reward = 1
    winsound.Beep(3000, 100)
    self.init_ball_location()
```

```
else:
    if self.target_y >= self.GAME_HEIGHT - self.TARGET_RADIUS:
        if self.collide():
            self.reward = 1
            winsound.Beep(3000, 100)
        else:
            self.reward = -1
        self.init_ball_location()
```

其中,collide 函数检查球是否相碰。

```
def collide(self):
    collide = False
    dist = math.sqrt((self.bullet_x-self.target_x)**2+
                     (self.bullet_y-self.target_y)**2)
    if dist<(self.BULLET_RADIUS+self.TARGET_RADIUS):
        collide = True
    return collide
```

读者可以运行 chapter10\ball-hit-ball\manual-game. ipynb 文件体验游戏效果,游戏过程中按 Esc 键将退出游戏。

二、Q 网络的结构

游戏在 t 时刻的状态 s_t 就是该时刻的屏幕截图,而屏幕截图就是一幅图像,考虑到卷积神经网络在图像处理方面的优秀表现,选择采用卷积神经网络结构。但考虑到池化操作会带来平移不变性,从而影响 AI 对小球在屏幕中位置的判断能力,因此这里不采用池化层。

```
def get_model():
    model = Sequential()
    model.add(Conv2D(32, kernel_size=8, strides=4,
                     kernel_initializer="normal",
                     padding="same",
                     input_shape=(80, 80, 3)))
    model.add(Activation("relu"))
    model.add(Conv2D(64, kernel_size=4, strides=2,
                     kernel_initializer="normal",
                     padding="same"))
    model.add(Activation("relu"))
    model.add(Conv2D(64, kernel_size=3, strides=1,
                     kernel_initializer="normal",
                     padding="same"))
    model.add(Activation("relu"))
    model.add(Flatten())
```

```
model.add(Dense(512, kernel_initializer="normal"))
model.add(Activation("relu"))
model.add(Dense(NUM_ACTIONS, kernel_initializer="normal"))
model.compile(optimizer=Adam(learning_rate=1e-6), loss="mse")
return model
```

网络输出的是 2 个可能动作(不动、右移)的 Q 值,因此 Q 网络是一个回归网络,损失函数采用最大均方误差函数。

三、让游戏自动运行

在 Ball_Hit_Ball_Game 类中可以加入将游戏截屏和得分保存到文件的功能代码,然后从文件中读取数据对模型进行训练。但由于可能的状态非常多,靠手工玩游戏收集足够多的数据并不可取,最好是让游戏自动运行,自动收集数据,与模型训练交替进行。因此,需要对 Ball_Hit_Ball_Game 类做一些更改,将更改后的 Ball_Hit_Ball_Game 类保存在 auto_game.py 文件中。其中一个更改是增加 reset 函数,将 init 函数中的变量初始化部分搬到这里。

```
def reset(self):
    # 初始化游戏状态和回报
    self.game_over = False
    self.reward = 0

    # 初始化球的位置
    self.bullet_x = self.BULLET_RADIUS
    self.bullet_y = self.GAME_HEIGHT-self.BULLET_RADIUS
    self.target_x = random.randint(self.TARGET_RADIUS,
                        self.GAME_WIDTH-self.TARGET_RADIUS)
    self.target_y = self.TARGET_RADIUS

    # 建立屏幕和时钟
    self.screen = pygame.display.set_mode(
            (self.GAME_WIDTH, self.GAME_HEIGHT))
    self.clock = pygame.time.Clock()
```

另一个更改是将 play 函数改为 step 函数。step 函数执行一个动作,更新屏幕,检查两球是否相碰,最后返回屏幕截图、得分和游戏是否结束等信息。

```
def step(self, action):
    # 更新蓝球的位置
    if action == 1: # 篮球右移
        self.bullet_x += self.BULLET_VELOCITY
        if self.bullet_x>self.GAME_WIDTH-self.BULLET_RADIUS:
            self.bullet_x=self.GAME_WIDTH-self.BULLET_RADIUS
    else:                    # 篮球不动
        pass

    # 更新红球的位置
    self.target_y += self.TARGET_VELOCITY

    # 设置屏幕背景色并重画球
    self.screen.fill(self.GRAY)
    target = pygame.draw.circle(self.screen, self.RED,
                   (self.target_x, self.target_y), self.TARGET_RADIUS)
    bullet = pygame.draw.circle(self.screen, self.BLUE,
            (self.bullet_x, self.bullet_y), self.BULLET_RADIUS)

    # 检查是否相碰，并更新回报
    if self.collide():
        self.reward = 1
        self.game_over = True
    else:
        if self.target_y >= self.GAME_HEIGHT - self.TARGET_RADIUS:
            if self.collide():
                self.reward = 1
                self.game_over = True
            else:
                self.reward = -1
                self.game_over = True

    pygame.display.flip()
    self.clock.tick(30)

    # 屏幕截图
    image = pygame.surfarray.array3d(self.screen)   #(400,400,3)

    return image, self.reward, self.game_over
```

下面的代码使游戏自动运行 30 局。读者扫描代码右侧的二维码可以观察动画效果。

```
import winsound
import time
game = Ball_Hit_Ball_Game()
num_wins = 0
NUM_EPOCHS = 30

for e in range(NUM_EPOCHS):
    game.reset()
    game_over = False
    while not game_over:
        action = random.randint(0, 2)
        input_tp1, reward, game_over = game.step(action)
        if reward==1:
            num_wins += 1
            winsound.Beep(3000, 100)
        game.show_score(num_wins, e+1)

# 10秒后退出游戏
time.sleep(10)
pygame.quit()
```

扫码看动画

由于动作是通过随机决策确定的,蓝球撞到红球的概率只有约20% ~30% 。

四、训练

首先定义常量,初始化变量。

```
# 定义常量，初始化变量
NUM_ACTIONS = 2 # 动作数量（不动，向右移动）
GAMMA = 0.99 # 未来回报的折扣因子
INITIAL_EPSILON = 0.1 # epsilon的初值
FINAL_EPSILON = 0.0001 # epsilon的终值
epsilon = INITIAL_EPSILON
BATCH_SIZE = 32 # 批大小
num_wins =  0 # 初始化成绩
experience = collections.deque(maxlen=10000) # 经验池
NUM_EPOCHS_OBSERVE = 100 # 观察轮数
NUM_EPOCHS_TRAIN = 1000 # 训练轮数
NUM_EPOCHS = NUM_EPOCHS_OBSERVE + NUM_EPOCHS_TRAIN # 总轮数
DATA_DIR = "data"
MODEL_PATH = os.path.join(DATA_DIR, "ball_hit_ball_model.h5")
TRAIN_LOG_PATH = os.path.join(DATA_DIR, "train_log.txt")
```

接着搭建和配置模型,并初始化游戏。

```
# 搭建和配置模型
model = get_model()
# 将模型保存到文件
model.save(MODEL_PATH, overwrite=True)
# 初始化游戏
game = auto_game.Ball_Hit_Ball_Game()
```

然后开始若干个 epoch 的训练。每个 epoch 训练前，为了防止内存耗尽，需要消除会话，重新载入模型。接着，打开训练记录文件，初始化损失变量，重置游戏状态，执行第一个动作，得到游戏状态（截屏）、回报和游戏是否结束等信息，再对游戏截屏进行处理。

```
K.clear_session()  # 清除会话，防止内存耗尽
model = load_model(MODEL_PATH)   # 重新载入模型
fout = open(TRAIN_LOG_PATH, "a+")  # 打开训练记录文件
loss = 0.0 # 初始化损失
game.reset() # 重置游戏状态

# 获取第一个截屏
a_0 = 0  # (0 = 不动, 1 = 右移)
x_t, r_0, game_over = game.step(a_0)
# 对数据进行处理
s_t = preprocess_images(x_t)
```

对游戏截屏进行处理包括图像大小的调整、数据归一化处理和形状调整。根据笔者的试验，正确的数据归一化方法对本模型的收敛速度具有非常大的影响。这里屏幕的像素最小值是 50，最大值是 213，将这两个数值代入式（8-1），得到下式：

$$x_t = (x_t - 50)/(213 - 50)$$

```
def preprocess_images(image):
    # 图像大小调整为(80,80)，Image与numpy array互换时维度都会翻转
    # 如果宽度与高度不等时应特别注意
    x_t = np.array(Image.fromarray(image).resize((80, 80)))
    x_t = x_t.astype("float")
    x_t = (x_t-50)/(213-50) # 归一化
    # 形状调整为(1, 80, 80, 3)，以满足模型对输入数据的要求
    s_t = np.expand_dims(x_t, axis=0)
    return s_t
```

然后进行以下循环，直到一轮游戏结束。

```
while not game_over:
    s_tm1 = s_t # 保存为t-1时刻的截屏
    # 确定一下个动作
    if e <= NUM_EPOCHS_OBSERVE: # 观察期随机探索
        a_t = np.random.randint(low=0, high=NUM_ACTIONS, size=1)[0]
    else: # 观察期以后
        if np.random.rand() <= epsilon: # 随机探索
            a_t = np.random.randint(low=0, high=NUM_ACTIONS, size=1)[0]
        else: # 根据模型决策
            q = model.predict(s_t)[0]
            a_t = np.argmax(q)
    x_t, r_t, game_over = game.step(a_t) # 执行动作，获取反馈
    s_t = preprocess_images(x_t) # 对数据进行处理
    if r_t == 1: # 如果篮球碰到红球，记录成功一次
        num_wins += 1
    # 将原状态、动作、回报、新状态和游戏是否结束等信息保存到经验池中
    experience.append((s_tm1, a_t, r_t, s_t, game_over))
    if e > NUM_EPOCHS_OBSERVE: # 观察期以后
        # 从经验集合中抽取一批数据
        X, Y = get_next_batch(experience, model, NUM_ACTIONS,
                              GAMMA, BATCH_SIZE)
        loss += model.train_on_batch(X, Y) # 训练模型，并记录损失
```

循环过程中,主要是通过随机探索或根据模型决策确定动作,执行动作,获取反馈信息,将信息保存到经验池中,然后从经验池中抽取一批数据,用该批数据对模型进行训练。训练从观察期过后开始。每轮 epoch 训练结束后,调整 epsilon(即 ε-greedy 策略中的 ε)的值,增加利用的机会,保存训练信息,最后保存模型,供下一轮 epoch 重新载入。

```
# 逐渐减小探索频率，增加利用频率
if epsilon > FINAL_EPSILON:
    epsilon -= (INITIAL_EPSILON - FINAL_EPSILON) / NUM_EPOCHS

# 保存训练数据
fout.write("{:04d}\t{:.5f}\t{:d}\n".format(e + 1, loss, num_wins))
fout.close()

# 保存模型
model.save(MODEL_PATH, overwrite=True)
```

从经验池中获取训练数据的代码如下:

```
def get_next_batch(experience, model, num_actions, gamma, batch_size):
    # 从经验池中随机选取一批数据
    batch_indices = np.random.randint(low=0, high=len(experience),
                                      size=batch_size)
    batch = [experience[i] for i in batch_indices]
    # 训练数据初始化
    X = np.zeros((batch_size, 80, 80, 3))
    Y = np.zeros((batch_size, num_actions))
    # 给训练数据赋值
    for i in range(len(batch)): # 第i个数据
        s_t, a_t, r_t, s_tp1, game_over = batch[i]
        X[i] = s_t   # 给第i个输入数据赋值
        Y[i] = model.predict(s_t)[0]   # (2,)
        if game_over:
            Y[i, a_t] = r_t # 给第i个输出数据赋值
        else:
            Q_sa = np.max(model.predict(s_tp1)[0])
            Y[i, a_t] = r_t + gamma * Q_sa   # 给第i个输出数据赋值
    return X, Y
```

我们让游戏在观察模式下运行 100 个 epoch，然后训练，计划训练 1 000 个 epoch。实际情况是，第一轮训练的损失非常大，达到 706.84，第二轮大幅下降到 11.02，第三轮又降到 1.17，到第 218 轮成功概率迅速提升到 80% 以上，收敛之快超出了笔者的预期。图 10-3 是训练过程中损失值的曲线图。

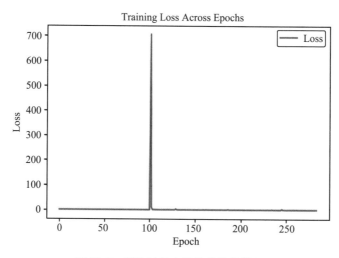

图 10-3　训练过程中损失值的曲线图

由于第一轮训练损失特别大，因此图 10-3 中其他各轮的训练损失看起来几乎是零。图 10-4 是不纳入第一轮数据的损失值的曲线图。

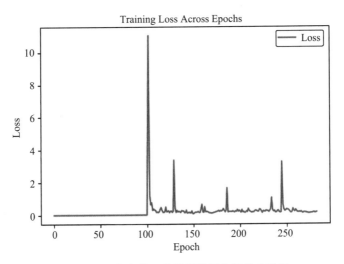

图 10-4　不纳入第一轮数据的损失值的曲线图

训练过程中成功次数的曲线图如图 10-5 所示。

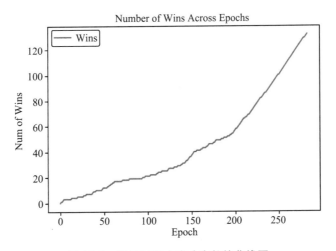

图 10-5　训练过程中成功次数的曲线图

最后,把游戏完全交给 AI 来运行,看看训练效果。主要代码如下:

```
for e in range(NUM_EPOCHS):
    game.reset()
    a_0 = 0  # 选择第一个动作
    x_0, r_0, game_over = game.step(a_0)  # 执行第一个动作
    s_t = preprocess_images(x_0)    # 数据处理
    while not game_over:
        # 完全由模型确定下一个动作
        q = model.predict(s_t,verbose=0)[0]
        a_t = np.argmax(q)
```

```
# 执行动作，获取反馈信息
x_t, r_t, game_over = game.step(a_t)
s_t = preprocess_images(x_t)  # 数据处理

if r_t == 1:  # 更新成功计数
    num_wins += 1
    winsound.Beep(3000, 100)
num_games += 1
pygame.quit() # 退出游戏
print("游戏次数: {:03d}, 成功次数: {:03d}".format(num_games, num_wins))
```

扫码看动画

成功率达到 90% 以上！事实上，由于球移动的速度相当快，手动玩这个游戏很难达到这个水平。读者可扫描右侧的二维码观看动画效果。细心的读者可能发现，AI 玩游戏视频的时间比随机玩游戏的要长，这是因为用模型预测动作比随机选择动作需要更长的计算时间。虽然与训练模型用的时间相比，预测的时间算不了什么，但是在一些实时性要求高的场合，这个时间还是越短越好。

主要的训练代码在文件 chapter10\ball-hit-ball\train.ipynb 中。测试代码在文件 chapter10\ball-hit-ball\test.ipynb 中。

第四节 双 Q 学习

DQN 强化学习会遇到不稳定甚至不能收敛的情况。原因之一是由于式（10-1）中的 max 操作，目标值容易被过估计，而动作又是根据目标值来选取的，这样可能会导致决策失误。为此，哈多·范·哈瑟尔特（Hado van Hasselt）提出了双 Q 学习，即使用两个 Q 网络分别用于动作的选取（主网络）和目标的估计（目标网络）。两个网络采用相同的架构和相同的初始参数值，但学习过程中，相比于主网络，目标网络的更新比较慢，使目标值相对稳定，从而引导当前网络更稳定地学习。

双模型准备和保存的代码如下：

```
# 准备模型
model = get_model() # 用于选取动作
model_t = get_model() # 用于估计目标
model_t.set_weights(model.get_weights()) # 参数初始值相同

# 保存模型
model.save(MODEL_PATH, overwrite=True)
model_t.save(MODEL_T_PATH, overwrite=True)
```

与 DQN 的主要区别在训练过程中，代码如下：

```
while not game_over:
    s_tm1 = s_t
    # 确定下一个动作
    if e <= NUM_EPOCHS_OBSERVE:
        a_t = np.random.randint(low=0, high=NUM_ACTIONS, size=1)[0]
    else:
        if np.random.rand() <= epsilon:
            a_t = np.random.randint(low=0, high=NUM_ACTIONS, size=1)[0]
        else:
            q = model.predict(s_t)[0] # 利用主网络预测动作
            a_t = np.argmax(q)
    # 执行动作，获取反馈信息，并处理数据
    x_t, r_t, game_over = game.step(a_t)
    s_t = preprocess_images(x_t)
    if r_t == 1: # 更新成功次数
        num_wins += 1
    # 把信息保存到经验池
    experience.append((s_tm1, a_t, r_t, s_t, game_over))

    if e > NUM_EPOCHS_OBSERVE:
        # 从经验池中获取一批数据，注意计算Q值时要用目标网络
        X, Y = get_next_batch(experience, model_t, NUM_ACTIONS,
                              GAMMA, BATCH_SIZE)
        # 训练主模型
        loss += model.train_on_batch(X, Y)
        # 缓慢更新目标模型的参数
        model_t.set_weights(update_target(model_t.get_weights(),
                                          model.get_weights()))
```

主模型 model 用于选取动作，目标模型 model_t 则用于 get_next_batch 函数中计算 Q 值。训练主模型后接着更新目标模型的参数。但由于 TAU（即 τ）取很小的值，因此目标模型的参数更新很慢。

```
def update_target(target_weights, weights):
    updated = []
    for (a, b) in zip(target_weights, weights):
        a = a * (1 - TAU) + b * TAU
        updated.append(a)
    return updated
```

训练过程中损失值的变化曲线如图 10-6 所示。与图 10-4 相比，训练过程中损失的波动看起来要小一些。

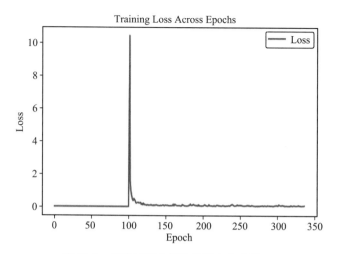

图10-6　训练过程中损失值的变化曲线图

主要训练代码见文件 chapter10\ball-hit-ball（DDQN）\train. ipynb。测试代码主要在文件 chapter10\ball-hit-ball（DDQN）\test. ipynb 中。

目标模型参数的更新还有一种方法，并不是每次训练主模型后就紧接着更新目标模型的参数，而是每训练主模型若干次后，才更新一下目标模型的参数。更新时直接将主模型的参数赋值给目标模型。读者不妨尝试一下这种方法。

 深度确定性策略梯度

前面介绍的 Q 学习是基于状态-动作值函数的强化学习方法，该方法通过 Q 网络将状态空间映射到离散的动作空间。不过在实际中，还存在大量的连续动作空间问题，比如施加的力、旋转的角度、等待的时间等。要解决这类问题只能进行直接策略搜索，也就是将策略 π 参数化为 $\pi(a|s;\theta)$，通过寻找最优的参数 θ 使总回报最大。

策略搜索分为随机策略和确定性策略。采用随机策略时，在状态 s 下，采样的动作不是唯一的，而是服从随机分布，比如高斯分布。下面是高斯策略公式。

$$\pi(a|s;\theta) \sim \frac{1}{\sqrt{2\pi}\sigma(s;\theta)}\exp\left(-\frac{(a-A(s;\theta))^2}{2\sigma(s;\theta)^2}\right) \tag{10-3}$$

式中，$A(s;\theta)$ 是均值，$\sigma(s;\theta)$ 为标准差。

要求解高斯策略就要解出均值和标准差。均值和标准差可以用类似图 10-7 所示的神经网络来求解，当然 A 和 $\ln\sigma$ 不一定要共享所有的网络层。

图 10-7 中输出 $\ln\sigma$ 而非 σ，是因为 σ 一定是正数。对于神经网络来说，要保证输出

值是正数就需要增加额外的约束条件。为简单起见,输出 $\ln\sigma$,然后再转化为 σ。求出 A 和 σ 之后,即可通过下面的代码采样得到动作值。

```
numpy.random.normal(loc=A, scale=σ)
```

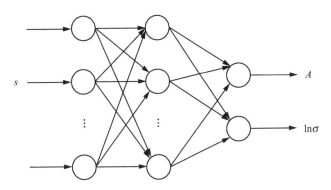

图 10-7 用神经网络求解高斯策略

显然,求解符合期望的均值和标准差需要在状态空间和动作空间进行大量的采样,这意味着需要进行大量的计算。

确定性策略可以用式(10-4)表示:

$$a = \mu(s;\theta) \tag{10-4}$$

也就是说,一旦参数 θ 确定后,状态 s 下的动作是唯一确定的,因此不需要在动作空间中大量采样,其学习的效率比随机策略要高很多,但也因此丧失了随机策略天然的探索能力。为了解决无法探索的缺点,选择动作时可以叠加随机噪声 N,例如 Ornstein-Uhlenbeck 噪声,即

$$a = \mu(s;\theta) + N \tag{10-5}$$

有关 Ornstein-Uhlenbeck 噪声将在后面的例子中详细讨论。

确定性策略的学习采用 Actor-Critic 模型架构(简称 A-C 架构)。如图 10-8 所示,该架构主要由两个网络构成,Actor 网络逼近动作策略,用于产生动作。Critic 网络用于计算总回报,有点像之前讨论的 Q 网络。两个网络的学习同样使用梯度下降法,因此这种算法也称为确定性策略梯度(Deterministic Policy Gradient, DPG),而 DDPG(Deep DPG)就是深度确定性策略梯度,即 Actor 和 Critic 都采用深度神经网络。

图 10-8 是否让您想起上一章中的 GAN?两者颇有几分相似。它们都由两个网络构成,其中左侧网络的输出都是作为右侧网络的输入,训练完成后真正有用的也都是左侧的网络。两者主要的不同之处在于,GAN 中生成器网络的输出是给判别器去判断真伪,而且最终希望能骗过判别器;而 A-C 架构中 Actor 输出动作后,Critic 对其好坏进行评估,引导其向最大化 Q 值的方向改进,其中不存在欺骗的手段,也没有对抗的逻辑,而是合作,因此笔者将两者的结合称为合作网络(Cooperative Network)。

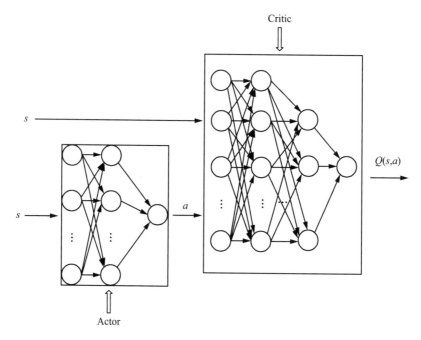

图 10-8　Actor-Critic 的模型架构

读者如果去阅读一些确定性策略梯度方面的书籍和文章,一定会看到一些非常复杂的公式。我们用人工神经网络来逼近函数,就完全可以不去理会那些公式,只要用我们已经熟悉的方法来搭建和训练神经网络就可以了。

下面来看一个用 DDPG 训练倒立摆的例子。

倒立摆是强化学习 gym 库中的一个游戏。该游戏只操作一根可以绕一端的轴转动的摆杆(图 10-9)。如果没有外力矩的作用,那么摆杆将因重力而下垂。游戏的要求是不管摆杆最初处于什么状态,向摆杆施加一系列的外力矩,使摆杆可以竖直向上。倒立摆的动力学方程由 gym 模拟器提供。

图 10-9　倒立摆

从图 10-9 左上角可以看出,倒立摆也是用 pygame 编写的。与球碰球游戏不同的是,gym 库已经实现了这个游戏,我们调用 gym 的 make 函数就可以启动该游戏。

```
import gym
import numpy as np
problem = "Pendulum-v1"
env = gym.make(problem)
print(env.observation_space)
print(env.action_space)
```

```
Box([-1. -1. -8.], [1. 1. 8.], (3,), float32)
Box(-2.0, 2.0, (1,), float32)
```

从上面的代码段可以看出,其状态空间维度为 3,分别是自由端的 x、y 坐标和角速度。坐标值域是 $[-1,1]$,角速度值域是 $[-8,8]$。动作空间的维度是 1,动作的物理意义是作用在自由端的扭矩,值域是 $[-2,2]$,属于连续动作问题。

reset 函数将游戏重置,返回任意状态。而 step 函数则执行动作,输出新的状态、回报、游戏是否结束以及信息(如有)。

```
env.reset()
```

```
array([-0.9726225 ,  0.23239067,  0.8371043 ], dtype=float32)
```

```
action = [np.array(1.0)]
env.step(action)
```

```
(array([-0.9844704 ,  0.17555064,  1.1613973 ], dtype=float32)
 -8.522058988329894,
 False,
 {})
```

了解倒立摆游戏的基本情况后,就可以搭建和训练网络了。

首先,导入需要的包。

```
import gym
from tensorflow.keras.layers import Input,Dense,Concatenate
from tensorflow.keras.models import Model
from tensorflow.keras import initializers
from tensorflow.keras.optimizers import Adam
from tensorflow.keras import backend as K
import numpy as np
import matplotlib.pyplot as plt
import collections
```

然后,启动游戏并获取状态空间维数、动作空间维数、动作上下限等数据。

```
problem = "Pendulum-v1"
env = gym.make(problem)
num_states = env.observation_space.shape[0]  # 状态空间维数 3
num_actions = env.action_space.shape[0]  # 动作空间维数 1
upper_bound = env.action_space.high[0]   # 动作值域上限 2.0
lower_bound = env.action_space.low[0]    # 动作值域下限 -2.0
```

接着,定义 actor、critic 和 cooperative 模型。

```
def get_actor():
    # 搭建模型
    inputs = Input(shape=(num_states,))
    out = Dense(256, activation="relu")(inputs)
    out = Dense(256, activation="relu")(out)
    # 最后一层的参数初始化在-0.003和0.003之间
    last_init = initializers.RandomUniform(minval=-0.003, maxval=0.003)
    outputs = Dense(1, activation="tanh", kernel_initializer=last_init)(out)
    # 放大到动作值域, 即[-2.0,2.0]
    outputs = outputs * upper_bound
    model = Model(inputs, outputs)

    # 打印模型各层的参数状况
    model.summary()
    return model
```

因为最后一层采用的激活函数是 tanh 函数,为了防止梯度消失,将 actor 模型最后一层的参数初始化在 -0.003 和 0.003 之间。因为 tanh 的输出范围为 $[-1,1]$,而动作值域是 $[-2,2]$,因此最终输出前乘以动作值域上限。

```
def get_critic():
    # 搭建模型
    # 状态输入
    state_input = Input(shape=(num_states))
    state_out = Dense(16, activation="relu")(state_input)
    state_out = Dense(32, activation="relu")(state_out)

    # 动作输入
    action_input = Input(shape=(num_actions))
    action_out = Dense(32, activation="relu")(action_input)

    # 状态输入和动作输入合并之前各自经过若干层
    concat = Concatenate()([state_out, action_out])

    out = Dense(256, activation="relu")(concat)
    out = Dense(256, activation="relu")(out)
    outputs = Dense(1)(out)
```

```
# 模型的输入是状态-动作，输出估值
model = Model([state_input, action_input], outputs)

# 配置模型
model.compile(optimizer=Adam(learning_rate=0.002), loss="mse")
model.summary()
return model
```

critic 模型是双输入、单输出。状态输入经过两个 Dense 层后的输出与动作输入经过一个 Dense 层后的输出合并，再通过三个 Dense 层后输出 Q 值。

```
def get_cooperative(actor_model, critic_model):
    critic_model.trainable = False # 合作模型训练时冻结critic的参数
    model = Model(actor_model.input, critic_model(
                  [actor_model.input, actor_model.output]))
    model.compile(optimizer=Adam(learning_rate=0.001),
                  loss=cooperative_loss) # 自定义损失函数
    model.summary()
    return model
```

合作模型的输入是 actor 模型的输入，即游戏的状态，输出是 critic 模型的输出，即 Q 值。合作模型训练时需要冻结 critic 模型的参数，因为实际训练的是 actor 模型。训练的目标是最大化 Q 值，因此需要自定义损失函数。

```
def cooperative_loss(y_true, y_pred):
    return  -K.mean(y_pred, axis=-1)
```

接下来，生成模型实例。

```
# 生成模型实例
actor_model = get_actor()
target_actor = get_actor()

critic_model = get_critic()
target_critic = get_critic()

# 主模型和目标模型的参数采用相同的初始值
target_actor.set_weights(actor_model.get_weights())
target_critic.set_weights(critic_model.get_weights())

cooperative_model = get_cooperative(actor_model, critic_model)
```

从上面的代码可以看出，这里也采用了双 Q 学习的做法，actor 和 critic 分别都实例化了两次，各得到一个主网络和一个目标网络，并将主网络和目标网络的参数初始值设为相同的数值。注意：合作模型实例化时输入的是 actor 和 critic 的主模型实例。

接下来，与上一节一样，设置常量和初始化变量。

```
# 设置常量
NUM_EPOCHS = 100
BATCH_SIZE = 32
GAMMA = 0.99
TAU = 0.005
MEMORY_SIZE = 50000
STD_DEV = 0.2

# 初始化变量
experience = collections.deque(maxlen=MEMORY_SIZE) # 经验池
# Ornstein-Uhlenbeck 随机过程
ou_noise = OUActionNoise(mean=np.zeros(1),
            std_deviation=float(STD_DEV) * np.ones(1))
ep_reward_list = []    # 存储每个epoch的回报历史记录
avg_reward_list = [] # 存储最近若干个epoch的平均回报的历史记录
```

然后就是开始训练。由于数据量不大,网络也不深,不用担心内存不够,因此不需要在每个 epoch 中反复加载和保存模型。除此之外,训练的基本流程与上一节相似。

```
for e in range(NUM_EPOCHS):
    prev_state = env.reset()  # (3,)
    epoch_reward = 0 # 初始化变量
    while True:
        env.render() # 渲染出当前的智能体以及环境的状态
        prev_state_e = np.expand_dims(prev_state, 0) # (1, 3)
        action = policy(prev_state_e, ou_noise) # list [array(1.5)]
        # 执行动作,得到新状态、回报、游戏是否结束等信息
        state, reward, done, info = env.step(action) # (3,), (), False, {}

        # 将原状态、动作、回报、新状态等信息保存到经验池中
        experience.append((prev_state, action, reward, state))
        epoch_reward += reward    # 累加回报

        # 从经验池中获取用于critic的一批数据
        X_1, X_2, Y = get_next_batch_4_critic_model(
            experience, target_actor, target_critic, GAMMA, BATCH_SIZE)
        critic_model.trainable = True # 解冻critic_model的参数
        # 训练critic_model
        critic_model.train_on_batch([X_1, X_2], Y)

        # 从经验池中获取用于cooperative的一批数据
        X, Y = get_next_batch_4_cooperative_model(
            experience, actor_model, critic_model, BATCH_SIZE)
        critic_model.trainable = False # 冻结critic_model的参数
        # 训练cooperative_model
        cooperative_model.train_on_batch(X, Y)
```

```
# 缓慢更新target模型的参数
target_actor.set_weights(update_target(
    target_actor.get_weights(),actor_model.get_weights()))
target_critic.set_weights(update_target(
    target_critic.get_weights(),critic_model.get_weights()))

if done: # 游戏结束，开始下一个epoch的训练
    break
prev_state = state
```

每一个 epoch 训练开始时先重置游戏,得到初始状态,并初始化记录每个 epoch 总回报的变量,然后循环执行训练过程,直到本次游戏结束。

循环过程共分为 11 个步骤。

第 1 步:渲染出当前的智能体及环境的状态。

第 2 步:先调整初始状态的数据形状,然后由策略函数计算下一个动作。策略函数的代码如下:

```
def policy(state, noise_object):
    # actor根据状态确定动作，并转换为numpy数据类型
    computed_actions = np.array(actor_model(state)) # (1,1)
    # 调整数据形状
    computed_actions = np.reshape(computed_actions,(1,)) # (1,)

    # 生成OU噪声
    noise = noise_object()  # (1,)
    # 给动作添加OU噪声
    sampled_actions = computed_actions + noise

    # 添加普通的随机噪声
    #nor =np.array(np.random.normal(loc=0.0, scale=STD_DEV, size=None))
    #sampled_actions = computed_actions + nor

    # 将动作裁剪到动作值域范围内
    legal_action = np.clip(sampled_actions, lower_bound, upper_bound)

    # 按格式返回动作
    return [np.squeeze(legal_action)]
```

noise_object,即 ou_noise,是 Ornstein-Uhlenbeck 随机过程的实例。Ornstein-Uhlenbeck 随机过程简称 OU 过程。与普通的随机过程不同,OU 过程是时序相关的。如图 10-10 所示,高斯噪声相邻的两步的值差别可以很大,而 OU 噪声会绕着均值附近正向或负向探索一段距离,就像利率的波动一样,这有利于在一个方向上探索,比较适合于惯性系统。

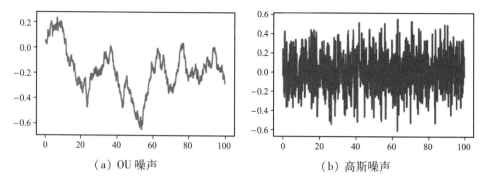

（a）OU 噪声　　　　　　　　　　（b）高斯噪声

图 10-10　OU 噪声与高斯噪声的对比

OUActionNoise 的实现代码如下：

```
class OUActionNoise:
    def __init__(self, mean, std_deviation, theta=0.15,
                 dt=1e-2, x_initial=None):
        self.theta = theta
        self.mean = mean
        self.std_dev = std_deviation
        self.dt = dt
        self.x_initial = x_initial
        self.reset()

    def __call__(self):
        x = (
            self.x_prev
            + self.theta * (self.mean - self.x_prev) * self.dt
            + self.std_dev * np.sqrt(self.dt) *
            np.random.normal(size=self.mean.shape)
        )
        self.x_prev = x
        return x

    def reset(self):
        if self.x_initial is not None:
            self.x_prev = self.x_initial
        else:
            self.x_prev = np.zeros_like(self.mean)
```

第 3 步：执行动作，得到新状态、回报、游戏是否结束等信息。

第 4 步：将原状态、动作、回报、新状态等信息保存到经验池中。

第 5 步：更新本次 epoch 训练的总回报。

第 6 步：从经验池中获取用于训练 critic 主模型的数据。计算总回报时，先由 actor 的目标网络给出动作，再由 critic 的目标网络进一步给出未来回报。

```
# 从经验池中获取用于critic的一批数据
def get_next_batch_4_critic_model(experience, target_actor,
                                    target_critic, GAMA, batch_size):
    # 生成批数据在经验池中的随机索引
    batch_indices = np.random.randint(low=0, high=len(experience),
                                        size=batch_size)

    # 从经验池获取初始状态,(32,3)
    X_1 = np.array([(experience[i][0]) for i in batch_indices])

    # 从经验池获取动作,并且将数据形状从(32,)调整至(32,1)
    X_2 = np.array([experience[i][1][0] for i in batch_indices])
    X_2 = np.reshape(X_2, (-1,1))

    # 从经验池获取回报,(32,)
    reward_batch = np.array([experience[i][2] for i in batch_indices])

    # 从经验池获取新状态,(32, 3)
    state_batch = np.array([experience[i][3] for i in batch_indices])

    # 由actor的目标网络给出动作,(32, 1)
    target_actions = target_actor(state_batch, training=True).numpy()

    # 由critic的目标网络给出Q值,(32,)
    q = target_critic([state_batch, target_actions], training=True).numpy()

    # 调整Q值的形状
    q = np.squeeze(q)

    # 计算总回报,(32, )
    Y = reward_batch + GAMA * q

    return X_1, X_2, Y  # (32, 3) (32, 1) (32,)
```

第 7 步:训练 critic_model 主模型。

第 8 步:从经验池中获取用于训练 cooperative 模型的数据。

```
def get_next_batch_4_cooperative_model(experience, actor_model,
                                        critic_model, batch_size):
    # 生成批数据在经验池中的随机索引
    batch_indices = np.random.randint(low=0, high=len(experience),
                                        size=batch_size)
    # 从经验池获取初始状态,(32,3)
    X = np.array([(experience[i][0]) for i in batch_indices])
```

```
# 由actor的主模型给出动作
actions = actor_model(X, training=True).numpy()
# 由critic的主模型给出Q值
Y = critic_model([X, actions], training=True).numpy()
# 调整数据的形状
Y = np.squeeze(Y)
return X, Y
```

第 9 步：训练 cooperative_model 模型。

第 10 步：与上一节一样，缓慢更新两个目标模型的参数。

第 11 步：若游戏结束，则开始下一个 epoch 的训练；否则，将新状态设置为初始状态。

整个训练过程曲线如图 10-11 所示。

本节的完整代码见文件 chapter10\ddpg_pendulum. ipynb。

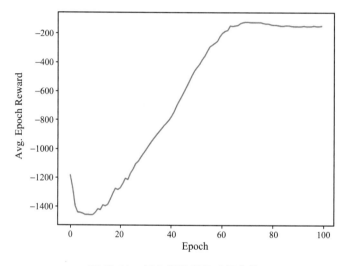

图 10-11　倒立摆的训练过程曲线

Keras 官网上有一些强化学习的例子，其中有一个就是用 DDPG 算法训练倒立摆，但是其代码实现与本节颇有不同，两者的训练结果差不多，感兴趣的读者可以比较两者的异同。另外，也可以比较一下添加 OU 噪声和高斯噪声这两种动作噪声以及不添加噪声对训练结果有何影响。

强化学习使得 AI 可以从经验中学习，而非大量现成的训练数据。在深度学习的加持下，强化学习取得了阿尔法狗完胜围棋世界冠军的惊人成绩。而且强化学习过程在很大程度上类似于人类的学习过程，以至于人们一度认为通用人工智能的基石必定是强化学习，但让人大跌眼镜的是，大语言模型横空出世，抢尽了 AI 的风头。人们在惊叹之余发现，通用人工智能似乎已经来到了我们身边。下一章，我们将一起探索大语言模型的奥秘。

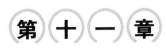

第十一章

大语言模型

还记得图灵测试吗？设想机器能够与人类展开对话而能不被辨别出其机器身份,这个在 2022 年 11 月底之前被大众普遍认为是异想天开的事,随着 Chat-GPT 的出现,已变为现实。我们不得不钦佩图灵的远见。Chat-GPT 的强大能力引起了大众对大语言模型的广泛关注。第八章中的 word2vec,就是一种语言模型。与之相比,大语言模型的特点是模型的参数规模庞大,用于训练的文本数据是海量的。那么大语言模型的架构又是怎样的？它是如何一步一步发展起来的呢？为了回答这些问题,我们需要从机器翻译和 attention 说起。

 机器翻译和 Attention

一、机器翻译

机器翻译大致经历了从基于规则的方法,到统计机器翻译,再到神经网络机器翻译（NMT）的发展历程。2014 年,谷歌利用由 LSTM 组成的 encoder-decoder 架构（图 11-1）,在翻译时,先通过 encoder 将输入序列（源语言的句子）编码为称为 context 的固定长度的上下文向量,再通过 decoder 将 context 向量解码为输出序列（目标语言的句子）。这种模型在机器翻译上取得了前所未有的效果。但是仍然存在一个问题,由于解码器接收的是编码器最后一个 timestep 的隐藏层状态,作为其自身隐藏层的初始状态,当源句子较长,特别是当源句子比训练语料库中的句子还要长时,解码器无法很好地将输出序列中的元素（比如英文中的单词或词元,中文中的字或词语,为了避免误解,以下称为"token"）与输入序列中的 token 对应起来。context 向量虽然在 encoder 和 decoder 之间起到了桥梁的作用,但同时也变成了一个性能瓶颈。

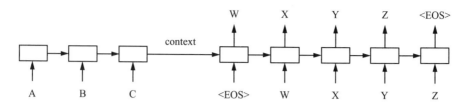

图 11-1　读入 ABC 输出 WXYZ 的 encoder-decoder 架构

二、Attention

2015 年,兹米特里·巴赫达瑙(Dzmitry Bahdanau)等人将 attention(注意力)机制运用于 encoder-decoder,解码器从编码器接收的不再是最后一个 timestep 的固定长度的向量,而是来自各个 timestep 的一系列向量。在解码器产生一个 token 时,注意到源句子中各个向量信息的重要性(图 11-2)。实际结果表明,加入 attention 后翻译性能得到了很大的提升。

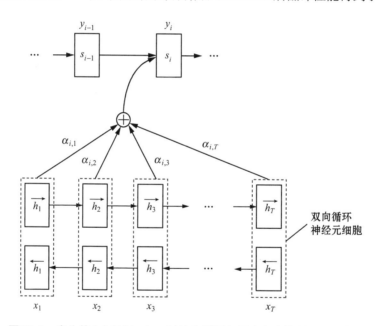

图 11-2　产生第 i 个目标 token 时注意到源句子中各个位置 token 的向量

解码器生成第 i 个 token 的概率定义为

$$p(y_i \mid y_1, \cdots, y_{i-1}, x) = g(y_{i-1}, s_i, c_i) \tag{11-1}$$

式中,g 是一个非线性的、可能是多层的函数,输出 y_i 的概率。

s_i 是 i 时刻 RNN 的隐藏层状态。

$$s_i = f(s_{i-1}, y_{i-1}, c_i) \tag{11-2}$$

上面两式中,c_i 是第 i 个 token 的上下文向量(不同于传统方法中采用同一个向量),它取决于输入序列经编码器映射得到的向量序列 $(h_1, \cdots, h_j, \cdots, h_T)$。由于编码器采用的是双向 RNN,因此,每个 h_j 包含整个输入序列的信息,但 c_i 重点关注的是围绕输入序列某个 token 的部分。c_i 是各个 h_j 的加权求和。

$$c_i = \sum_{j=1}^{T} \alpha_{ij} h_j \qquad (11\text{-}3)$$

式中,α_{ij} 是权重。

$$\alpha_{ij} = \frac{\exp(e_{ij})}{\sum_{k=1}^{T} \exp(e_{ik})} \qquad (11\text{-}4)$$

式中,e_{ij} 是计算权重的分数,反映了目标句子的位置 i 处的信息与源句子位置 j 周围的信息的匹配程度。式(11-4)相当于将各分数 softmax 化。

$$e_{ij} = a(s_{i-1}, h_j) \qquad (11\text{-}5)$$

函数 a 用一个前馈神经网络来表达,其参数与整个网络的其他参数一起训练。

明唐·梁(Minh-Thang Luong)等人对巴赫达瑙的算法进行了简化(图 11-3)。

(1) encoder 和 decoder 一样,也采用单向 RNN。

(2) 打分时采用 i 时刻而不是 $i-1$ 时刻 RNN 的隐藏层状态。

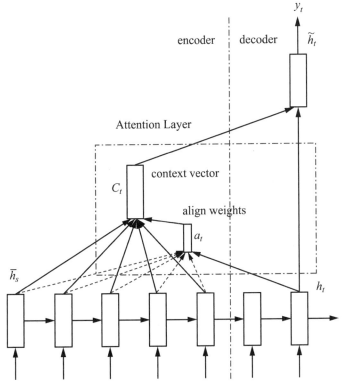

图 11-3　梁的注意力模型

除了 concat 之外,还提出了另外两种更好的打分函数。

$$score(h_t, \overline{h}_s) = \begin{cases} h_t^T \overline{h}_s & \text{dot} \\ h_t^T W_a \overline{h}_s & \text{general} \\ V_a^T \tanh(W_a[h_t; \overline{h}_s]) & \text{concat} \end{cases} \qquad (11\text{-}6)$$

Keras 中实现了梁风格的 Attention 层。

```
tensorflow.keras.layers.Attention(use_scale=False, score_mode="dot", **kwargs)
```

主要的构造参数如下：

• use_scale：如果取 True,将创建一个标量变量来缩放注意力分数。可参考图 11-4（b）中的 scale。

• score_mode：打分方式,默认"dot",即点积。也可以采用"concat"。在实践中,点积方式要快得多,而且更节省空间,因为它可以使用高度优化的矩阵乘法代码来实现。

• dropout：0 ~ 1 的浮点数,默认取 0.0,计算注意力分数时的丢弃率。

调用参数如下：

• inputs：以下张量的列表。

（1）query：形状是（batch_size,Tq,dim）的张量。Tq 是目标序列的 token 数,dim 是 token 的嵌入维度。

（2）value：形状是（batch_size,Tv,dim）的张量。Tv 是源序列的 token 数。

（3）key：形状同 value 的张量。通常不给出 key,这种情况下 key = value。

• mask：是以下张量列表。

（1）query_mask：形状为（batch_size,Tq）的布尔掩码张量。若给定,输出在 mask == False 的位置将为零。注意：在 Keras 掩码约定中,False 表示 token 被屏蔽,True 表示 token 不被屏蔽,即可用。

（2）value_mask：形状为（batch_size,Tv）的布尔掩码张量。若给定,则 mask == False 位置处的值将对结果没有贡献。

• return_attention_scores：布尔值。如果为 True,同时返回（mask 和 softmax 操作之后的）注意力分数。mask 和 softmax 可参考图 11-4（b）。

• training：布尔值。决定 Attention 在训练模式（dropout 生效）下还是在推理模式（无 dropout）下运行。

• use_causal_mask：布尔值。用于解码器的 self-attention 中（self-attention 的概念将在稍后解释）。设置为 True 时,则位置 i 不能"注意"大于 i 的位置,这样能防止信息从将来流向过去（下一节中将进一步阐述）。默认为 False。

Attention 输出结果的形状为（batch_size,Tq,dim）。当 return_attention_scores 为 True 时,同时输出的还有 mask 和 softmax 操作之后的分数,其形状为（batch_size,Tq,Tv）。

下面是一个简单的应用实例。

```
from tensorflow import keras
import numpy as np

source = np.random.random((64,100,512))
target = np.random.random((64,200,512))
layer = keras.layers.Attention()
output_tensor, attention_scores = layer([target, source],
                                         return_attention_scores=True)
print(output_tensor.shape)
print(attention_scores.shape)
```

```
(64, 200, 512)
(64, 200, 100)
```

可以为上面的代码设想这样一种场景：中译英；中文的序列长度为100，英文的序列长度为200；中英文 token 的嵌入维度都是512，每批数据包含 64 个序列。

query、value 和 key 的含义取决于具体应用。例如，在上述机器翻译中，query 是目标语言 token 的嵌入张量，value 是源语言 token 的嵌入张量。key 与 value 是同一个的张量。此处之所以用张量而不用向量，是因为在实际操作中，通常按 batch 对序列数据批量处理，就像上面的例子中一样，而不是像前面介绍原理时那样按向量逐个计算。

query、key 和 value 的概念来自推荐系统。以婚姻介绍为例，婚介机构的数据库中都是征婚人的信息，query 是各个征婚人的求偶偏好，包括意中人的性别、年龄、学历、职业、爱好等。value 是各个征婚人的完整信息。key 是各个征婚人的特点。婚介机构根据 query 与 key 的相关性推荐合适的 value，当然也可以根据 query 直接去匹配合适的 value，这时 value 起到了 key 的作用，相当于 key = value。

在上述机器翻译中，query 和 key 分别在 decoder 和 encoder 中，处于不同的序列，这种 attention 机制称为 cross attention。若 query 和 key 在相同的序列中，则称为 self-attention（自注意力）。实际上，对于 self-attention 来说，value 也来自同一个序列，就像婚介机构的 query 和 key 都是从 value 中获取的一样。下面的例子简单展示了 self-attention 的实例化和调用方法。

```
from tensorflow import keras
import numpy as np

query = np.random.random((64,100,512))
value = np.random.random((64,100,512))
layer = keras.layers.Attention(use_scale=True,
                               score_mode="concat")
output_tensor = layer([query, value])
print(output_tensor.shape)
```

```
(64, 100, 512)
```

三、Multi-head Attention

我们可以对某个序列做一次 attention 操作,也可以并列地做多次 attention 操作,将它们的结果拼接起来,这种 attention 叫作 Multi-head Attention(多头注意力)。如图 11-4(a)所示,维度同为 d_{model} 的 Q、K 和 V(分别代表 query、key 和 value 的矩阵)首先通过不同的参数被线性投映到 d_k、d_k 和 d_v 维度,并列投映 h 次;然后以并行的方式对每次投映的结果分别进行注意力操作,一共操作 h 次,得到 h 个 d_v 维度的结果,每个结果称为 1 个 head(注意力头),将这些结果合并,然后再次线性投映,得到最终结果。

每个平行的 Attention 都是 Scaled Dot-Product Attention,称为缩放点积注意力,如图 11-4(b)所示。相当于 keras. layers. Attention 采用"dot"打分方式时,use_scale 取 True,缩放因子等于 $\dfrac{1}{\sqrt{d_k}}$,目的是防止当 d_k 比较大时,softmax 函数进入梯度特别小的区域。

为了不因采用多头注意力而增加计算开销,建议取 $d_k = d_v = d_{model}/h$。如果 d_{model} 取 512,h 取 8,则 d_k 和 d_v 都等于 64,缩放因子则等于 1/8。当然 d_k 也可以尝试取更小的值。

Multi-head Attention 可以用公式表示如下:

$$\text{MultiHead}(Q,K,V) = \text{Concat}(head_1,\cdots,head_h)W^O \tag{11-7}$$

其中,

$$head_i = \text{Attention}(QW_i^Q, KW_i^K, VW_i^V) = \text{softmax}\left(\frac{(QW_i^Q)(KW_i^K)^\mathrm{T}}{\sqrt{d_k}}\right)(VW_i^V) \tag{11-8}$$

式中,W_i^Q、W_i^K、W_i^V 分别是 Q、K、V 在第 i 个 attention 之前的线性投映权重参数,W^O 是合并后的线性投映权重参数。

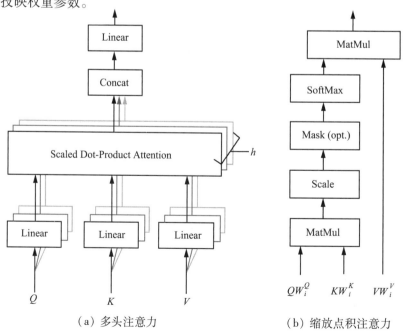

(a)多头注意力　　　　(b)缩放点积注意力

图 11-4　采用缩放点积算法的多头注意力机制

多头注意力使目标序列中的一个 token 能够同时关注源序列中围绕不同的 token 的信息,这是单个注意力头无法做到的。Keras 中实现了 Multi-head Attention。

```
tensorflow.keras.layers.MultiHeadAttention(
    num_heads,
    key_dim,
    value_dim=None,
    dropout=0.0,
    use_bias=True,
    output_shape=None,
    attention_axes=None,
    kernel_initializer="glorot_uniform",
    bias_initializer="zeros",
    kernel_regularizer=None,
    bias_regularizer=None,
    activity_regularizer=None,
    kernel_constraint=None,
    bias_constraint=None,
    **kwargs
)
```

主要的构造参数如下:

● num_heads:注意力头的数量,即图 11-4 中的 h。

● key_dim:单个 attention 中 query 和 key 的维度,即式(11-8)中的 d_k。

● value_dim:单个 attention 中 value 的维度,默认等于 d_k。

● attention_axes:应用注意力的轴。None 表示注意除了 batch、heads 和 features 之外的所有轴。

调用参数与 keras.layers.Attention 类似,但有两点不同:

(1) query、value 和 key 不要组合成列表。

(2) attention_mask 替代了 mask 列表。attention_mask 是形状为(batch_size、Tq、Tv)的布尔掩码张量,可防止注意某些位置。布尔掩码指定哪些 query 元素可以注意哪些 key 元素,1 表示注意,0 表示不注意。会对缺少的 batch 维度和 head 维度进行广播。

下面是一个简单的示例。

```
from tensorflow import keras
import numpy as np

source = np.random.random((32,100,512))
target = np.random.random((32,200,512))

layer = keras.layers.MultiHeadAttention(num_heads=8, key_dim =64)
output_tensor, attention_scores = layer(target, source,
                          return_attention_scores=True)
print(output_tensor.shape)
print(attention_scores.shape)
```

```
(32, 200, 512)
(32, 8, 200, 100)
```

人工智能技术

第二节 Transformer

2017年,阿希什·瓦斯瓦尼(Ashish Vaswani)推出了 Transformer(转换器)架构(图11-5)。与图11-3相比,encoder 和 decoder 的总体架构没变,不同的是,用堆叠的带残差连接和层归一化的 Multi-head Attention 层以及全连接前馈层的块代替了 RNN。隐藏层单元数是512个,注意力头数量是8个。

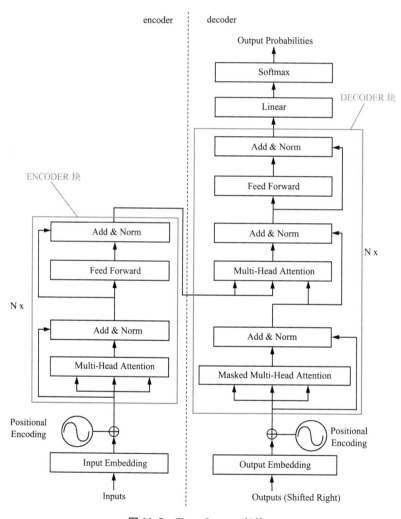

图 11-5　Transformer 架构

encoder 的核心部分是 6 个结构相同但参数不同的 ENCODER 块的叠加。每个 ENCODER 块都有两个层。第一个是 Multi-head Attention 层,第二个是普通的全连接前馈网络层。在每一层上都采用了残差连接,然后进行层归一化。层归一化是对单个序列中的全部 token 的特征进行归一化处理。第一层的输出是 $y = \mathrm{LayerNormalization}(x + \mathrm{MultiHeadAttention}(x))$,第二层的输出是 $z = \mathrm{LayerNormalization}(y + \mathrm{FeedForward}(y))$。为了便于残差连接,$x$、$y$、$z$ 的维度都等于 512。

decoder 的核心部分是 6 个结构相同但参数不同的 DECODER 块的叠加。与 ENCODER 块相比,每个 DECODER 块中间增加了一个对 encoder 输出执行 cross attention 的层。另外,DECODER 块中的第一层采用的是 masked self-attention。这样,对位置 i 的预测只能依赖于小于 i 位置的已知输出。

RNN 通过不同的 timestep 来表示序列中各个元素的先后顺序,那么取消了 RNN 后如何表达序列中元素的顺序信息呢? 办法是向序列中各个 token 的 embedding 编码注入相应的表示位置信息的编码(Positional Encoding)。位置编码有多种选择①,最简单的是采用数字编码(可参考第四节中图 11-11)。图 11-5 中采用的是正弦波编码方法,即

$$PE(pos, 2i) = \sin(pos/10\,000^{2i/d_{\mathrm{model}}}) \tag{11-9-1}$$
$$PE(pos, 2i + 1) = \cos(pos/10\,000^{2i/d_{\mathrm{model}}}) \tag{11-9-2}$$

上面两式中,pos 表示位置,i 是维度,即位置编码的每个维度对应于一条正弦波,波长形成从 2π 到 $10\,000 \cdot 2\pi$ 的几何级数;$d_{\mathrm{model}} = 512$。

Keras_nlp 实现了正弦波编码方法。

```
keras_nlp.layers.SinePositionEncoding(max_wavelength=10000, **kwargs)
```

SinePositionEncoding 层将 token 的 embedding 张量作为输入。输入的形状必须为 (batch_size, sequence_length, feature_size)。该层输出的位置编码与 token 的 embedding 张量形状相同,可以直接与之相加。例如:

```
seq_length, vocab_size, embed_dim = 50, 5000, 128
inputs = keras.Input(shape=(seq_length,))
token_embeddings = keras.layers.Embedding(
    input_dim=vocab_size, output_dim=embed_dim
)(inputs)
position_embeddings = keras_nlp.layers.PositionEmbedding(
    sequence_length=seq_length
)(token_embeddings)
outputs = token_embeddings + position_embeddings
```

现在来看一下上述模型进行语言翻译时的工作流程。代表源句子的 token 序列 $(x_1, \cdots, x_n)$ 作为 encoder 的输入(inputs),转换为 embedding,注入位置信息(positional embedding),然后依次经过 6 个叠加的 ENCODER 块[图 11-6(a)],得到表征序列($z_1, \cdots,$

---

① Gehring J 等人研究发现,在利用由卷积和注意力机制组成的 encoder-decoder 架构进行机器翻译时,不注入位置编码也能取得几乎相同的效果,也就是说,模型能够学习相对的位置编码信息。看来笔者在第七章一开始提到的直觉并不靠谱。

z_n）。decoder 以自回归的方式生成代表目标句子的输出序列（$y_1, \cdots, y_m$），也就是说 decoder 每次生成一个 token［图 11-6（b）］。在生成某个 token 时，将先前生成的 token 序列作为 decoder 的输入，在生成第一个 token 时，将开始标记〈s〉作为 decoder 的输入，相当于 decoder 的输入是将目标句子的序列向右移（shifted right）过一个位置后得到的序列。进入 decoder 的序列同样注入位置编码，经过叠加的 DECODER 块后通过多分类函数输出概率值，从而确定 token。由于 DECODER 中采用了 Masked Self-Attention 层，在进行 Self-Attention 计算时屏蔽了当前位置右侧的 token 的信息。

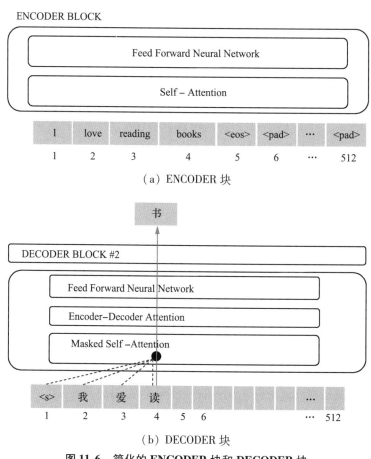

图 11-6　简化的 ENCODER 块和 DECODER 块

Transformer 中 Encoder 的特点是有多少个输入就有多少个输出,每个输入位置对应的前馈网络层是独立的,每个位置的信息仅仅流过它自己的编码器路径,而 RNN 中是流过同一个路径。此外,两者还有以下不同:

一是网络中长期依赖之间的路径长度不同。RNN 中,远距离的相互依赖的特征需要 n 步计算才能将两者信息联系起来。Self-Attention 中,句子中任意两个 token 的联系通过 1 个计算步骤就直接联系起来,仅为前者的 $1/n$。路径越短,越有利于捕获这种信息联系。

二是并行计算性能不同。RNN 每一个时间步的计算依赖于上一步的计算结果。Self-

Attention 所需的顺序操作数量也是 RNN 的 $1/n$，也就是说并行计算量增加 n 倍，可以充分利用 GPU 的并行计算能力，从而大大缩短训练时间，这一点对大语言模型尤为重要。

Keras_nlp 实现了 Transformer 的 ENCODER 块。用户可以实例化此类得到多个实例来堆叠成 encoder。

```
keras_nlp.layers.TransformerEncoder(
    intermediate_dim,
    num_heads,
    dropout=0,
    activation="relu",
    layer_norm_epsilon=1e-05,
    kernel_initializer="glorot_uniform",
    bias_initializer="zeros",
    normalize_first=False,
    name=None,
    **kwargs
)
```

其主要构造参数如下：

- intermediate_dim：前馈网络的隐藏层神经元数量。
- num_heads：Multi-head Attention 的 head 数量。

其调用参数如下：

- inputs：形状为（batch_size，sequence_length，hidden_dim）的输入张量。hidden_dim 也就是嵌入维度，即上一节中的 d_{model}。
- padding_mask：填充掩码布尔张量。决定作为填充引入的 token 是否应被屏蔽。形状为（batch_size，sequence_length）。
- attention_mask：布尔张量。用于屏蔽某些 token 的定制化掩码。形状为（batch_size，sequence_length，sequence_length）。

下面的代码构建和调用了一个含有两个 TransformerEncoder 块的模型。

```
# 创建TransformerEncoder块
encoder = keras_nlp.layers.TransformerEncoder(
    intermediate_dim=64, num_heads=8)

# 创建一个包含两个TransformerEncoder块的模型
input = keras.Input(shape=[100, 512])
output = encoder(input)
output = encoder(output)
model = keras.Model(inputs=input, outputs=output)

# 调用模型
input_data = tf.random.uniform(shape=[32, 100, 512])
output = model(input_data)
print(output.shape)
```

(32, 100, 512)

Keras_nlp 也实现了 Transformer 的 DECODER 块。用户可以实例化此类得到多个实例来堆叠成 decoder。

```
keras_nlp.layers.TransformerDecoder(
    intermediate_dim,
    num_heads,
    dropout=0,
    activation="relu",
    layer_norm_epsilon=1e-05,
    kernel_initializer="glorot_uniform",
    bias_initializer="zeros",
    normalize_first=False,
    name=None,
    **kwargs
)
```

构造参数同 TransformerEncoder 类。

主要调用参数如下:

● decoder_sequence:张量。解码器输入序列。

● encoder_sequence:张量。编码器输入序列。对于 GPT-2 这类只有解码器的模型,取 None。一旦被调用时不传入 encoder_sequence,则后面的调用也不能传入 encoder_sequence。

● decoder_padding_mask:布尔张量。解码器序列的填充掩码,形状为(batch_size, decoder_sequence_length)。

● decoder_attention_mask:布尔张量。定制化的解码器序列掩码,形状为(batch_size, decoder_sequence_length, decoder_sequence_length)。

● encoder_padding_mask:布尔张量。编码器序列的填充掩码,形状为(batch_size, encoder_sequence_length)。

● encoder_attention_mask:布尔张量。定制化的编码器序列掩码,形状为(batch_size, encoder_sequence_length, encoder_sequence_length)。

● use_causal_mask:布尔值。默认为 True。

默认情况下,TransformerDecoder 将因果掩码应用于解码器输入序列,以屏蔽未来输入。以图 11-6(b)为例,在预测"书"时,解码器输入序列是[[< s > 我爱读 < pad > … < pad >]]。其中的 < pad > 就是填充值,默认为 0,但是这种用 0 填充的位置的信息是完全无意义的,因此我们希望这些位置不参与训练过程,以免影响训练效果。实现方法可以参考图 11-4(b),在 softmax 操作之前先执行 mask。Keras 核心层中有一个 Masking 层,其参数 mask_value 的默认值为 0.0,上述输入序列经过 Masking 层将生成布尔掩码张量 [[True, True, True, True, False, …, False]],该张量附加在层的输出上,softmax 操作时将因此忽略这些填充值,这样就达到了屏蔽未来输入的目的。顺便提一下,如果将 Keras

的 Embedding 层的参数 mask_zero 设为 True 时,也会生成布尔掩码张量。

　　调用 TransformerDecoder 时可以提供一个或两个输入,但输入数必须在所有调用中保持一致。如果只输入 decoder_sequence,则解码器块中不会执行 cross attention,适用于构建只有解码器的转换器(如 GPT-2)。如果输入 decoder_sequence、encoder_sequence,解码器块中将执行 cross attention,适用于构建编码器-解码器类型的转换器。

　　下面的代码构建和调用了一个含有接受两个输入的 TransformerDecoder 块的模型。

```
# 创建TransformerDecoder块
decoder = keras_nlp.layers.TransformerDecoder(
    intermediate_dim=64, num_heads=8)

# 创建模型,其中的TransformerDecoder块接受两个输入
decoder_input = keras.Input(shape=[100, 512])
encoder_input = keras.Input(shape=[100, 512])
output = decoder(decoder_input, encoder_input)
model = keras.Model(inputs=[decoder_input, encoder_input],
    outputs=output)

# 调用模型
decoder_input_data = tf.random.uniform(shape=[32, 100, 512])
encoder_input_data = tf.random.uniform(shape=[32, 100, 512])
decoder_output = model([decoder_input_data, encoder_input_data])
print(decoder_output.shape)
```

```
(32, 100, 512)
```

 　GPT 和 ChatGPT

2018 年,OpenAI 基于 Transformer 提出了 Generative Pre-trained Transformer,即生成式预训练转换器,简称 GPT。2019 年,OpenAI 推出了 GPT 的升级版 GPT-2,2020 年和 2023 年又分别推出了 GPT-3、GPT-4 和 GPT-4 Turbo。

一、GPT 的基本架构

　　GPT 是在 Transformer 的 decoder 基础上稍作修改而成的,它主要利用了图 11-7 中大虚线框内的内容(除去小虚线框内的 cross attention 部分),再配上线性层 + softmax 层(图 11-8)。架构看起来既简单又似乎没有什么创新之处,真所谓大道至简。

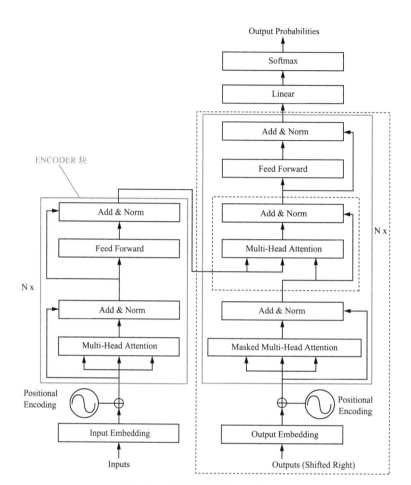

图 11-7　GPT 利用了 Transformer

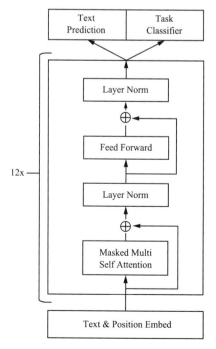

图 11-8　GPT 架构

二、GPT 的训练

GPT 的训练过程由两个阶段组成。第一阶段在大型文本语料库上进行无监督预训练。第二阶段针对不同的任务进行监督训练,对模型进行微调。预训练采用标准的语言模型训练方法,即根据序列中前面的若干 token 预测下一个 token。微调时,针对不同的任务对输入进行转换,得到输入序列后送入预训练好的模型进行处理,得到的序列表征再送入线性(＋softmax)层处理。图 11-9 展示了 GPT-1 微调时四类任务的输入转换方法。

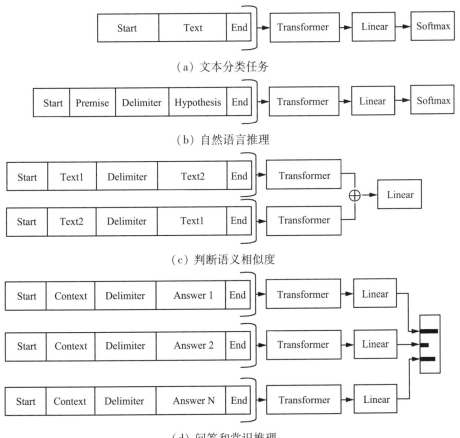

（a）文本分类任务

（b）自然语言推理

（c）判断语义相似度

（d）问答和常识推理

图 11-9　微调时四类任务的输入转换方法

第一类任务是文本分类(Classification)。这类任务包括情感分类、垃圾信息或邮件鉴别等。这类任务的输入转换方法最简单,在原始序列前后分别加上开始 token 〈s〉和结束 token 〈e〉,然后送入 transformer,得到特征向量后对其分类即可。

第二类任务是自然语言推理(Entailment),在第八章中介绍 SNLI 数据集时已做了说明。这类任务的输入转换方式是在 premise 和 hypothesis 之间插入分隔符(delimiter)$,前后再加上开始 token 和结束 token。后续也是按照分类问题来处理,因为其本质上是分类问题。

第三类任务是判断语义相似度(Similarity)。这类任务的处理方法是,输入的两段文本正向和反向各拼接一次,然后分别输入给 transformer,得到的特征向量拼接后再送给线性层。

第四类任务是问答和常识推理。处理这类任务时可以将 n 个选项的问题抽象为分类问题,即每个选项分别和内容进行拼接,然后各自送入 transformer 和线性层中,最后通过 softmax 层根据输出概率预测结果。

为了避免大语言模型生成不真实、"有毒"或对用户毫无帮助的输出,让模型能够更好地理解用户的指令(prompt,比如要求 GPT 完成一项任务或回答某个问题),GPT-3 之后的模型微调增加了一个内容,即使用来自人类的反馈对大语言模型进行强化学习训练,具体包括以下三个步骤:

第一步:监督微调(Supervised Fine-Tuning,SFT)。从指令数据集中采样指令,人工给出指令的答案,将指令和答案作为数据对 GPT 模型进行微调训练。

第二步:训练打分模型。将指令输入 GPT 模型,对模型输出进行采样,通过人工对采样得到的模型输出从最佳到最差排序,用该数据训练打分模型。

第三步:优化策略模型。从数据集中采样一个新的提示,由策略模型生成答案,由打分模型计算该答案的分数,用该分数更新策略模型。

令人遗憾的是,对于功能强大的 GPT-4,无论是数据、能源成本,或用于创建该模型的具体硬件或方法等信息,都已经不再公开。OpenAI 竟然不再 open! 原本开放共享的大模型已经成为少数企业巨头的竞技场,广大中小企业和个人巩怕将只能成为巨头们的会员,利用他们提供的 GPT 产品接口做一些二次开发。

三、各种 GPT 的比较

从 GPT 到 GPT-4 再到 GPT-4 Turbo,模型的基本架构并没有大的变化,主要的不同在于:
(1) DECODER 块的叠加数量增加使模型更深。
(2) 上下文窗口、token 的嵌入维度、前馈层的神经元数量等增加使模型更宽。

更深更宽的模型意味着模型的参数更多,加上训练语料增多,以及对具体任务的优化,使预训练好的模型的能力越来越强,处理具体任务的能力也越来越强。表 11-1 比较了几个早期版本 GTP 模型的超参数。

表 11-1　几个早期版本 GPT 模型的超参数

版本	n_{layers}	d_{model}	d_{ff}	n_{ctx}	n_{params}
GPT	12	768	3 072	512	117 M
GPT-2	48	1 600	6 400	1 024	1.5 B
GPT-3	96	12 288	49 152	2 048	175 B

注:n_{layers} 为 Decoder 块的叠加数量;d_{model} 为嵌入层维度;d_{ff} 为前馈层的神经元数量;n_{ctx} 为上下文窗口 token 数量;n_{params} 为总的可训练的参数量。

ChatGPT 是 OpenAI 在 2022 年推出的基于 GPT-3 模型的升级版,主要针对对话任务进行了优化,包括记住历史对话记录来改进输出,并增加了对话策略的控制。ChatGPT 在对话任务上表现出色,可以与人类进行自然而流畅的对话。

GPT-4 是 OpenAI 在 2023 年 3 月发布的新一代模型。在随意谈话中,ChatGPT 和 GPT-4 之间的区别是很微妙的。只有当任务的复杂性达到阈值时,差异才出现,GPT-4 比 ChatGPT 更可靠、更有创意,并且能够处理更细微的指令。同时 GPT-4 拥有多模态能力,可以理解图片。譬如可以根据冰箱里食品的图片给出做菜的建议。

2023 年 11 月,OpenAI 又推出了 GPT-4 Turbo。上下文窗口 token 数量增加到了近乎"变态"的 128 K,相当于一本书的字数。GPT-4 Turbo 采用了全新的模型控制技术,使开发者可以更精细地调整模型输出,让用户获得更好的体验。多模态能力更强,提供对语音和图片的输入输出支持。而且,允许开发人员创建自定义的 GPT 版本,开发人员可以针对特定领域进行额外的预训练和定制的强化学习后训练。知识库更新,成本更低。

四、GPT 的发展方向

目前来看,GPT 将主要沿着以下几个方向进一步发展:

(1) GPT 模型做得更深、更宽。

(2) 知识库不断更新。

(3) 多模态能力继续加强,从最初仅仅接收文字指令和输出文本,发展到具有接收和输出图片、语音、视频、json、函数等的能力。可以推想,今后 GPT 跟机器人结合起来,还能感受触觉、温度,输出各种动作和表情等。当然,并不是说 GPT 这一产品线一定会实现所有的模态功能。Sora 的发布说明视频生成类功能已经有了自己的产品线。

(4) 个性化定制 GPT。各种定制版的 GPTs,相当于一个个 GPT 分身。个性化将催生各种专业化的 GPT 分身,比如提供医疗咨询的 GPT、辅导儿童写作业的 GPT 等。今后人们甚至可以拥有自己的私人 GPT,私人 GPT 会记住用户跟它的每一次聊天内容。如果私人 GPT 跟机器人结合,将会给社会带来巨大的变化。目前来看,随着 GPT 商店的上线,越来越多的人会参与定制和购买 GPT 分身,个性化 GPT 生态料将得到快速的发展。

五、GPT 的 Keras 实现

Keras_nlp提供了 GPT-2 的实现,包括 GPT2Backbone 和 GPT2CausalLM 等。GPT2Backbone 是实现 GPT-2 的主干网络。GPT2CausalLM 是一个用于因果语言建模的端到端 GPT-2 模型。所谓因果语言模型,是指根据前面的若干 token 预测下一个 token。所谓端到端,是指模型包含了对输入输出的处理过程,因而可以直接将文本作为模型的输入输出。下面着重介绍 GPT2CausalLM。

GPT2CausalLM 可以通过 GPT2Backbone 进行实例化,也可以通过 from_preset 函数按

预设的网络架构和预训练好的权重进行实例化。

```
model = GPT2CausalLM.from_preset("gpt2_base_en")
```

字符串必须是"gpt2_base_en""gpt2_medium_en""gpt2_large_en""gpt2_extra_large_en""gpt2_base_en_cnn_dailymail"之一。

调用 fit 函数可对模型进行预训练或微调。

```
features = ["The quick brown fox jumped.", "I forgot my homework."]
gpt2_lm = GPT2CausalLM.from_preset("gpt2_base_en")
gpt2_lm.fit(x=features, batch_size=2)
```

调用 generate 函数可以根据提示生成文本。文本的生成策略由 compile 函数的附加参数 sampler 控制,有 greedy、top-k、top-p 等可选策略。greedy 就是每次选择概率最高的单词,但这样容易得到重复的句子。top-k 让模型对概率最高的 k 个单词按照概率进行采样。$k=1$ 相当于 greedy。top-p 则首先按概率对预测的单词进行排序,将排在前面的累计概率大于 p 的若干单词作为候选,选择其中的一个。默认情况下,generate 函数使用"top-k"采样。

```
import keras_nlp

model = keras_nlp.models.GPT2CausalLM.from_preset("gpt2_base_en")
model.compile(sampler="greedy")
model.generate("I want to say", max_length=30)
```

上面的代码将输出如下语句:

"I want to say that I am not a fan of the idea of a "real" world. I am a fan of the idea of a"

```
model.compile(sampler=keras_nlp.samplers.TopKSampler(k=5))
model.generate("I want to say", max_length=30)
```

上述代码将输出不同的语句,比如:

"I want to say something about the game that I love. I don't know if it's the game itself, or whether I'm just a",或者

"I want to say thank you for being a part of the community. \n\nThank you for the support, the support of my team, the",等等。

generate 函数最简单的用法是只给它一个 start 标记〈s〉,让模型漫游式生成文本。〈s〉沿着它的路径经过所有层连续处理后得到一个输出。接着,该输出被添加到输入序列中,模型再次进行预测,也就是按照自回归的方式不断生成新的输出,直到达到输出序列的长度为止。

```
model.generate("<s>", max_length=100)
```

下面是某次漫游的结果：

"〈s〉This is my first foray into a series of articles on this blog. The goal is to help people understand how I feel about my own work and why I feel that way. It isn't about how good or bad I am, it's not about how much of a person I am or how much I want to be or what my life has been like in general. It's about how much I think I am, what I want to be, how many times I've been"

在预测过程中，只有当前路径是计算中唯一处于活动状态的路径。GPT-2 的每一层都保留了自己对前面 token 的解释，并在处理当前预测时使用。GPT-2 不会根据当前 token 重新解释前面的 token。

BERT

2019 年，Google 受 GPT 的启发，推出了 BERT。BERT 的全称为 Bidirectional Encoder Representation from Transformers。从字面上来看，这是双向的语言表征模型，也是从 Transformer 发展来的。但与 GPT 不同的是，BERT 利用了 Transformer 的 encoder 部分。BERTBase（BERT 的基础版本）采用了 12 层 Encoder 块，BERTLarge 采用 24 层（图 11-10）。前馈神经网络的隐藏层神经元数量分别是 768 个和 1 024 个，attention head 分别是 12 个和 16 个。

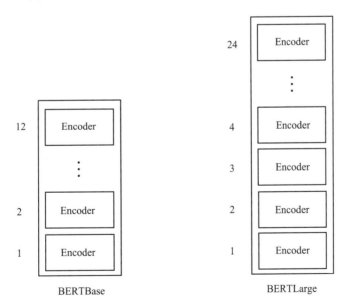

图 11-10　BERT 的架构

人工智能技术

BERT 的输入(图 11-11)既可以是一个句子,也可以是一个句子对,例如(question、answer),这里句子的意思是一段连续的文字,不一定是真正语义上的句子,整个输入叫作一个序列,当序列中超过一个句子时,句子与句子之间用[SEP]分割。

每个序列的第一个 token 始终是一个特殊的分类标记([CLS])。与此 token 对应的最后的隐藏状态被用作分类任务的总体序列表征(Aggregate Representation)。

BERT 为每个 token 添加两个嵌入,分别表示该 token 所属的片段(segment)和位置,将三者求和作为每个 token 的输入表征。

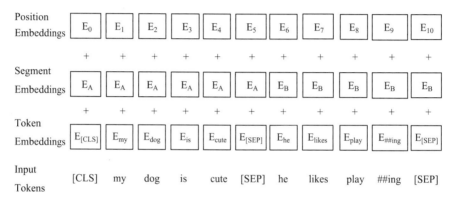

图 11-11　BERT 的输入

BERT 采用两种方法进行预训练(图 11-12)。方法 1 称为"Masked LM",该方法随机遮蔽 15% 的输入 token,然后让模型预测那些被遮蔽的 token。方法 2 称为"NSP",即下一个句子预测。具体来说,当选择训练句子 A 和 B 时,有 50% 的可能 B 确实是 A 后面的一句(标记为 IsNext),50% 的可能是随机从语料库中抽取的句子(标记为 NotNext)。

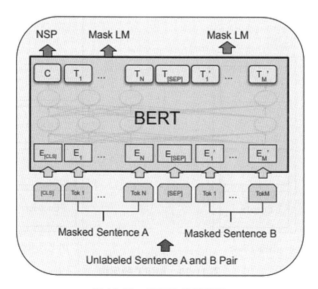

图 11-12　BERT 的预训练

预训练好的 BERT 可以为输入 token 提供高质量的表征向量(这样的表征向量当然比 word2vec 强大得多),我们可以利用这些表征向量进一步处理不同的任务,例如情感分类、问答等。在执行这些任务之前,需要对模型进行精调(Finetune),对于不同的任务,将表征输入不同的后续网络,用有标数据进行训练。精调时保持 BERT 的结构和参数不变,有了 BERT 作为前端,这些后续网络只需要单层网络即可取得很好的效果。

如图 11-13 所示,对于自然语言推理、情感分类、邮件分类等分类任务,只需要将 [CLS] 对应的 BERT 输出作为总体序列表征送入一个简单的分类网络即可。对于序列标注和问答任务等,则将其他 token 的 BERT 输出输入到额外的输出层中进行预测。

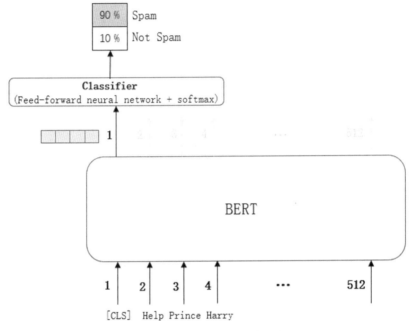

图 11-13 BERT 用于分类任务

Keras_nlp 提供了 BERT 的几个实现,包括 BertBackbone、BertMarkedLM、BertClassifier。BertClassifier 是一个端到端的 Bert 分类模型,它不仅包含分类网络部分,而且默认对输入文本进行必要的预处理,因此将其运用于文本分类任务将非常简单。下面举一个利用 BertClassifier 对自然语言推理任务进行精调训练、评估和使用的例子。

首先,从本地 csv 文件中读入数据,得到 TensorFlow 的 Dataset 数据集。为了减少训练时间,snli_1.0_train.csv 文件中仅包含原始 SNLI 数据集中 20% 的数据。

```
# 读入数据集
snli_train = tf.data.experimental.make_csv_dataset(
    'snli/1.0/snli_1.0_train.csv',batch_size=1,
    column_names=['unamed','similarity','premise','hypothesis','label'],
    select_columns=['premise','hypothesis','label'],shuffle=False).unbatch()

snli_test = tf.data.experimental.make_csv_dataset(
    'snli/1.0/snli_1.0_test.csv',batch_size=1,
    column_names=['unamed','similarity','premise','hypothesis','label'],
    select_columns=['premise','hypothesis','label'],shuffle=True).unbatch()

snli_val = tf.data.experimental.make_csv_dataset(
    'snli/1.0/snli_1.0_dev.csv',batch_size=1,
    column_names=['unamed','similarity','premise','hypothesis','label'],
    select_columns=['premise','hypothesis','label'],shuffle=True).unbatch()
```

然后,利用 DataSet 的 map 函数对数据集进行预处理,将样本数据分割为(x,y)的元组形式,并利用 batch 函数分好批次。

```
# 数据预处理
def split_labels(sample):
    x = (sample["hypothesis"], sample["premise"])
    y = sample["label"]
    return x, y


train_ds = (
    snli_train.map(split_labels, num_parallel_calls=tf.data.AUTOTUNE)
    .batch(16)
)
val_ds = (
    snli_val.map(split_labels, num_parallel_calls=tf.data.AUTOTUNE)
    .batch(16)
)
test_ds = (
    snli_test.map(split_labels, num_parallel_calls=tf.data.AUTOTUNE)
    .batch(16)
)
```

split_labels 函数中的 sample 表示 DataSet 数据集中的每条样本数据。您可能会感到困惑,上面代码段中不需要给 sample 变量赋值吗? 这就是 map 函数的魅力所在。您只要根据需要定义好预处理函数,其余的交给 map 函数处理就可以了。您可以把 map 函数理解为一个好用的工具,而 DataSet 还有不少这样的工具。行文至此,笔者不禁想起曾经亲耳听谷歌的工程师说过,谷歌就喜欢自己开发各种工具,让员工使用这些工具做项目。

接着,实例化模型。

```
# 实例化模型
bert_classifier = keras_nlp.models.BertClassifier.from_preset(
    "bert_tiny_en_uncased", num_classes=3
)
```

然后,训练模型。由于生成数据集时 num_epochs 取默认值 None,训练时应该设置 steps_per_epoch 和 validation_steps 参数,否则将无限循环。

```
# 训练模型
history = bert_classifier.fit(train_ds, validation_data=val_ds,
                             steps_per_epoch=150000,
                             validation_steps=10000,epochs=1)
```

训练结果:loss:0.0741,sparse_categorical_accuracy:1.0000;val_loss:0.7490;val_sparse_categorical_accuracy:0.8125。sparse_categorical_accuracy 也是用于多分类问题的精度指标,其与 categorical_accuracy 的功能相同,不同的是其 y_true 不采用 ont-hot 编码,而是真实类的 index,是整数。在稀疏情况下(类别非常多)的多分类任务中一般采用该指标。

再对模型进行评估。与训练时类似,这里设置了 steps 参数。

```
# 评估模型
bert_classifier.evaluate(test_ds, steps=10000)
```

评估结果:loss:0.7186,sparse_categorical_accuracy:0.7984。只训练了一个 epoch 就获得了将近80%的精度。

最后,利用模型来进行推理分析。

```
# 自定义句子的推理
premise = 'One female and two male musicians holding musical equipment.'
hypothesis = 'There is one female.'
X = tf.constant([premise])
Y = tf.constant([hypothesis])
dataset = tf.data.Dataset.from_tensor_slices((X, Y))
sample = dataset.batch(1).take(1).get_single_element()
sample = (sample[0], sample[1])
predictions = bert_classifier.predict(sample)
print(tf.math.argmax(predictions, axis=1).numpy())
```

```
1/1 [==============================] - 1s 1s/step
[0]
```

推理结果是 0,即 entailment,推理正确。

完整代码在文件 chapter11\semantic_similarity_with_keras_nlp.ipynb 中。

参 考 文 献

［1］ Rosenblatt F. The Perceptron：A Perceiving and Recognizing Automaton［J］.1957.

［2］ Radford A, Metz L, Chintala S. Unsupervised Representation Learning with Deep Convolutional Generative Adversarial Networks［DB/OL］. （2016 - 1 - 7）［2023 - 9 - 15］. https：//doi. org/10. 48550/arXiv. 1511. 06434.

［3］ Mnih V, Kavukcuoglu K, Silver D, et al. Playing Atari with Deep Reinforcement Learning［DB/OL］. （2013 - 12 - 19）［2023 - 10 - 18］. https：//doi. org/10. 48550/arXiv. 1312. 5602.

［4］ Isola P, Zhu J Y, Zhou T H, et al. Image-to-Image Translation with Conditional Adversarial Networks［DB/OL］. （2018 - 11 - 26）［2023 - 9 - 25］. https：//doi. org/10. 48550/arXiv. 1611. 07004.

［5］ Mnih V, Kavukcuoglu K, Silver D, et al. Human-level control through deep reinforcement learning［J］. Nature, 2015（518）：529 - 533.

［6］ Goodfellow I J, Pouget-Abadie J, Mirza M, et al. Generative Adversarial Networks ［DB/OL］. （2014 - 6 - 10）［2023 - 9 - 5］. https：//doi. org/10. 48550/arXiv. 1406. 2661.

［7］ Silver D, Lever G, Heess N, et al. Deterministic Policy Gradient Algorithms［J］. PMLR, 2014.

［8］ Silver D, Schrittwieser J, Simonyan K, et al. Mastering the Game of Go without Human Knowledge［J］. Nature,2017（550）：354 - 359.

［9］ Huang G, Liu Z, Laurens V D M, et al. Densely Connected Convolutional Networks ［DB/OL］. （2018 - 1 - 28）［2023 - 6 - 25］. https：//doi. org/10. 48550/arXiv. 1608. 06993.

［10］ Hasselt H V, Guez A, Silver D. Deep Reinforcement Learning with Double Q-learning［DB/OL］. （2015 - 12 - 8）［2023 - 10 - 10］. https：//doi. org/10. 48550/arXiv. 1509. 06461.

［11］ Zhu J Y, Park T, Isola P, et al. Unpaired Image-to-Image Translation using Cycle-Consistent Adversarial Networks［DB/OL］. （2020 - 8 - 24）［2023 - 9 - 25］. https：//doi.

org/10. 48550/arXiv. 1703. 10593.

[12] Lillicrap T P, Hunt J J, Pritzel A, et al. Continuous Control with Deep Reinforcement Learning[DB/OL]. (2019 - 7 - 5)[2023 - 10 - 25]. https://doi. org/10. 48550/arXiv. 1509. 02971.

[13] Sutskever I, Vinyals O, Le Q V. Sequence to Sequence Learning with Neural Networks[DB/OL]. (2014 - 12 - 14)[2023 - 7 - 30]. https://doi. org/10. 48550/arXiv. 1409. 3215.

[14] Cho K, Van Merrienboer B, Gulcehre C, et al. Learning Phrase Representations using RNN Encoder-Decoder for Statistical Machine Translation[DB/OL]. (2014 - 9 - 3) [2023 - 7 - 20]. https://doi. org/10. 48550/arXiv. 1406. 1078.

[15] Bahdanau D, Cho K, Bengio Y. Neural Machine Translation by Jointly Learning to Align and Translate [DB/OL]. (2016 - 5 - 19)[2023 - 11 - 2]. https://doi. org/10. 48550/arXiv. 1409. 0473.

[16] Vaswani A, Shazeer N, Parmar N, et al. Attention Is All You Need[DB/OL]. (2023 - 8 - 2)[2023 - 11 - 5]. https://doi. org/10. 48550/arXiv. 1706. 03762.

[17] Luong M T, Pham H, Manning C D. Effective Approaches to Attention-based Neural Machine Translation[DB/OL]. (2015 - 9 - 20)[2023 - 11 - 3]. https://doi. org/10. 48550/arXiv. 1508. 04025.

[18] Radford A, Narasimhan K, Salimans T, et al. Improving Language Understanding by Generative Pre-Training[Z/OL]. 2018. [2023 - 11 - 24]. https://cdn. openai. com/research-covers/language-unsupervised/language_understanding_paper. pdf.

[19] Radford A, Wu J, Child R, et al. Language Models are Unsupervised Multitask Learners[Z/OL]. 2019. [2023 - 11 - 25]. https://cdn. openai. com/better-language-models/language_models_are_unsupervised_multitask_learners. pdf.

[20] Brown T B, Mann B, Ryder N, et al. Language Models are Few-Shot Learners[DB/OL]. (2020 - 7 - 22)[2023 - 11 - 28]. https://doi. org/10. 48550/arXiv. 2005. 14165.

[21] Ouyang L, Wu J, Jiang X, et al. Training Language Models to Follow Instructions with Human Feedback[DB/OL]. (2022 - 3 - 4)[2023 - 11 - 28]. https://doi. org/10. 48550/arXiv. 2203. 02155.

[22] Devlin J, Chang M W, Lee K, et al. BERT: Pre-training of Deep Bidirectional Transformers for Language Understanding[DB/OL]. (2019 - 5 - 24)[2023 - 11 - 30]. https://doi. org/10. 48550/arXiv. 1810. 04805.

[23] Borgeaud S, Mensch A, Hoffmann J, et al. Improving Language Models by Retrieving from Trillions of Tokens[DB/OL]. (2022 - 2 - 7)[2023 - 11 - 30]. https://doi.

人工智能技术

org/10. 48550/arXiv. 2112. 04426.

[24] Ng A Y. Feature Selection, L1 vs. L2 Regularization, and Rotational Invariance [C/OL]. Proceedings of the 21st International Conference on Machine Learning, Banff, Canada. (2004 - 7 - 4)[2023 - 4 - 23]. https://doi. org/10. 1145/1015330. 1015435.

[25] Cui X D, Goel V, Kingsbury B. Data Augmentation for Deep Neural Network Acoustic Modeling[J]. IEEE/ACM Transactions on Audio, Speech, and Language Processing, 2015,9(23):1469 - 1477.

[26] Bishop C M. Training with Noise is Equivalent to Tikhonov Regularization[J]. Neural Computation, 1995,7(1):108 - 116.

[27] Goodfellow I J, Vinyals O,Saxe A M. Qualitatively Characterizing Neural Network Optimization Problems[DB/OL]. (2015 - 5 - 21)[2023 - 5 - 2]. https://doi. org/10. 48550/arXiv. 1412. 6544.

[28] Kingma D P, Ba J. Adam: A Method for Stochastic Optimization[DB/OL]. (2017 - 1 - 30)[2023 - 5 - 5]. https://doi. org/10. 48550/arXiv. 1412. 6980.

[29] Wilson A C, Roelofs R, Stern M, et al. The Marginal Value of Adaptive Gradient Methods in Machine Learning[DB/OL]. (2018 - 5 - 22)[2023 - 5 - 10]. https://doi. org/ 10. 48550/arXiv. 1705. 08292.

[30] Ioffe S, Szegedy C. Batch Normalization: Accelerating Deep Network Training by Reducing Internal Covariate Shift[DB/OL]. (2015 - 3 - 2)[2023 - 5 - 15]. https://doi. org/10. 48550/arXiv. 1502. 03167.

[31] Lecun Y, Bengio Y. Convolutional Networks for Images, Speech, and Time-Series [C]//The handbook of brain theory and neural networks, 1995.

[32] Ahmad A M, Ismail S, Samaon D F. Recurrent Neural Network with Backpropagation Through Time for Speech Recognition[C]//IEEE International Symposium on Communications and Information Technology, 2004. ISCIT 2004.

[33] Schuster M, Paliwal K K. Bidirectional Recurrent Neural Networks[J]. IEEE Transactions on Signal Processing, 1997,45(11):2673 - 2681.

[34] Gers F A, Schmidhuber J, Cummins F. Learning to Forget: Continual Prediction with LSTM[J]. Neural Computation, 2000.

[35] Le Q V,Jaitly N, Hinton G E. A Simple Way to Initialize Recurrent Networks of Rectified Linear Units[DB/OL]. (2015 - 4 - 7)[2023 - 7 - 23]. https://doi. org/10. 48550/arXiv. 1504. 00941.

[36] Li S, Li W, Cook C, et al. Independently Recurrent Neural Network (IndRNN): Building A Longer and Deeper RNN[DB/OL]. (2018 - 5 - 22)[2023 - 7 - 24]. https://

doi. org/10. 48550/arXiv. 1803. 04831.

［37］Tibshirani R. Regression Shrinkage and Selection via the Lasso［J］. Journal of the Royal Statistical Society. Series B（Methodological），1996,58(1):267 – 288.

［38］McFee B, Raffel C,Liang D, et al. librosa:Audio and Music Signal Analysis in Python［C］. Python in Science Conference, 2015.

［39］Glorot X, Bengio Y. Understanding the Difficulty of Training Deep Feedforward Neural Networks［J］. Journal of Machine Learning Research, 2010(9):249 – 256.

［40］He K M, Zhang X Y, Ren S Q, et al. Delving Deep into Rectifiers:Surpassing Human-Level Performance on Imagenet Classification［DB/OL］.（2015 – 2 – 6）［2023 – 5 – 8］. https://doi. org/10. 48550/arXiv. 1502. 01852.

［41］Gehring J, Auli M, Grangier D, et al. Convolutional Sequence to Sequence Learning［DB/OL］.（2017 – 7 – 25）［2023 – 11 – 12］. https://doi. org/10. 48550/arXiv. 1705. 03122.

［42］Mao X D, Li Q, Xie H R, et al. Least Squares Generative Adversarial Networks［DB/OL］.（2017 – 4 – 5）［2023 – 9 – 15］. https://doi. org/10. 48550/arXiv. 1611. 04076.

［43］黄蔚. Python 程序设计［M］.北京:清华大学出版社,2020.

［44］关东升. Python 从小白到大牛［M］.北京:清华大学出版社,2018.

［45］张骞. Python 玩转数学问题:轻松学习 NumPy、SciPy 和 Matplotlib［M］.北京:清华大学出版社,2022.

［46］张晓明.人工智能基础:数学知识［M］.北京:人民邮电出版社,2020.

［47］郑敦庄,胡承志.TensorFlow + Keras 深度学习算法原理与编程实战［M］.北京:电子工业出版社,2020.

［48］博思蒂安·卡鲁扎.Java 机器学习［M］.武传海,译. 北京:人民邮电出版社,2017.

［49］欧文,等.Mahout 实战［M］.王斌,韩冀中,万吉,译. 北京:人民邮电出版社,2014.

［50］克里斯托弗·布雷斯.基于 Theano 的深度学习:构建未来与当前的人工大脑［M］.连晓峰,等译.北京:机械工业出版社,2018.

［51］巢笼悠辅.深度学习:Java 语言实现［M］.陈澎,王磊,陆明,译.北京:机械工业出版社,2017.

［52］何福贵. Python 深度学习:逻辑、算法与编程实战［M］.北京:机械工业出版社,2020.

［53］乔·穆拉伊尔.Keras 深度神经网络［M］.敖富江,周云彦,杜静,译.北京:清华大学出版社,2020.

［54］杨云,杜飞.深度学习实战［M］.北京:清华大学出版社,2018.

［55］雅兰·萨纳卡.Python 自然语言处理［M］.张金超,刘舒曼,译.北京:机械工业出版社,2018.

［56］康跃.智能技术基础及应用［M］.北京:首都经济贸易大学出版社,2021.

［57］乔什·卡林.实战 GAN:TensorFlow 与 Keras 生成对抗网络构建［M］.刘梦馨,译.北京:电子工业出版社,2019.

［58］金兑映.Keras 深度学习:基于 Python［M］.颜廷连,译.北京:人民邮电出版社,2020.

［59］罗韦尔·阿蒂恩扎.Keras 高级深度学习［M］.蔡磊,潘华贤,程国建,译.北京:机械工业出版社,2020.

［60］安东尼奥·古利,苏伊特·帕尔.Keras 深度学习实战［M］.王海玲,李昉,译.北京:人民邮电出版社,2018.

［61］郭宪,方勇纯.深入浅出强化学习:原理入门［M］.北京:电子工业出版社,2018.

［62］陈震,郑文勋.AlphaGo 如何战胜人类围棋大师:智能硬件 TensorFlow 实践［M］.北京:清华大学出版社,2018.

后 记

2023年5月,杰弗里·辛顿教授辞去了他在谷歌的兼职。本书也多次提到了这位被称为"AI教父"的学者。可以说,如果没有他的研究,不可能这么早就出现语音识别、人脸识别、机器翻译、ChatGPT、Sora和自动驾驶等这些人工智能的"黑科技"。

辛顿表示他对人工智能的发展最担心三件事:

第一,随着生成式人工智能技术的发展和普及,互联网将很快被各种虚假信息淹没,人们将无法分辨信息的真伪,而这将造成社会的混乱。

第二,ChatGPT的出现意味着,随着AI的能力越来越强,它们将很快可以取代文员、助理、翻译等基础性的、重复性的工作,从而造成失业潮的爆发。

第三,许多公司和个人让AI自主生成代码,也把代码的运行和管理交给AI来做。在这种不断的训练中,很有可能让"自主杀手机器人"真的成为现实。辛顿悲观地认为,也许在不久的将来,人类就将面临来自AI的威胁。

应该说,辛顿的担心不无道理,特别是近年来AI的发展速度太快了,甚至超出了如辛顿这样的专家的预想,本来大家认为遥远的风险真有可能很快就会发生。

但是,想要规避AI带来的风险,最好的办法是了解AI。我们已经来到了人工智能的时代,不可能再回到过去,这一点是毋庸置疑的。就目前而言,各国也很难达成共识,把AI的研发立刻停下来。从另一个角度来看,只要管控得当,趋利避害,让AI技术和产业良性发展,就能极大地提高社会生产力,给人类社会带来巨大的福利,而这恰恰需要管理者懂得AI。社会上懂得AI技术的人越多,越有利于形成共识,并出台科学合理的政策法规。任何一项技术,不可能只有利没有弊,关键是要了解它,用好它。

从个人层面来说,顺应时代潮流,掌握AI的知识和技能,一方面,能拓宽自己的知识面,提升个人素养;另一方面,还可以将AI技术运用到自己的专业领域中,更好地解决工作中的问题。当AI的风险真的出现时,我们也能更好地去应对。

以上也是笔者呼吁人工智能应该作为本科生基础课的原因。

2024年2月26日